上海大学高峰高原项目资助

国家哲学社会科学基金重大项目
"人工智能前沿问题的马克思主义哲学研究"（19ZDA018）阶段成果

智能时代的
马克思主义研究

身体视域中
技术与艺术的
交互问题研究

周丽昀——著

上海人民出版社

总　序

人类文明发展到当代,站在人工智能制高点回顾,看到的是文明进步令人吃惊的幂次加速过程。在漫长的农业文明发展阶段,GDP 的增长以万分比计,第一次工业革命之后,这一增速计算上升到千分比,我们所熟悉的 GDP 百分比计算,还只是 20 世纪以来的事情。而在人工智能发展的基础上前瞻,所看到的则是未来已来,以量化方式已经不足以把握人类发展,必须以质性把握方式才能辨明发展前景。从原始时代到农业文明再到工业文明,文明发展的进程清晰可辨,而当人类社会发展进入信息时代,关于文明发展的观点就变得莫衷一是。对于信息研究的深化表明,人类文明进程的把握面临前所未有的范式转换。

一、从后工业社会到信息文明

信息科技的发展,使人类进入了一种新形态的文明:信息文明。信息文明研究肇始于先完成工业化的西方发达国家,所谓"后工业社会"(post-industrial society)[1]正反映了从工业文明到信息文明的过渡社会形态。"后工业社会"主要以产业为定位,以

---

[1]　Daniel Bell, *The Coming of Post-Industrial Society: A Venture in Social Forecasting*, Basic Books, 1973.

"工业社会"为参照定义信息社会。虽然丹尼尔·贝尔(Daniel Bell)在 1976 年《后工业社会的到来》一文中只在一处用到"信息"概念,但信息却是理解"后工业社会"性质的关键:"后工业社会建立在服务业基础之上。生活成了人们之间的游戏。其所依赖的不是体力或能源,而是信息。"[①]人们从信息技术、职业结构和经济、空间结构和文化论证信息社会,信息社会被量化地描述为:"其中超过国民生产总值的一半产生自信息经济领域,就业人数的一半在信息经济领域活动。"[②]虽然这主要是在社会生产特别是经济发展的范式中讨论信息社会,但已经转向了信息社会和信息时代的社会定位。而互联网的发展,则为从经济或产业定位转向社会定位提供了重要基础。与工业社会不同,信息社会的根基正是网络。

1996 年,在《网络社会的崛起》一书中,有"当代马克斯·韦伯"之称的美国信息社会学家曼纽尔·卡斯特(Manuel Castells)提出了"信息技术革命"(the information technology revolution)概念,"在整个人类活动领域无处不在"的"信息技术革命"成了他"分析形成中的新经济、社会和文化复杂系统的切入点"。他认为,"作为一种革命,信息技术革命出现于 20 世纪 70 年代"[③]。信息技术革命拉开了信息时代的大幕,早在 20 世纪 80 年代初,托夫勒在《第三次浪潮》中就提到"信息时代"(information age)概念,并看到了"一种新的文明正在我们生活中涌现",它"将拥有更多为自己所支配的信息,而且是更精细组织的信息"。[④]"第三次浪潮"涌动出的,正是"信息社会"发展的最初澎湃。

如果说,网络是信息社会的基础,那么,大数据则是信息文明发展的基础。随着大数据的发展,在"信息社会"和"信息时代"的基础上出现了"新信息社会"(new information society)和"新信息时代"(new information age)的概念,它们建立在大数据的基础之上,大数据是新信息社会的基本构成。在新信息社会中,一切都是可测量的,人和我

① Daniel Bell, "The Coming of the Post-Industrial Society," *The Educational Forum*, 1976, 40:4, 574—579.

② Peter Sasvari, "The Effects of Technology and Innovation on Society," *Bahria University Journal of Information; Communication Technology*, 2012, 12, 5.

③ Manuel Castells, *The Rise of the Network Society*, John Wiley & Sons Ltd, 2010, pp.5, 54.

④ Alvin Toffler, *The Third Wave*, Bantam Books, 1981, pp.9, 177.

们所能想到的几乎所有设备都通过互联网全天候连接在一起。①"新信息社会"和"新信息时代"概念的提出,经历了一个以计算机出现为标志的新信息技术到以大数据出现为根据的过程。随着新信息技术的发展,"网络和流动的物质性确实在社会各层面创造了一种新的社会结构。正是这种社会结构,实际上构成了新信息社会,一个可以更恰当地称之为流动社会的社会,因为流动不仅由信息构成,而且由人类活动的所有物流组成(资本、劳动力、商品、图像、游客和个人互动中变化的角色等)"。②以大数据为基础的"新信息时代"和"新信息社会"已经完全超出了其信息时代和信息社会的信息技术定位,进一步反映了作为人类文明全新形态的信息文明。

二、信息文明发展的智能化时代

信息文明的发展以信息科技的发展为基础,当信息科技的发展进入人工智能发展阶段,在"新信息时代"和"新信息社会"研究的基础上,相应出现了"智能时代"和"智能社会"的概念。

随着智能科技的发展,作为时代特点的反映,"智能时代"概念以多种不同具体形式先后出现。与信息时代的信息文明层次把握相联系,"智能时代"概念出现的最早文献之一,见于哈佛大学肖莎娜·祖博夫(Shoshana Zuboff)的"智能机器时代"(the age of the smart machine),她于1988年出版《在智能机器时代:未来的工作和权力》(*In the Age of the Smart Machine: the Future of Work and Power*)一书,其中有段话令人印象深刻:"一个世界将逝去,我们将获得另一个世界。那些看起来只是技术性的选择,将重新定义一起工作的生活。这不仅仅意味着考虑新技术的影响或后果。这意味着一种强大的新技术(比如以计算机为代表的技术),从根本上重新组织

---

① Sander Klous, Nart Wielaard, *We Are Big Data: The Future of the Information Society*, Atlantis Press, 2016, pp.xiv, xviii, 77.

② Manuel Castells, *Flows, Networks, and Identities: A Critical Theory of the Informational Society*, Critical Education in the New Information, Rowman & Littlefield Publishers, Inc., 1999, p.63.

了我们物质世界的基础设施。它消除了以前的选择。它创造了新的可能性。它需要新的选择。"①几乎在同时,库兹韦尔(Ray Kurzweil)先后出版《智能机器时代》(*The Age of Intelligent Machines*)和《精神机器时代》(*The Age of Spiritual Machines*)。在"面对未来"的讨论中,库兹韦尔对智能时代的发展做了触目惊心的预测,从 2009 年一直到 2099 年。②如今,浩如烟海的文献都在措辞上稍有差异地使用"智能时代"概念。

人类社会从信息化时代到智能化时代的发展,所反映的实际上是信息文明从"信息时代"发展到"智能时代"。智能时代是信息文明的智能化发展阶段。作为信息文明发展的高级阶段,智能时代表现为环境和活动及至人的存在方式的智能化。

随着新一代人工智能的发展,专用人工智能领域不断取得突破,通用人工智能研究也开始起步,人工智能成为新一轮科技革命的核心驱动力。随着人工智能技术从高深学术到日常生活的全方位融入,越来越多的学者认为我们正在进入智能时代,正在创造更高层次的人类文明发展阶段——智能文明,由此人类历史发展到智能时代。越是高层次的人类文明发展阶段,其性质越是复杂。深入探索智能时代及其性质和特征,对于当代社会和人的发展具有前提性基础意义。成素梅认为从 2015 年开始,信息文明发展进入以智能化为标志的高峰阶段。③智能时代是信息时代发展的高级阶段,从更高整体层次看,智能化时代意味着信息科技发展基础上人类信息文明的当代发展。

三、智能时代的马克思主义研究

信息文明是一种基于信息本性的人类文明,信息的本性在信息文明发展中不断展开。作为信息文明的高级发展阶段,智能时代进一步展开了相互性(reciprocity)和共享性等基本特性,为人类解放和人的自由全面发展提供了更直接的基础。在新的时代条件下,从信息科技发展给社会结构带来的革命性变革中,可以看到人类信息文明研

---

① Shoshana Zuboff, *In the Age of the Smart Machine*:*The Future of Work and Power*, Basic Books, 1988, p.5.
② R.Kurzweil, *The Age of Spiritual Machines*, Viking Adult Publisher, 1999, pp.137—190.
③ 成素梅:《信息文明的内涵及其时代价值》,《学术月刊》2018 年第 5 期。

究与马克思主义理论的密切关联。正是在这个意义上,智能时代既是一个亟需在马克思主义更高理论层次整体观照下把握的时代,又是一个推进马克思主义时代化的历史时代。智能时代的马克思主义研究,就是用马克思主义理论理解和把握智能时代,并在此过程中推进马克思主义时代化。

作为人类社会未来发展的整体预见,马克思主义理论具有特别丰富的思想生长点和非常深刻的内在逻辑。而智能时代的发展,又为马克思主义理论思想生长点和内在逻辑的展开提供了前所未有的时代条件。一方面,人工智能的发展需要更高层次理论整体观照。人工智能的个体发展困境和人类的社会性之间的张力,凸显智能进化的社会维度理解及其深化空间。在马克思主义理论视域中,人是一切社会关系的总和,这意味着类人智能不可能从车间流水线上直接生产出来。类人机器智能不仅应当构成一个类,而且个体必须在这个类群的亲历中才可能"社会化"为类人智能或通用人工智能。这对于人工智能的发展至为根本,因为通用化的核心机制是人工智能研究领域的"圣杯"。由此可以越来越清楚地看到,对于智能时代的把握,马克思主义理论的更高层次整体性具有时代优势。由于超级智能发展的可能性,人工智能发展条件下人类生存意义面临严峻形势,甚至人们的安身立命都需要马克思主义理论层次的社会视域理解。另一方面,人工智能的发展在人类解放中具有重要地位。人的解放是一个类的事业,整个类的解放,对这个类中的每一个体来说,都是同时实现的,但没有人类个体承担必不可少的低层次劳动,就不可能实现类的整体解放。人工智能几乎是走出这一困境的不二选择,其发展可以有一个从工具性专用人工智能到通用机器智能整个系列。这可以是一个从无生命到有生命,甚至到更高级生命形态的系列,远比人类利用低级生命更符合人类本性。人类利用畜力,不仅只限于体力,而且甚至在某种意义上涉及人的道德情感,而无生命的专用人工智能则不存在这方面的问题。专用人工智能是纯粹工具性的,而能完成更复杂工作的通用人工智能也可以有不同发展阶段。

无论是对智能时代的更高层次理论把握,还是在智能时代马克思主义内在逻辑的展开,都有很多重要课题亟待开展系统研究。在这一研究领域,由于信息科技发展的先机,西方马克思主义者在很多方面走在前面,涉及信息生产方式,数字劳动和监视资本主义批判等广泛领域。祖博夫等的研究为保卫信息文明精神而展开了对"监视资本主义"(surveillance capitalism)的批判,"描述了'监视资本主义'网络环境中积累的层创逻辑(emergent logic),并考虑将其应用于信息文明"。①美国历史学家马克·珀斯特(Mark Poster)基于马克思主义的生产方式理论,提出了"信息方式"(mode of information)的概念并进行了系统探索②。互联网和新媒体时代马克思主义交往研究专家克里斯蒂安·福克斯(Christian Fuchs)等根据马克思主义基本原理对数字劳动及其大量相关问题进行了深入研究③。在马克思主义理论更高层次把握智能时代,同时在这种把握中展开马克思主义的内在逻辑,我们责无旁贷。这正是开展智能时代的马克思主义研究,推出本丛书的基本考虑。

推出"智能时代的马克思主义研究"系列丛书,旨在集中反映上海市Ⅰ类高原学科建设项目"马克思主义时代化"的标志性成果。上海高校高峰高原学科建设计划是上海市高校学科发展与优化布局规划的重点任务,旨在引导高校结合经济社会发展需求,通过重点突破,以点带面,优化上海高校学科布局结构,提升上海高校学科建设整体水平;以"国家急需、世界一流"为根本出发点,加速建立能够冲击世界一流的新优势和新实力。"马克思主义时代化"是上海市马克思主义理论学科唯一立项的高峰高原学科建设项目,项目以问题为导向,以马克思主义时代化创新研究为突破口的学科发展为特色,实现马克思主义理论学科建设的整体发展,建成马克思主义时代化研究高地,以切合国家重大需求。

国家全面深化改革和智能时代发展提出的新问题亟需推进马克思主义时代化;有效解决思政课难点问题和学生提出的问题,需要马克思主义时代化的发展;高校创新型人才培养,思政课有效性提升需要马克思主义时代化解答课程难点问题和学生提出的问题。智能时代实践发展提出以及思想政治理论课出现的几乎所有基本问题,最终

---

① Shoshana Zuboff, "Big Other: Surveillance Capitalism and the Prospects of an Information Civilization," *Journal of Information Technology*, 2015, 30, 75—89.

② Mark Poster, *The Mode of Information: Post-structuralism and Social Contexts*, Polity Press, 1990.

③ Christian Fuchs, *Digital Labour and Karl Marx*, Routledge, 2015.

都会归结到马克思主义基本原理。由于在更深层次涉及人类自身,智能时代的发展会出现更多与人类发展内在相关的问题,这些问题典型地具有与马克思主义理论的内在逻辑关联。智能时代社会实践中出现的很多新问题,都位于马克思主义理论层次,都必须通过马克思主义时代化予以回答。正是由此,智能时代实践问题解决和马克思主义时代化构成了双向循环。一方面,智能时代越是发展到更高层次,越需要通过马克思主义理论创新才能回应社会实践中遇到的各种问题。随着智能时代社会实践的发展,新的现实问题不断出现。越是重大的基础性问题,越需要展开马克思主义原理的内在逻辑给以到位的解答,从而不断推进社会实践的发展;另一方面,正是在智能时代实践问题的解答过程中,才可以不断增强马克思主义理论的解释力和理论魅力。智能时代的发展给社会生产和生活带来许多新的机遇和挑战,要有力回应和解释智能时代发展带来的各种问题,必须在智能时代的社会实践中持续推进马克思主义时代化。在深入研究和把握马克思主义理论与智能时代深层次关联的基础上,不断探索智能时代发展引发的社会重大理论和现实问题,以马克思主义基本原理时代化破解智能时代发展带来的时代困惑和现实难题,从而以智能时代问题解决的现实性和紧迫性力推马克思主义理论的发展,不断扩展马克思主义理论的国际话语权。

项目在第一阶段建设中,实施《国际深度合作计划》,落实与美国罗格斯大学、俄罗斯最高经济大学、新西兰奥克兰大学、澳大利亚斯维本科技大学等国外高校的深度合作,加强学术合作攻关和人才培养。通过智能时代重大基础问题与马克思主义基本原理创新研究,智能时代学生热点问题与思想政治教育教学改革创新研究,建设以解决智能时代发展实际问题和扩大马克思主义理论国际话语权为核心的马克思主义时代化创新研究学科高地。

在第一阶段建设基础上,第二阶段建设面对第四次工业革命,进一步聚焦于"智能时代的马克思主义研究"领域。这一新研究领域越来越为人们所关注,上海大学在这些领域的综合性研究方面具有优势,在国内外合作研究的基础上,把研究力量进一步凝聚在这一领域,成为马克思主义理论高原学科建设的主战略。高原学科建设期间,上海大学先后获立教育部重大课题攻关项目"人工智能的哲学思考研究"和国家社科基金重大项目"人工智能前沿问题的马克思主义哲学研究"。

由于涉及新的研究领域,探索中肯定存在不足。由于与未知领域内在关联,创新总是与不完善相伴随,对未知领域越深入越是如此。创新性探索中的不足往往涉及更深层次的问题因而具有重要讨论价值,欢迎来自各个领域的批评指正,我们期待在广泛讨论中共同推进智能时代的马克思主义研究。

王天恩

2021 年 8 月

目录

绪论　技术、艺术与身体的三重奏

　　当今时代,整个世界都在经历前所未有的变化,高科技的发展成为引发社会变革的不可忽视的重要因素。一直以来,技术总是与社会、文化一道和现代性问题相勾连,在相关问题上也有很多争论,这些都为我们理解技术的本质拓宽了视野。技术不只是工具性和功能性的范畴,还包括非工具性的因素。其中,"无论对于海德格尔的'技术的本质',还是对于'高科技的本质'来说,至关重要的一点是,技术的'非技术的'方面,都与一个通常被视为与现代技术截然相反的领域有关:艺术和美学"。①随着高科技的发展,技术越来越成为一种"美学运动"或者风格,审美维度也逐渐成为界定技术的一个重要非常的部分。

　　技术和艺术的关系可以从历史维度和理论维度得到探析。从古代、近现代到当代,技术和艺术一直互为所需、互相召唤,具有密切的内在关联。一方面,技术为艺术提供了物质基础,促进艺术风格的变化,加快艺术的传播速度;另一方面,艺术不仅促进新技术的产生,还具有消解技术异化的功能。但是,在数字时代,技术和艺术的一体化趋势有了新的表现,其中,身体参与和身体体验不仅是一体化趋势的表现,也是一体化趋势的目的和动力。在技术和艺术的交互中,身体既是技术和艺术的来源和场域,

---

① Rutsky, R.L. *High Techné*: *Art and Technology from the Machine Aesthetic to the Posthuman*, Minneapolis: University of Minnesota Press, 1999, p.3.

也是技术和艺术交互作用的媒介和途径,更是技术和艺术发展的方向和旨归。现象学意义上的身体意味着行动、体验和差异。以身体为视域构建的审美体验是技术美学的重要内容,有助于我们更好地理解技术与艺术交互性的哲学根基,推动技术和艺术的当代发展。对技术和艺术的关系进行技术哲学、美学、媒介理论等跨学科的研究,对当今时代的美学重构也具有重要意义。

一、问题发端:数字技术和数字艺术界限模糊

自从西方文化诞生之初,技术与艺术的关系就一直如影随形。有学者说,我们已然进入了"数字化生存"时代。"数字化已经成为新时代构造、运行和发展的重要动力和根本特征,'数字化生存'成为数字化时代个体和社会生存方式、发展模式的典型概括和表达。"①随着数字技术、虚拟现实技术、增强现实技术以及文化创意产业等领域的发展,技术与艺术的交互呈现出前所未有的新特征、新趋势和新问题。比如在虚拟音乐、数字影像、动画制作等活动中,技术设计和艺术创作的界限在哪里? 技术与艺术结合的根基何在? 如何理解技术和艺术的内在关联? 如何理解技术、艺术与全球化的关系? 诸如此类的问题迫切需要研究和回应。

在传统的理解中,技术多被看作是改造世界的手段和工具,艺术则被看作对现实世界的再现与表征。技术遵循理性的、控制的逻辑,艺术遵循感性的、多元的逻辑。在传统的艺术形式中,我们比较容易区分哪是技术物,哪是艺术品。当我们欣赏达·芬奇的名作《蒙娜丽莎》时,不管是站立还是行走,都不会影响或者改变绘画本身,也不会影响我们对绘画的理解。而今,随着数字技术的发展,技术与艺术的交互性变得显而易见,数字艺术成为一种艺术的新类型。廖祥忠关于"数字艺术"的界定比较全面:"所谓数字艺术(Digital art),可被诠释为这样一种艺术形态:即艺术家利用以计算机为核心的各类数字信息处理设备,通过构建在数字信息处理技术基础上的创作平台,对自

---

① 鲍宗豪主编:《数字化与人文精神》,上海:三联书店,2003 年,第 545—546 页。

己的创作意念进行描述和实现,最终完成基于数字技术的艺术作品,并通过各类与数字技术相关的传播媒介(以网络为主)将作品向欣赏者群体发布,供欣赏者以一种可参与、可互动的方式进行欣赏,完成互动模式的艺术审美过程。"①由这个界定可以看出,数字艺术包含的要素非常丰富,既是技术的,也是艺术的;既是对象,也是体验;既是成果,也是过程;既是完成的,也是开放的;既包括创作者,也包括欣赏者⋯⋯这种全新形态对我们理解技术和艺术的本质和界限带来了严峻的挑战。

21 世纪以来,随着科学技术的发展,计算机以我们前所未见的方式开启或控制了其与艺术的交互过程。尤其随着大数据、5G 等技术的发展,技术迭代创新速率加快,声音、影像、数字以及虚拟现实技术的发展使得艺术的沉浸体验变得越来越容易,也越来越逼真。在网络游戏、虚拟动画、3D 影视、舞台表演和新媒介艺术等形式中,可移动的、可穿戴的、可植入的、自动化的技术为数字艺术家们进行艺术创造提供了丰富的条件与无限的可能,技术美学成为一支重要的力量。"这种美学现实不再是艺术的预谋和距离带来的,而是艺术向第二级、向二次方的上升造成的,是代码的预现性和内在性造成的。"②数字艺术的崛起大大扩展了艺术体验与想象的空间。数字艺术已不只是人工物或者对象,而是一种"体验"。在数字艺术中,艺术家更加关注作品是如何表现的,观众是如何互动的以及观众参与的程度和体验。比如,在《雨屋》等数字艺术作品以及"无界美术馆"(teamLab borderless)的展览中,观众的理解和参与成为艺术创作过程的必不可少的一部分。数字艺术是对传统艺术的延伸,它整合了技术因素,并且反映了文化的物质性特征。不可否认的是,在数字技术/艺术以及交互设计作品中,传统的技术与艺术的区分遭遇了挑战。在数字时代,技术的"功能"就变成了诸如表现、风格、美学之类的问题,"技术上再现、修改和重新组合文本或文化元素的能力不仅成为达到目的的手段,而且本身也是目的"。③数字时代的技术复制就是风格本身,这种风格是补

---

① 廖祥忠:《数字艺术论》(上),北京:中国广播电视出版社,2006 年,第 12 页。

② [法]让·波德里亚:《象征交换与死亡》,车槿山译,南京:译林出版社,2009 年,第 98 页。

③ Rutsky, R.L. *High Techné: Art and Technology from the Machine Aesthetic to the Posthuman*, Minneapolis: University of Minnesota Press, 1999, p.4.

充性的、拟像性的。"在高科技中,这种拟像状态本身就成为目的,而不仅仅是达到目的的手段或原作的复制品。"①

那么,技术和艺术的交互到底带来了哪些新变化? 有哪些新表现呢? 一是虚拟现实技术、新媒体技术等的发展改变了艺术表达的形式与内容。现代技术对时间和空间的拓展,不但重构了艺术品的形式,甚至直接重塑了艺术品的内容。比如,高倍显微镜下的纳米摄影,哈勃太空望远镜拍摄的太空图片,它们本身就是艺术品,其内容都是传统的艺术创造所无法企及的。二是数字艺术的发展不但扩展了时空范围,打破了虚拟和真实的界限,而且还创造出一种新的情境、新的交互体验,在其中蕴含着审美范式的巨大转变。三是观众的理解和参与成为艺术作品完成的一部分,使得主体和客体的界限模糊了,甚至表演者和艺术家的界限也模糊了。这其中出现了一些新的交互形式,比如人与机器/技术的交互、观众与艺术家的交互、个人与公众的交互、作品与实践的交互等等。这种交互不但一定程度上改变或者提升了我们对技术与艺术的本质理解,也模糊了传统的技术与艺术的边界。

然而,在这种界限模糊的状态中,人们依然有"划界"和"区分"的冲动。人们为什么想区分? 又是哪些人在区分呢? 应该说,对事物本质的追求是人作为理性动物的一种形而上学的冲动,人们总是想追根究底地探讨事物的本性。此外,这也是认识发展以及学科发展的需要。对于一个普通的欣赏者来说,"体验"优先,当他在参与和体验的时候,无须进行技术与艺术的"区分"和"划界"。而许多专业从业者则可能会有意无意地关注"区分"或者"划界"的问题,技术专家或者艺术家往往从自己熟悉的学科视角,将这样一个"界限模糊"的作品看作一个技术物或者艺术品,而与此相关的必不可少的另一面则被他们有意无意地隐匿到理解的"背景"中,这是专业化分工的必然。那么,在交互设计或者数字艺术作品中,"技术"与"艺术"能否区分,又如何区分呢?

---

① Rutsky, R.L. *High Techné: Art and Technology from the Machine Aesthetic to the Posthuman*, Minneapolis: University of Minnesota Press, 1999, p.4.

二、视角转换：从对象到体验，超越界限

如今，身体与身体体验已经成为理解技术和艺术问题不可或缺的基础，这与身体理论的相关研究（身体社会学、身体伦理学、身体美学、身体政治学等）也形成契合之势。身体视角的引入可以克服看待技术与艺术关系的工具性视角，有助于理解技术与艺术的同源性、交互性与一体化趋势，开启在协作行动中理解人与技术和艺术关系的新途径，并对全球化时代技术和艺术的发展方向做出有价值的回应。

在自然态度中，技术与艺术的区分要么很简单（技术与艺术终究是可以分开的），要么毫无必要（技术与艺术已然融合，无须区分）。倘若如此，我们就难以让事物的本质和真理如其所是地显现出来。而现象学方法的应用则可以帮我们悬置自然态度，通过人"在世之中"的"意向性"，在具体的使用情境中进行区分。如法国现象学家莫里斯·梅洛-庞蒂（Maurice Merleau-Ponty）所言，我们的身体是"活生生"的身体，是感知的身体（能感知和被感知）、体验的身体、多元的身体，这个身体处于自我与他人和世界的不断开放的情境中，形成一个整体性的存在。身体的整体性存在与"身—心—世界"的多重蕴涵结构使我们对技术/艺术的交互感知和体验成为可能。美国的技术哲学家唐·伊德（Don Ihde）也提到，技术与身体的关系构成了一种"涉身关系"，技术物在这种关系中被隐匿起来，不再是经验主义的对象性的客体。技术物不再是外在性的存在物，而是与身体一同构成一个整体性的存在，成为身体的一部分。在实际体验中存在一种"整体身体知觉"，这一知觉总是作为与体验的环境有关的整体的格式塔出现。在我们与世界的互动中，整体身体知觉是各种感觉合成的。人们对某一客体不同层面的体验是同时发生的，也就是多维的、有局部性视角的，没有涉身性就没有知觉，所有的涉身性都与文化的和实践的情境有关。如今，我们可以通过虚拟现实技术营造赛博空间，技术由此不断内化到人的身体之中，通过对身体与环境的多重感知的模拟与关系的重构，极大地改变了人的涉身体验。荷兰技术哲学家彼得-保罗·维贝克（Peter-Paul Verbeek）提出的"技术调节理论"为我们理解这一问题提供了重要视角。技术可

以重构我们的感知关系,改变人们看待这个世界的方式,因而它不但可以揭示或者呈现艺术的形式和内容,甚至可以成为艺术品本身。

在现象学视域中,人与世界以及技术与艺术,都呈现出了不同的面貌。一是当今世界是一个流动的、开放的、整体性的世界。在这个世界中,经常出现的是一种悖论性的而非确定性的追求。传统艺术媒介的物质性特征阻碍了交互的产生,而现代技术的积极的居间调节作用为艺术的内容和形式的丰富和扩展提供了条件,数字化的文字、图像和声音为交互性体验提供了前提与保障,媒介使人内在的意向外在化,并将个人的数据和体验变得可解释、可视觉化,因而在传达情感时可以更直接、更便捷、更具有参与性。二是技术的发展使得人、机器与技术的混合成为可能,"多元主体"应运而生。其中,主客体之间的界限是模糊的,主体既被规定和创造,又在创造与体验。在融合了信息技术手段的先锋派艺术中,观众对艺术的参与不断凸显,体验者本身成了作品的一部分,艺术品的消费者变成了生产者,艺术品是由创造者与观众共同完成的。三是技术与艺术互为条件、可能与挑战。一方面,人机交互技术使得用户成为设计的一部分;另一方面,艺术实践为技术发展提供了新的形式和领域。总之,当今世界的特征以及身体的整体性存在,都使得技术和艺术的界限消泯成为可能,而随着技术的发展以及在艺术中的广泛与深刻的应用,技术与艺术的界限消融可以说是必然的。

从现象学的视角,似乎可以重新理解技术与艺术的界限问题。实际上,不存在客观的、外在的技术与艺术的划界标准,对技术物还是艺术品的判断取决于身体主体与技术物/艺术品之间的关联,这种关联源于不同情境之中的不同主体的知觉与体验。我们可以从具体的情境出发,去区分技术与艺术。通过人机交互,技术和艺术互相塑造,并生成一些新的内容与形式;通过技术打破虚拟与真实、个人与公众、作品与观众之间的界限,创造出一种新的交互体验与交互空间。这种交互体验是建立在感知的、知觉的、双向的基础上的,具有意向性、情境性和开放性特征。并且,数字技术和数字艺术的出现非但没有构成体验的完全趋同,而是可能激发出一种微观的个人体验的视角。观众对作品的参与和体验可能因为自身独特的情境而呈现出不同的意义。数字时代的艺术更多地是一种私人化的个人体验,但这种体验可以跟大众分享。

在技术与艺术的关系研究中,原有的宽泛普遍的工具性视角难以有效解释技术和艺术的当代表达。以身体为视域,对当代技术与艺术交互的理论基础、表现形式以及本质结构进行探讨,可以直面人的审美体验,深刻呈现技术与艺术关系的内在关联,一定程度上克服工具化视角带来的困境。继而,数字背景下"数字技术""数字艺术"以及"交互设计"等技术美学的核心理念也呈现出来,那就是尊重"知觉""体验""差异"和"行动"。由此,我们也就获得了关于数字时代审美体验的现象学理解:当代的技术和艺术是一种动态的行动、过程和实践,而不是静态的对象和作品,需要在情境性和不确定性中呈现作为一个"事件"的意义;技术、艺术和设计相关的美学体验都不是封闭的、完成性的,而是开放的、暂时的,永远"在途中"的,由此重构了美学的理解范式。"当代媒体艺术在审美文化的基础上进行了一种范式转换:从以视觉中心为主导的美学转向植根于身体情感的触觉美学。"①在数字时代,技术可以塑造全新的、整体的知觉体验。与之相应,当代审美体验需要一种复杂思维、关系思维和过程思维,要强调技术与艺术交互的过程性、情境性、多元性与差异性。技术和艺术的结合不但可以满足人的物质和精神需求,还可以激发人的创新性,并不断催生新的可能性和丰富性,实现人的自由和解放。

三、本质复归:人的全面而自由的发展

在当代文化中,任何对意义的表达和质疑几乎都无法避免技术带来的影响。尤其关于空间与场所、距离与接近、在场与缺席、虚构与真实等关系所带来的基本问题,已超出现有理论探讨的界限。我们理解技术与艺术的界限并且超越界限,这本身并不是目的。技术与艺术从发端之日就是为了满足人的不同的需求。赫伯特·马尔库塞(Herbert Marcuse)在他的《单向度的人》中也提到:"强调艺术和技术的本质关系,意在强调艺术的特殊合理性。像技术一样,艺术创造了既同现存思想和实践领域相抵触、

---

① Hansen, M.B.N. *New Philosophy for New Media*, Cambridge: The MIT Press, 2004, p.11.

又在其范围之内的另一思想和实践领域。……社会的不合理性愈明显，艺术的合理性就愈大。"①尤其是当代技术和艺术之间不仅是表征与反思的关系，而是更加具有交互性，两者交互的本质还在于其内在的一致性、界限的模糊化以及对人的身体体验的建构。但是，关于技术与艺术的大多数研究，要么是"基于技术看艺术"（忽略了身体作为技术的来源），要么是"基于艺术看技术"（强调审美理性的作用，忽视身体体验），人为地造成两者的割裂。以身体为视域，可以克服偏重宏大叙事的、普遍性的和绝对性的视角带来的对技术和艺术的本质主义的理解，塑造尊重特殊的身体体验的微观的和个体化的视角，并在差异和行动中理解人与技术和艺术的关系，对全球化时代的价值选择做出回应。

因此，我们需要走得更远，要超越"界限"，或者通过"界限"进行多层面的思考，这一方面意味着技术与艺术要进行跨界合作；另一方面也意味着对跨界的程度保持一种反思的态度。普利高津曾说，科学是确定性与不确定性之间的一条窄道，"它介于皆导致异化的两个概念之间：一个是确定性定律所支配的世界，它没有给新奇性留有位置；另一个则是由掷骰子的上帝所支配的世界，在这个世界里，一切都是荒诞的、非因果的、无法理喻的"。②数字背景下的技术与艺术发展也是如此。从哲学的视角看，讨论技术与艺术的交互问题，意味着要对一些基本概念进行前提性的反思，对技术、艺术与设计实践进行"应然"层面的追问，对技术美学相关的形而上学、伦理学和美学问题进行探索。

不可否认的是，对"界限"的质疑与因此而带来的挑战与超越，恰恰可能是技术、艺术以及设计的创造力的源泉。时代需要我们跨越学科界限，创造新的艺术形式和对数字技术的新应用。一方面，人机交互技术为新的艺术形式提供了可能；另一方面，新的艺术形式也为人机交互提出了新的挑战。另外，数字技术和数字艺术的发展对伦理学和美学概念也有一种重构作用，即善和美都是不断生成的、开放的、不确定的、流动的，

---

① ［美］赫伯特·马尔库塞：《单向度的人》，刘继译，上海：上海译文出版社，1989年，第214页。

② ［比］伊利亚·普利高津：《确定性的终结——时间、混沌与新自然法则》，湛敏译，上海：上海科技教育出版社，1998年，第150页。

设计伦理学与设计美学研究成为技术、艺术与设计实践的一部分。在这种技术与艺术的实践中,总有一些观念不能把握的现实,为我们发挥人的能动性创造了希望、空间与可能。但是,与此同时,我们也要保持警醒,跨界并非"无界",而是在开放的理性和负责的实践基础之上进行的超越性的尝试,是在"界限"的前提和基础上的"跨界",只有审慎地对待技术和艺术的跨界,才能实现技术与艺术的独立性与多元性的统一。

技术与艺术的关系在技术哲学、美学、传播学、设计学等领域都是一个非常重要的不可忽视的领域,这种关系不是与其他关系并列的维度,而是一个根本性的维度。当今时代,技术与艺术界限的模糊与消融,为人们的涉身体验带来了前所未有的丰富多元的可能性,为人们打开了一个新的感受世界与自我的渠道。但与此同时,我们必须警惕技术的滥用、入侵和过度扩张带来的可能的危险。技术不断创造人的欲望,塑造奇妙的感知体验,并引发一种无穷无尽的虚拟指向,这些都使人不断疲惫地追求下去而又无力自拔。面对技术对艺术的强势规范与侵蚀,艺术需要发挥超验层面的审美追求,审慎地反思技术的统治逻辑,对技术控制保持一定的距离,对技术风险进行批判和救赎,从而使人达到一种本质的回归。而身体作为技术和艺术的经验之维,参与到艺术对技术的反思和批判中,并成为伦理和政治问题的表达渠道,推动当代技术与艺术的伦理与美学重构。

四、本书的研究思路和主要内容

(一) 国内外关于技术和艺术关系的研究述评

国内外关于技术与艺术的关系研究,主要体现在关于技术与艺术的理论研究、历史研究以及实践探索等方面。

关于技术与艺术的历史研究方面,查尔斯·辛格(Charles Singer)主编的《技术史》(全七卷)详细探讨了技术(包括技艺)发展的历史;修·昂纳(Hugh Honour)与约翰·弗莱明(John Fleming)的《世界艺术史》阐述了上至史前、下至当代的世界艺术史长流;查理·基尔(Charlie Gere)在《艺术、时间和技术》一书中探讨了从工业化初期至今的技术与艺术的历史,阐明了艺术与技术通过人性关联在一起。

关于技术与艺术的理论研究,不同的学科有不同的关注点。其中,哲学领域比较具有代表性的有:一是马克思基于唯物主义实践论和认识论的技术哲学与美学思想。在《1844年经济学哲学手稿》中,马克思对艺术的本质作了一些经典性的论述。马克思认为,艺术是一种按照美的规律来进行的精神生产,也是一种社会的意识形态,因此,艺术的发展既要受物质生产的制约,又有自身内部的规律。马克思把技术与艺术当作实践的存在方式和感性对象化活动,对之进行现实主义的解释。

二是法兰克福学派的技术美学思想。这种思想立足于技术批判理论,主张将技术艺术化或审美化,以对抗技术理性对人的侵蚀和控制。德国文化批评家瓦尔特·本雅明(Walter Benjamin)认为,在技术复制时代,艺术复制品缺乏一种非常重要的成分——"原真性",并用"灵韵"的消逝表述了现代艺术的没落。赫伯特·马尔库塞在《单向度的人》及《审美之维》中,批判了技术理性对人的控制及艺术逐渐失去其批判性,主张建立一种政治实践的新感性,将个体从统一的价值体系中解放出来,将奴役人的技术艺术化。另外,保罗·维利里奥(Paul Virilio)等学者主张使艺术保持反思和批判技术的能力。

三是马丁·海德格尔(Martin Heidegger)、梅洛-庞蒂与迈克尔·杜夫海纳(Mikel Dufrenne)等哲学家基于存在主义和现象学的解释。现象学普遍认为技术和艺术关联于"在世之中",两者的本质要在人类的存在境遇中体现出来。技术与艺术的内在关联也是现象学美学的重要内容。海德格尔是存在论哲学的代表,海德格尔从技术作为一种合目的的手段追寻到古希腊"四因说",指出技术乃是一种解蔽方式,作为解蔽之命运的技术的本质——"集置"蕴含着危险,认为可以通过艺术对技术带来的风险进行救赎。海德格尔所运用的现象学观念和方法,是要"回到事情本身",打破传统的二元对立思维模式。在海德格尔看来,"存在"是生成性的,建立在"存在"基础上的技术与艺术也是生成性的。技术与艺术都是真理显现的方式,都是人进入天命、获得自由的途径,这无疑为技术与艺术关系之思提供了新的角度。对梅洛-庞蒂来说,艺术代表着与活生生的肉身的接触,是以创造性的和生成的方式呈现出来的领域,艺术家和艺术品之间是可逆的,身体和世界之间是可以交流的。杜夫海纳分析了审美体验与审美对象的关系,认为通过身体情感,审美体验"解放"了艺术作品中隐含的行动,促进了审美对象的生成。

四是后现代主义者关于技术时代的身体消费与身体美学的探讨。如让·鲍德里亚(Jean Baudrillard)[1]、吉尔·德勒兹(Gilles Deleuze)等人的研究。他们将技术和艺术与身体的消费、欲望和游戏关联起来,对技术的异化现实及艺术的超验层面的作用进行了反思,唤起了技术的审美之维。如鲍德里亚将艺术看作"物"的一种特殊形式,而流行艺术和大众艺术作为在"物"的消费时代所产生的艺术形式,同艺术一起在符号操纵下通过"消费"介入了符号与价值的激烈竞争中,成为商品,致使艺术失却了自身的批判力。艺术的符号化预示着超真实代替真实,也意味着后现代社会的到来。德勒兹将涉身的情感概念视为身体知觉的构成部分,并将情感理解为运动图像的一种特定排列,因此发展出了"情感图像"的概念。

另外,艺术学领域也关注到新技术发展所带来的理论突破的可能性。如琳达·坎迪(Linda Candy)和欧内斯特·埃德蒙(Ernest Edmonds)探讨了当代世界技术和艺术是交互式发展的,交互是艺术实验的核心。数字技术开启了传播的新模式,并且辅助艺术家完成艺术作品。艺术家、技术专家和研究人员在技术和艺术的交叉领域——人类和机器、抽象概念和身体、音乐的可视化和电影等等领域内进行创造性实践。梅尔·阿列克森伯格(Mel Alexenberg)探讨了"后数字时代"艺术的未来,指出艺术的本质是结构性的、动态变化的。卡佳·夸斯特克(Katja Kwastek)对20世纪交互艺术的历史和交互美学的理论进行了探讨,发展出一种"交互美学"理论。

国外也有很多关于技术与艺术相互应用的实践探索。如国际ICST艺术与技术会议(ArtsIT, International ICST Conference on Arts and Technology)连续几年(2009, 2011, 2013, 2014, 2016, 2017, 2018, 2019, 2020)的成果中涉及新媒体技术、软件艺术、动画技术以及交互方法在技术与艺术领域中的应用。[2]萨拉赫·乌丁·艾哈迈德(Salah Uddin Ahmed)指出,信息技术和艺术的融合是一大趋势,艺术家、技术人员、发

---

[1] 全文中,让·鲍德里亚(Jean Baudrillard)除了引文中原文用波德里亚,其他一概用"鲍德里亚"。

[2] "Arts and Technology", https://dblp.uni-trier.de/db/conf/artsit/index.html, 2020-02-16.

明家等的多学科协作创造了计算机图形学、动画、激光显示和网络游戏等更丰富的艺术形式,"电子时代"创造真正的双向参与,新的艺术形式在数字时代是"交互艺术",艺术家的目的是激发他的作品与观众之间的双向互动,不同学科正在建立一个跨学科协作的环境。梅丽莎·兰登(Melissa Langdon)从微观的视角,探讨了数字时代的艺术作品使得个人与个人之间的主观性和经验得以邂逅,人们可以通过网络空间讨论国际艺术品,具有身临其境的艺术体验,数字艺术提供了全球化时代的个人表达。

国内学界对这个问题的研究大致可分为三大路径:即分别从历史考察、理论分析以及相互作用角度理解技术与艺术的本质与关系。从历史角度来看,不少学者梳理了技术和艺术在历史上的关系。如许延浪把技术和艺术关系的发展历程描述为古代同源、近代分离到现代交汇,张波则把技术和艺术从古至今的关系描述为共舞关系、胶着关系和裂变关系。从理论角度对技术与艺术关系进行研究的,如张永清、张云鹏、胡艺珊等对现象学美学的研究,陈俊对马尔库塞的技术美学思想的研究,王伯鲁对技术与艺术的一体化趋势的研究,倪钢对技术与艺术的属性、特征和关系的研究,丁兰华对技术与艺术思维的同源性的研究,范玉刚对工业设计中的技术美学进行了哲学阐释等。另外,还有些学者从不同学科角度对两者关系进行研究,比如文学领域有庄鹏涛对维利里奥的技术批判理论的研究,闵亮对技术艺术化和艺术技术化的关系进行了研究,李雷对日常美学问题进行了研究等。艺术学领域如廖祥忠、彭吉象、张耕云等从艺术理论角度研究了数字技术和数字艺术的关系,赵刘对公共景观艺术进行了研究,王钧锋、谢时光、李砚祖、刘立园等研究了设计中的技术和艺术因素及其结合之美,贾明对现代技术和艺术的嬗变进行了研究。另外,还有学者以现代图像技术和虚拟现实为例,从媒介的角度,对技术与艺术的结合进行了探讨,艺术学和设计学领域也有不少论著立足虚拟现实技术的应用进行分析。

总体而言,国内外关于技术与艺术关系的相关研究主要涉及历史梳理、理论分析和实践研究等三个层面,也涵盖很多学科。但是,以往的研究主要将技术和艺术的结合建立在抽象的人的基础上,未能很好地说明两者结合的内在根基。究其原因,主要是这些研究基本都是偏重宏大叙事,将技术和艺术的一致性笼统地归结为人类的需要和发展过程,忽视了当今时代技术与艺术的交互为人类塑造的微观的和特殊的身体体验,因而容易造成关于技术与艺术的本质主义的理解,难以体现数字时代技术与艺术一体化的趋势和特征。

如今,身体与身体体验已经成为理解技术和艺术问题的不可或缺的基础。身体视角的引入可以克服看待技术与艺术关系的工具性视角,有助于深入挖掘技术与艺术的本质及其交互关系,为技术和艺术的交互奠基。对身体的微观体验的揭示,能够更好地解释数字时代技术和艺术的一体化趋势。同时,以身体为视角,通过对情境性、特殊性和差异性的关注,可以对高科技时代的美学范式进行重构,有助于发挥文化的时代性和民族性功能,创造更加美好的人类未来。

(二) 研究思路与主要内容

本书主要以身体为视域,探讨当代技术与艺术交互关系的理论基础、表现形式以及美学意义。通过对技术和艺术的关系进行纵横两条线索的剖析,为技术与艺术的结合提供内在根据。首先是纵向梳理,以史为经,将身体放置在技术与艺术的发展流变中,对技术和艺术的同源性以及一体化趋势进行探讨。其次是横向剖析,以论为纬,在关于技术与艺术的相关研究理论中,挖掘技术与艺术逻辑上的一致性以及行动中的交互性,进一步探讨技术与艺术的本质,对技术在艺术中的应用限度进行批判性分析。最后,无论是技术还是艺术的发展,都要复归到身体。将现象学意义上的身体视域放置到数字时代的背景下,可以在知觉、体验、差异和行动中直面当下社会独特的现实处境,更好地关照当代技术与艺术的交互现状与本质特征。

本书的研究重点是探讨技术与艺术关系的历史变迁及其与身体的关联,揭示技术与艺术的同源性;结合当代技术与艺术的实践与探索,探讨数字时代技术与艺术交互的新形式与新特征;以身体为视域,对审美体验、沉浸体验等进行现象学分析,剖析身体在技术与艺术关系中的基础性作用,揭示技术与艺术的内在一致性。通过研究我们发现,身体既是技术和艺术的来源和场域,也是技术和艺术交互作用的媒介和途径,更是技术和艺术发展的方向和旨归。以身体为视域,探讨数字时代技术与艺术交互过程中的虚拟与实在、人与机器、身体与心灵、理解与行动的关系等,可以更好地理解技术与艺术"交互性"的哲学根基,推动技术和艺术的当代发展。

基于上述研究思路和目标,本书的主要内容从以下几个方面展开:

第一章,技术与艺术的理论内涵与历史流变。本着逻辑和历史相一致的原则,首先对技术和艺术的内涵和本质进行分析。从工程主义和人本主义等方面,对技术的内涵和本质进行揭示。从艺术发展史的角度,对艺术的"模仿论""表现论"以及"形式论"等进行梳理,并重点结合海德格尔、梅洛-庞蒂和杜夫海纳等人的成果,对艺术的本质进行现象学解读。同时,对黑格尔、丹托等人的艺术终结论进行反思。在此基础上,遵循历史的逻辑,从古代技术和艺术紧密结合、近现代技术和艺术的逐渐分流到当代技术和艺术的界限模糊等几个方面,阐述技术和艺术同源一体。

第二章,技术的艺术化和艺术的技术化。分别概括了技术对艺术的支撑和入侵以及艺术对技术的促进与批判。技术为艺术提供了物质基础,促进艺术风格和思想的变化,加快了艺术的传播速度,但可能损害艺术的独特性。艺术会促进技术的发展,可以通过对技术现实的批判起到消解异化的作用。另外,设计作为技术和艺术的统一,完美地体现了技术的艺术化和艺术的技术化。当今时代,设计不仅具有功能性的意义,也同样具有审美价值,设计的审美维度对过去以艺术作为核心的传统美学进行了重构。本章也对数字时代的技术和艺术的一体化趋势进行了分析,以数字技术、多媒体技术和虚拟现实等技术与艺术协同发展为例,结合现象学的方法,探讨技术艺术化和艺术技术化的新趋势和新特征。尤其数字媒介的互动性加强,使得技术与艺术、艺术家和技术人员、艺术家和观众等等的界限趋于模糊,观众的参与和合作成为数字技术/数字艺术的一部分,因此,技术和艺术的交互呈现出更多的本体论、认识论和方法论上的意义。

第三章,身体:技术和艺术一体化的始基。本书重点借助梅洛-庞蒂的身体理论,作为理解当代技术与艺术交互构建的理论基础:这里的身体是现象学意义上的身体,也就是一种非二元论的身体,是"肉身化主体"或者说是"身体主体",即感知的身体、体验的身体、开放世界和多元情境中的身体,是身—心—世界三重结构的身体。[1]身体既

---

[1] 周丽昀:《现代技术与身体伦理研究》,上海:上海大学出版社,2014年,第3页。

具有物质性和普遍性,又具有特殊性和文化多样性。在此基础上,结合具体的技术与艺术实践,分析身体在技术与艺术交互中的作用。一方面,全面梳理马克思、海德格尔、法兰克福学派、法国身体哲学以及舒斯特曼的身体美学等理论对技术与艺术关系的探讨。另一方面,追踪当今技术与艺术的交互(包括交互设计)等发展的实践探索,通过技术、艺术与身体的关联,指出现象学意义上的身体是技术与艺术的始源、根基、中介、方向和旨归。技术与艺术的作用不仅是工具与价值、表征与反思的关系,两者交互的本质还在于其内在的一致性、界限的模糊化以及对人的身体体验的重塑。

第四章,审美体验和身体体验的哲学阐释。技术与艺术的关系问题,在当代越来越集中在审美体验的重构这个问题上。技术、艺术与身体的交互,使得审美体验的理论和实践意义都更加凸显。审美体验作为技术美学、艺术哲学、身体现象学等绕不开的话题,需要多维视野中的哲学解释。本章主要阐述了实用主义、现象学、分析哲学视野中的审美体验。其中,现象学的意向性、知觉和体验等理论丰富了审美体验,分析哲学对审美体验进行了消解与重构,而日常美学的兴起,使得审美体验获得了感性的回归。另外,本章尤其重点分析了现象学视野中的身体体验。

第五章,媒介技术对艺术的改变与重塑。当今时代,媒介技术作为身体的延伸,对社会所产生的影响日益显著,它逐渐渗透到社会、文化、经济和生活等领域,不仅一定程度上重塑了人们的生产方式、生活方式以及作为整体的社会环境,还为当代美学的多元发展提供了新的契机。新媒介技术通过影响审美感知的可拓展性、审美对象的多样性和环境因素的复杂性而影响了审美活动的变迁。尤其以虚拟现实技术为代表的新技术类型,使得技术、艺术与身体的交互达到了前所未有的地步。虚拟现实技术建构了临场感与新时空,通过沉浸体验,重塑了人与世界的关系,也构建了人的“新感性”。其中,身体的涉身与离身的统一成为虚拟现实体验的基础。

第六章,消费社会中技术与艺术的共谋关系及其超越。现代技术与艺术的交互是与消费主义的盛行同步发展的。现代技术的强势推进,一方面促进了艺术的大众化、生活化;另一方面也导致传统的审美距离逐渐消失。现代技术与资本、欲望、权力等合谋,导致作为符号和场域的身体的产生,从而产生物的异化与人的异化。资本更是把艺术本身变成了一种商品，为了满足市场的需要，不断实现艺术的再生产，最终造成当代社会的审美泛化。这些都需要我们从伦理和美学相结合的"审美化的身体"出发，通过艺术的超越性和反思性，建立技术的审美之维，构建更加自由的人与技术和艺术的关系，实现人的本质复归，对全球化时代的价值选择做出回应。

在与技术和艺术的纠缠中，人类很难完全置身事外，不可避免地需要接受技术和机器成为人类的一部分，我们某种程度上变成"后人类"。但是，这不是一个人类增强的问题，也不是一个强化主体边界以确保人类的身份认同的问题，而是取消边界，承认技术作为我们的另一部分，让我们重新认识主客体、自我和他者、人与世界之间的关系，重新理解变化和行动的意义。这种变化本身是一个无法理性预测或控制的过程，它只能通过一个同时具有科学功能和审美功能的技术文化过程来想象和描绘。只有对这种创造性的过程保持开放，通过参与这一与我们密切相关的复杂之网，而不是仅仅试图控制它们，我们才有希望去想象和呈现一个共同的美好未来。

第一章 技术与艺术的理论内涵与历史流变

要了解技术和艺术之间的关联,只有对概念进行溯源,并从历史脉络中去寻找。"将技术史与艺术史对照,就会发现它们是相互对应的:在技术每一个具有连续性的变化周期,正好对应着艺术的一个从发展到高潮再到回落的发展周期。艺术的发展变化在于理性和非理性的关系变化,技术理性决定了艺术中这二者的变化。换句话说,技术理性决定艺术,技术史决定艺术史。"①技术是人之为人的本质属性之一。人类的物质生产活动以及艺术创造都需要技术。"人猿相揖别"的标志就是人能制造工具。当人类创造第一件劳动工具作为人的肢体的延伸,人与动物就有了本质的区分。代表人类早期生存智慧的古希腊哲学特别强调"技艺"问题。柏拉图甚至认为,上帝和世界的关系就是工匠和制成品之间的关系。我们之所以会追溯技术与艺术的内涵与本质及其关系,并非要给出一个结论性的意见,而旨在阐述在这些问题上的相关观点以及争论的焦点,为后面的论述奠定理论基础。

第一节 技术的内涵与本质

在关于技术的理解中,一种观点认为技术是完全中立、价值无涉的工具和手段,这

---

① 仇国梁:《西方技术艺术史》,重庆:西南师范大学出版社,2018年,第16页。

种观点已经退出主流舞台,但在技术的社会价值以及技术与人的关系的理解方面,依然存在着分歧。其中主要有工程主义的进路以及人文主义的进路。前者主要从技术创造和发明活动的特点出发来分析技术的本质;后者主要从社会和人文的视角,通过技术的社会影响因素来解释技术的意义。

美国技术哲学家卡尔·米切姆(Carl Mitcham)将所有的技术现象划分为四种基本模式:作为知识的技术,作为活动的技术,作为对象即人工物的技术与作为意志的技术。[1]具体说来,"作为知识的技术"指的是技术人工物的设计、制造和使用的知识;"作为活动的技术"指的是实现技术人工物的工艺、手段等操作程序;"作为意志的技术"指的是人的意志的外化,是人的意志的外在物质体现,"技术是赋予人的意志以物质形式的一切东西"。[2]"作为对象即人工物的技术"指的是具有感性形式的物质技术。现象学视域中的技术与米切姆对技术的理解既有联系又有不同:"根据现象学的技术观,技术是物化为人造物的技术,是生活世界和组成这一世界的各要素和关系的物化。"[3]这个生活世界是技术的发明者和使用者所共同存在的世界。这里的人工物不只包括物的因素,还包括人的因素,是人与物的相互关系的范畴。马克思主义的技术规则认为"技术是人的器官的延伸"。马克思主义与现象学的技术观都彰显着技术和艺术的内在关联。

一、技术是人的器官的延伸

(一) 身体是技术的来源

马克思和恩格斯把身体看作是技术对环境进行改造的生产来源。首先,马克思认为,人的身体是一种肉体存在。在《德意志意识形态》中,马克思指出:"全部人类历史

---

[1] Mitcham, C. *Thinking Through Technology*: *The Path Between Engineering and Philosophy*, Chicago and London: University of Chicago Press, 1994, pp.276—277.

[2] [德]F.拉普:《技术哲学导论》,刘武等译,沈阳:辽宁科学技术出版社,1986年,第29页。

[3] 舒红跃:《技术总是物化为人造物的技术》,载《哲学研究》2006年第2期,第103页。

的第一个前提无疑是有生命的个人的存在。因此,第一个需要确认的事实就是这些个人的肉体组织以及由此产生的个人对其他自然的关系。……任何历史记载都应当从这些自然基础以及它们在历史进程中由于人们的活动而发生的变更出发。"[1]人是有血有肉的存在,吃穿住行是等生活需要是人的第一需要,人必须以自己的行动进行物质和精神生产,满足自己的需求,延续自己的生命。人类只有通过实践,才能使外部世界转变成属人的世界,使自然界转变成人的无机的身体。正如马克思所说的:"工业的历史和工业的已经生成的对象性的存在,是一本打开了的关于人的本质力量的书,是感性地摆在我们面前的人的心理学。"[2]

其次,马克思认为,人的身体不仅仅是一种"肉体存在",更是社会历史的产物。人不仅具有自然属性,还具有社会属性,生物学意义上的身体依赖于自然,但要通过一定的社会交往和社会实践,在一定的社会形势和社会关系中实现和确证自身。"人的本质不是单个人所固有的抽象物,在其现实性上,它是一切社会关系的总和。"[3]由是观之,社会关系不是自然属性、自然关系,也不是理性、意志等类社会意识,而是人与自然、人与人、人与社会的关系。在这样一种社会关系中,身体与社会是相互联系、相互塑造、不可分割的。

(二) 器官延伸论

马克思提出"器官延伸论",认为工具和机器等劳动手段是人的器官的延伸,通过工具和机器的使用,人的器官功能得到延伸和强化。他说:"劳动者利用物的机械的、物理的和化学的属性,以便把这些物当作发挥力量的手段,依照自己的目的作用于其他的物……这样,自然物本身就成为他的活动的器官,他把这种器官加到他身体的器官上,不顾圣经的训诫,延长了他的自然的肢体。"[4]马克思还进一步指出工具和机器的发展代表了社会生产器官进化的历史:"在劳动资料本身中,机械性的劳动资料(其总

---

① 《马克思恩格斯选集》(第1卷),北京:人民出版社,1995年,第67页。

② 《马克思恩格斯文集》(第1卷),北京:人民出版社,2009年,第192页。

③ 《马克思恩格斯选集》(第1卷),北京:人民出版社,1995年,第60页。

④ 《马克思恩格斯选集》(第2卷),北京:人民出版社,1995年,第178页。

和可称为生产的骨骼系统和肌肉系统)远比只是充当劳动对象的容器的劳动资料(如管、桶、篮、罐等,其总和一般可称为生产的脉管系统)更能显示一个社会生产时代的具有决定意义的特征。"①马克思把工具作为人的器官的延伸,强调了技术是人的外化以及自然是人化的自然。从技术的起源来看,无论是钻燧取火,还是制造工具,正是人掌握了技术,开始有意识地改造自然界,将自然界转变为"人化的自然",人才从动物中脱离出来。

人之所以成为人,不仅表现在人会有目的地进行技术实践活动,还体现在人对知识的占有。技术正好体现了人对客观规律的认识,因此,在技术实践活动中,人充分体现了自己的主体性,即有能力通过工具或其他手段使对象满足自身的需求,因此人的主体性体现了人的本质力量的外化。动物只会为了满足自己的肉体需要才去生产,而人则更加积极、主动和自由地进行生产。"动物的生产是片面的,而人的生产是全面的;动物只是在直接的肉体需要的支配下生产,而人甚至不受肉体需要的影响也进行生产,并且只有不受这种需要的影响才进行真正的生产;动物只生产自身,而人再生产整个自然界;动物的产品直接属于它的肉体,而人则自由地面对自己的产品。动物只是按照它所属的那个种的尺度和需要来构造,而人却懂得按照任何一个种的尺度来进行生产,并且懂得处处都把内在的尺度运用于对象;因此,人也按照美的规律来构造。"②技术正是从自主性、能动性、创造性等方面的优势体现人的主体地位的,因而也最能满足人对对象的把握及改变,最能体现人的本质。

二、技术作为人与世界的中介

技术是人为了满足自身的需要创造出来的,因此,对于技术的探讨应该深入到技术和人的关系中,从现象学层面揭示人的身体、知觉与技术的关系。现象学对这个方面的探讨可以分为两个路径:首先是身体—世界的模式,也就是梅洛-庞蒂意义上的身

---

① 《马克思恩格斯选集》(第2卷),北京:人民出版社,1995年,第179页。
② 《马克思恩格斯文集》(第1卷),北京:人民出版社,2009年,第162—163页。

体感知世界的方式;其次,伊德开启的身体—技术—世界的感知方式,也就是人通过技术感知世界,技术拓展了身体的知觉范围,技术本质上是知觉的转化。伊德把"知觉"分为两种:"微观知觉",也就是身体范围内的知觉,指通过感官而感受到的知觉;"宏观知觉",是通过技术所转化的知觉。

（一）身体与世界的原初关联

在梅洛-庞蒂那里,身体和世界处在开放、敞开的原初关系中,这种原初关系是最基础的、不可还原的关系。一方面,世界本身作为"被感知物"而存在,正是"我"这个知觉者把世界万物纳入一个行动网络中,整个世界是"被感知的世界","世界在我的身体中实现了它自己,我就是世界本身的表达"①。另一方面,身体是在世之中的存在,身体是有知觉的,这种知觉的统一是一种前认识、前客观的统一。

梅洛-庞蒂强调了知觉的首要性,他把知觉理解为机体、对象、环境的整体体验,这种体验先于科学及认识,是最原初的无法还原的经验,是一切对立的二元——身体/心灵、身体/世界、身体/物体、内在/外在统一的基础,他对知觉首要性的强调也体现了人应当保持与世界的原初关系,保持对世界的惊奇,这是人与世界关系的基础。梅洛-庞蒂认为空间性只有基于我的身体才有意义,身体是最原始的空间,它自身携带方位,通过内容的"意义"区分空间,并将其投射到外部空间,产生相对确定的空间形式,反过来,外部空间赋予身体空间一种明证性。因此,只有在身体空间的基础上向外投射"内容"及"意义"才能产生外部空间,外部空间产生于身体空间。身体空间"可以通过它的活动占有外部空间,从而扩大自己的生存空间"②。比如,我对学校非常熟悉,不需要地图就能知道图书馆、教学楼、操场的位置,无须刻意辨别方向就能找到想去的地方,这是因为我已经把"意义"赋予到这些地点中,这种"意义"意味着定位方向,也使我们的身体空间得到扩展和延伸。

梅洛-庞蒂通过"盲人的手杖"这个例子,展现了技术物对身体的拓展。对于盲人来说,手杖已经不仅仅是一个物体,而是盲人的感知能力和感知范围的延伸,某种程度

① 张尧均:《隐喻的身体:梅洛-庞蒂身体现象学研究》,北京:中国美术学院出版社,2006年,第42页。
② 张尧均:《隐喻的身体:梅洛-庞蒂身体现象学研究》,北京:中国美术学院出版社,2006年,第65页。

上发挥了视觉器官的功能。这说明技术物可以延伸身体对外物的知觉,并扩展们的身体空间。"空间的地点不能被定义为与我们的身体的客观位置相对的客观位置,但它们在我们周围划定了我们的目标和我们的动作的可变的范围。"①这种通过身体构建的现象空间为身体知觉奠定了基础。

(二) 技术拓展了身体的知觉

伊德认为人通过技术中介对世界进行感知,具体的技术改变人类对世界的知觉。伊德从梅洛-庞蒂的身体空间性得出身体知觉可以通过人工物得到扩展。伊德把技术扩展和转化的身体的宏观知觉分为两种:一种是"涉身关系",另一种是"诠释关系"。在"涉身关系"中,我们通过技术获得对世界的知觉,技术处在观看的人和被看的事物中间,处于中介的位置,"在这种使用情境中,我以一种特殊的方式将技术融入我的经验中,我是借助这些技术来感知的,并且由此转化了我的知觉的和身体的感觉"。②在涉身关系中,通过技术对知觉的转化,世界以新的方式向我们敞开。其次,涉身关系还可以变更整个感知结构。比如,通过望远镜观察月亮,所得出的结果不是人的知觉"放大"的问题,而是整个空间的含义发生变化,不仅月亮的空间位置发生变化,我的身体位置也发生变化。"涉身关系"的结构是(人—技术)—世界,技术虽然在其中扮演中介的角色,但技术必须是透明的,也就是说人在通过技术感知世界的过程中,如果技术是足够好用的,我们就会忽略技术的存在,技术会"抽身而去",融入我们的知觉经验中,与身体合为一体。比如我们通过眼镜知觉世界,在这个过程中我与眼镜是一体的,眼镜在这里表现为一种"透明性"。

伊德从分析文本阅读中的转换关系将诠释学应用到技术情境的解释活动中。伊德举例说,当人在看一幅航海图时,航海图以特殊的方式"指向"了与它同构的海上位置,在这个过程中,航海图和它所指向的东西表象为一种"透明性"。诠释关系的结构是人—(技术—世界)。比较典型的例子是读温度计,当我们在室内不知道室外的冷或热时,我们通过读出温度计的数据获得一种与数据同构的冷或热的感受。在诠释关系

① [法]莫里斯·梅洛-庞蒂:《知觉现象学》,姜志辉译,北京:商务印书馆,2012年,第190页。
② [美]唐·伊德:《技术与生活世界:从伊甸园到尘世》,韩连庆译,北京:北京大学出版社,2012年,第78页。

中,我们并不是通过技术中介直接感知事物,而是通过对数据结构的解释传达"外部世界"的指称并将其转化为我们的知觉。

技术最能体现人的本质的力量。技术活动不仅反映在满足人类的基本生存需求即衣食住行方面,它还渗透在诸如艺术、政治、宗教等社会活动中,为满足人类的物质需求和精神需求提供基础。同时,技术总是铭刻着人的烙印,不仅古代的手工工具留下了人的痕迹,现代技术也反映了一定的社会关系,通过技术,"我"与"他人"得以联系起来,通过自我与他者的关联,我们建立起关于世界的知觉。

维贝克提出了"技术调节理论"。"现象学是对人类与其生活世界之间的关系结构的哲学分析。从这个角度看,调节哲学的核心思想是,技术在人与现实的关系中起着积极的调节作用。对技术调节的研究可以不必回到古典的'技术决定社会'的恐惧,也不必将技术的作用边缘化为单纯的工具。相反,它侧重于技术和社会的相互塑造。"① 作为技术哲学中极富跨越式的理论,技术调节理论中的"技术意向性"超越了源自柏拉图的哲学研究传统,揭示出技术人工物在人与世界的关联中所起的作用。在一些身体现象学家看来,技术是与发明者或者使用者的身体相关的技术,只有在人的使用过程中才能得到理解。这种技术对梅洛-庞蒂而言,就是盲人的手杖和妇人的羽饰;对于唐·伊德来说,就是汽车和电话;对于维贝克来说,就是地铁的闸机口或者路上的减速带。不过,在技术现象学看来,仅通过技术人工物这种感性形式本身我们还无法理解技术,只有在对技术(物)的使用中,在与身体的关联之中,才能理解技术。其中,情境性和关联性是我们理解技术的关键。

第二节　艺术的内涵与本质

"如何理解艺术的本质"是个古老而又常新的问题,也是西方美学史的核心问题。从柏拉图开始,哲学家、美学家和艺术家们都试图去回答这个问题,但一直存在争议。

---

① Verbeek, Peter-Paul. *Moralizing Technology: Understanding and Designing the Morality of Things*, Chicago and London: The University of Chicago Press, 2011, p.7.

柏拉图把艺术看作对自然的忠实的模仿,开创了艺术模仿论的先河,亚里士多德对其进行改进,提出再现的艺术理论。19 世纪早期,随着浪漫主义艺术的诞生,艺术表现论登上历史舞台,认为艺术主要是为了表达艺术家的情感。19 世纪后期,印象派艺术关注色彩、线条,催生了艺术形式理论的诞生。当代先锋派艺术通过将现成品搬上舞台,解构了传统的艺术观念……但不管哪种理论,几乎都有一种本质主义的预设,即认为一切艺术哲学,不论艺术形式和内容有何差异,都必然存在着某种共性。"它们只要适用于一件艺术品,就必定适用于一切艺术品,而不适用于艺术以外的任何其他事物——可以说,这是一种共同点,它构成了艺术的定义,把艺术与其他人类文化的领域区分开来。"①其中,我们不难发现,传统的艺术理论已无法阐释当代的艺术现象,当代艺术更多与技术进行交互和纠缠,这构成了当代艺术的重要特征。

一、艺术本质的传统追问

在每个历史阶段都有关于艺术本质的理解。总体来说,西方美学史大概可以划分为三个阶段:古代自然本体论阶段,以"模仿说"为主,突出艺术的客体性;近现代认识论阶段,以"表现论"为主,艺术的主体性得以高扬;当代与后现代阶段,艺术终结论引发了对艺术的多元理解。我们仅选取其中有代表性的几种观点和流派进行阐述。

(一) 艺术作为现实的模仿和再现

在有关艺术本质的探讨中,艺术模仿论历史最悠久、影响最大。"艺术在其自然起源上产生于民间巫术和实用宗教对自然事物的模仿与膜拜功能,对这一起源进行反思,我们发现艺术的本性同经验与世界本身(现象与自在之物)的二元性有着本源性的内在联系。"②在这种二元性开启之前,古代世界观的朴素唯物主义是一种自然主义的一元论,艺术就是对自然形象的模仿,艺术是整个世界的组成部分。古希腊人的模仿更多在舞蹈、奏乐和歌唱等礼拜活动中体现出来,模仿主要是对内心意象的揭示,并不

---

① [美]M.李普曼:《当代美学》,邓鹏译,北京:光明日报出版社,1986 年,第 222 页。
② 张盾:《超越审美现代性:从文艺美学到政治美学》,南京:南京大学出版社,2017 年,第 2 页。

完全复制客观世界。苏格拉底认为,模仿是诸如绘画和雕刻等艺术的基本功能。柏拉图开创了形而上学二元论,与自然主义模仿不同,柏拉图在《理想国》中把艺术视为对外界的如实的模仿,认为艺术作品是对终极存在的象征性再现,艺术之美是一种象征关系,即通过可见的东西去再现不可见的东西。从模仿性艺术到象征性艺术的观念革命,使得柏拉图成为美学当之无愧的奠基人。亚里士多德则是古希腊美学发展的集大成者,他认为模仿并非是对实在的忠实模仿,而是艺术家用自己的方式自由地去表现实在,"艺术所'模仿'的不只是现实世界的外形或现象,而且是现实世界内在的本质和规律"。①亚里士多德的思想影响深远。之后的艺术理论家往往把多种概念混合在一起,通过模仿来进行艺术表达。

再现也是"模仿的"艺术,其目的是尽量按照现实中的形象(如人物、风景或者行动等)进行准确逼真的刻画。当然,再现艺术并不仅仅是刻板地相似于原物,而是致力于使艺术品所唤起的情感相似于原物唤起的情感。比如观众看到一幅模特的肖像画时,仿佛自己就在模特面前与模特进行交流。艺术家知道以怎样的方式构造自己的作品可以使观众像面对原物那样去感受,这正是再现型艺术家的目标。

再现性艺术可以分为两类:

第一是忠于自然的模仿,力求对外在自然世界进行完全逼真的刻画,其表现形态是"主张对自然的逼真抄录"②。希腊工艺和艺术的基本特征是和谐、庄严和恬静,对美的理解主要基于形而上学的形式原则,而不是心理学的经验主义原则。比如柏拉图认为"美是分寸和比例","拿一面镜子四方八面地旋转,你就会马上造出太阳、星辰、大地、你自己、其他动物、器具、草木,以及我们刚才所提到的一切东西"③。亚里士多德则认为"美是体量与秩序"。能否准确、精细地描摹事物的形貌,成为古希腊时期艺术水平高低的最重要的判断标准。有这么一个故事,希腊画家宙克西斯和巴尔拉修进行画画比赛。宙克西斯的葡萄逼真到引来飞鸟啄食,而巴尔拉修的画上盖着一层帘布。当

---

① 彭吉象:《艺术学概论》,北京:北京大学出版社,2015 年,第 5 页。
② 余开亮:《艺术哲学导论》,成都:西南交通大学出版社,2014 年,第 9 页。
③ 柏拉图:《文艺对话集》,朱光潜译,北京:人民文学出版社,1963 年,第 69 页。

宙克西斯拉开帘布时,却发现帘布本身就是一幅画,最后巴尔拉修毫无悬念地赢得了比赛。在有些评论家看来,忠于自然的模仿论以是否逼真作为衡量艺术价值的准则是简单而又粗鄙的。科林伍德指出:"如果一个再现艺术家的作品不是原物刻板准确的复本,那并不是他无能的标志;否则,照相机就有充分的理由胜过肖像画家了。"[1]同时,我们在观看外部事物时,都会掺杂个人的理解框架和背景的烙印,因此,忠于自然的艺术家也不能真正做到准确的复制,只能够再现自然。

第二是对现实世界的模仿,但这种模仿不是机械的复制,而是创造性再现。亚里士多德修正了忠于自然的模仿论,认为艺术家不但对事物的感性经验进行模仿,而且还对这些经验进行综合整理,从中抽取出普遍性的认识,并应该按照事物应该有的样子或可能的样子进行模仿。艺术再现由个别的现实抽象出一种普遍的规律,其中艺术的真实性和现实的真实性存在很大不同。艺术的真实虽然依赖于现实的真实,但又要对现实的真实进行改变。丹纳在《艺术哲学》中指出:"艺术品的目的是表现某个主要的或凸出的特征,也就是某个重要的观念,比实际事物表现得更清楚更完全;为了做到这一点,艺术品必须是由许多相互联系的部分组成的一个总体,而各个部分的关系是经过有计划的改变的。"[2]丹纳认为,艺术的模仿并不是毫无变化地逼真的模仿,而是有选择地模仿一部分,这个部分就是"各个部分之间的关系与相互依赖"[3]。比如,我们画一幅人像,一定不会按照真人大小进行描摹,而是复制身体的比例。我们复制的不是单纯的肉体的外在形态,而是描摹各个部分之间的关系,遵循的是肉体的逻辑。

艺术的真实对现实的超越还体现在突出事物的主要特征。比如,画家可能会通过夸大牙齿和利爪来描摹一只野兽;通过坚毅的眼神与冷峻的外表,描述一个我们所敬畏的人。这些如果只是进行刻板的描绘,在情感上就不会与原物相像,而将某种主要状态加以适度夸张,则可能会产生情感上恰当的相似。因此,艺术家有时不得不通过夸大或者缩小、凸显或者隐藏,来让事物的鲜明特征彰显出来。

---

① [英]科林伍德:《艺术原理》,王至元、陈中华译,北京:中国社会科学出版社,1985年,第54页。
② [法]丹纳:《艺术哲学》,傅雷译,天津:天津社会科学院出版社,2004年,第57页。
③ [法]丹纳:《艺术哲学》,傅雷译,天津:天津社会科学院出版社,2004年,第44页。

技法创新对艺术的创造性再现功不可没。比如，文艺复兴时期的透视法、明暗法等，极大地促进了绘画艺术的发展。医学解剖学的发展也为画家完美再现人体的比例和关系提供了科学基础。再现艺术家通过创造性地修改"真实"，反而留下令人印象深刻的作品。比如波提切利的《维纳斯的诞生》，维纳斯的身材比例并不那么合理，甚至左臂跟躯干的连接可谓奇特，但其整体造型却非常优美，因而成为传世经典。创造性再现理论作为真正的、成熟的模仿理论在西方艺术理论中盛行了很长时间，直到19世纪才逐渐被表现理论所替代。

如今，技术模仿艺术创作的另一个方向是思维，代表性技术就是人工智能。2016年，在戛纳国际创意节上，《下一个伦勃朗》收获了创新狮子奖、两个全场大奖（互动类与数据创意类）以及各类银狮、铜狮奖。据统计，其获奖总数高达十五个。这幅画作由阿姆斯特丹广告公司 J. Walter Thompson 与 ING Bank 共同合作完成，并以微软 Azure 作为技术支持。该团队在画作中重现了伦勃朗的画风和笔触，成功"复活"了荷兰艺术家伦勃朗。这幅名为《下一个伦勃朗》的高加索人肖像画，头戴宽檐帽、身着白纱领黑衣，像极了一件来自17世纪的艺术作品，但实际上它并没有人物原型，只是人工智能数据分析的产物。这幅作品由超过1.48亿个像素组成，其制作团队利用了深度学习算法和面部识别技术，通过软件和3D扫描仪分析了168 263个伦勃朗画作片段，并将这些数据导入到3D打印机，最终生成了这一伟大作品。只不过这一次，数据是画家，而科技是笔刷。

当前，人工智能在艺术领域可以"模仿"的还有很多。比如，在音乐领域，人工智能编曲软件可以模仿音乐家的风格编出曲子，类似巴赫、肖邦、莫扎特等古典音乐家风格的作品几可乱真。此外，人工智能还可以填词、写诗、写论文……用人工智能代替艺术家创作，已经成为许多交叉学科竞相研究的课题。美国达特茅斯学院甚至还曾准备上演一场艺术领域的"图灵测试"，让机器和人围绕作曲、写十四行诗和写短篇小说等三项活动开展竞赛，看参与者能否区分出人的创作和机器的创作。然而，没有一家公司和个人正式宣布参赛。艺术领域的"图灵测试"无果而终，说明人工智能艺术创作还远未达到人类艺术家的水准，人工智能制造者目前仍然信心不足，抑或是人们不愿意看到艺术被"数字化"。无论是《下一个伦勃朗》、机器作曲还是机器写诗,其共同"创作"逻辑都是模仿,区别在于模仿级别的高下和难度的高低。但是,这种模仿与艺术家的创造性活动是不同的。毕竟,审美理想和情感世界才是艺术家进行创作的重要引擎,而人工智能却是无心的机器,没有自主性、意识和情感,只有算法和程序。"艺术是情感的载体,受情感的滋养,是对情感的表达;人工智能只能作为艺术家的工具进行'制造',而不能进行'创造'。"①美的规定性来自人类实践。在技术的世界里,无论是虚拟现实还是人工智能,都无法独立创造美、发现美,从而满足人们的艺术审美需求。

(二) 艺术作为情感的表现

模仿论在艺术史上持续了很长时间,但因其过于强调原型和逼真复制,使得艺术评价成为难题。19 世纪早期,随着浪漫主义艺术流派的盛行,艺术的表现理论登上历史舞台。表现主义美学具有反传统的特征,更加强调艺术对情感的表达。表现主义美学具有的创造性特质使其与以往的美学思想区别开来。

在表现主义美学流派中,贝内代托·克罗齐(Benedetto Croce)算得上是开创者。克罗齐提出了表现主义美学的一些基础性的议题,认为艺术是直觉或表现,而不是对事实的复制,也不是知识。"美学只有一种,就是直觉或表现的知识的科学。"②克罗齐认为直觉活动是精神活动的最基本形式和出发点。他反对艺术模仿说,认为单纯的模仿并不能引发审美直觉。在克罗齐看来,不同的人对艺术的理解不同,这源于发问者对问题的内容和形式的理解。路易斯·芒福德(Lewis Mumford)曾对克罗齐的观点表示赞同,认为人们不必非得是克罗齐的追随者,才能理解到所有艺术的根本都是表达,并且这种表达不是一般的表达,而是通过审美符号的表达。芒福德还进一步指出:"艺术是一种内在的优雅与和谐的状态,一种精致的知觉与强烈的感觉的可见的符号,艺术家将自己的内在状态转化为一种形式,并进行集聚和强化。这种表达是人类自我意

---

① 徐粤春:《技术与艺术的辩证法》,《人民日报》,2016 年 8 月 12 日。
② [意]克罗齐:《美学原理》,朱光潜等译,北京:外国文学出版社,1983 年,第 21 页。

识的基础:它既是自我认识,又是自我实现。"①

罗宾·乔治·科林伍德(Robin George Collingwood)进一步发展了克罗齐的艺术理论,并完善了表现主义美学的体系,认为艺术的本质就是艺术家对自己的情感的创造性表达。科林伍德致力于研究艺术的本质以及美的形式等问题,并使其"转化为一种艺术哲学"②。科林伍德认为,艺术家创作艺术作品的目的是表现自己的情感。科林伍德区分了再现艺术理论的"唤起情感"和表现艺术理论的"表现情感"的区别,认为真正的艺术应该是表现。就情感表现而言,它首先指向的是表现者自己,其次才是任何理解这种表现的人。艺术的创造性在于它总是致力于从一般性原则出发,激发和唤起个体的不同情感。

艺术作为情感的表现这一艺术本质观影响深远,比如克莱夫·贝尔(Clive Bell)、恩斯特·卡西尔(Ernst Cassirer)以及苏珊·朗格(Susanne K. Langer)等美学家的美学和艺术理论就深受其影响。卡西尔建构了一个独特的"人类文化哲学体系",深入探究艺术本体论问题。他首先批判了传统的模仿论,认为艺术家的创造力和自主性总是可能干扰对事物的真实描绘,而古典的模仿说并未给艺术家的主观性和创造性留出余地。"像所有其他的符号形式一样,艺术并不是对一个现成的即实在的单纯复写。它是导向对事物和人类生活得出客观见解的途径之一。它不是对实在的模仿,而是对实在的发现。"③卡西尔曾提出"人是符号的动物",符号活动是人与动物相区别的根本标志,人类创造的所有文化都要依赖于人的符号活动。对艺术的独特性进行充分表达,仅仅强调情感是不够的,无论对画家、音乐家还是诗人来说,色彩、线条、韵律和语词等技术手段都是创造过程中必不可少的组成部分。因此,卡西尔认为,如果没有构型和符号,就不可能有情感的表现,只有在某种感性媒介物中,才可能得到这些构型和符号的表达。"科学在思想中给予我们以秩序,道德在行动中给予我们以秩序,艺术则在对

---

① Mumford, L. *Art and Technics*, New York: Columbia University Press, 1952, p.23.

② [英]科林伍德:《艺术原理》,王至元等译,北京:中国社会科学出版社,1985年,序言第1—3页。

③ [德]恩斯特·卡西尔:《人论》,甘阳译,北京:西苑出版社,2003年,第175页。

可见、可触、可听的外观之把握中给予我们以秩序。"①艺术教会我们将事物形象化,使我们更深刻地洞见事物的形式结构。

朗格沿着卡西尔指明的研究路径,对表现主义、形式主义和直觉主义艺术理论作了符号学的概括和综合。朗格也吸纳了贝尔的"有意味的形式"中的部分观念并进行了改造。在朗格看来,"有意味的形式"背后的原因值得分析,她认为,"什么使得物体成为艺术品的问题"才是"哲学艺术理论的起点"。②朗格从她的新符号论哲学出发,提出一个新的艺术定义——"艺术,是人类情感的符号形式的创造"。③艺术家们的审美态度是最为直接的体验,每一件艺术品都是一种直觉的产物,艺术的内容是一种表象,是象征了审美经验的符号。她认为,"每一件真正的艺术作品都有脱离尘寰的倾向。它所创造的最直接的效果,是一种离开现实的'他性'(otherness)。……关于这个'他性',已经出现了种种描述语,如'奇异性''逼似''虚幻''透明''超然独立''自我丰足'(self-sufficiency)。"④因此,艺术作品从来不是事物,而是符号。符号不是标记,而是我们对事物的理解。标记与对象只是简单的一一对应的关系,而符号与对象之间却是复杂的逻辑关系,艺术符号与对象的关系还要加上情感和想象的关系。

(三) 艺术作为有意味的形式

艺术的形式理论和表现理论同时登上历史舞台,前者盛行于 20 世纪上半叶,贝尔的形式主义美学是其代表理论。贝尔深受英国新实在论和英国经验主义哲学传统的熏陶,认为美是一种内在价值,艺术作品的审美价值在于"有意味的形式",一切美学理论都必须建立在个人的审美体验之上。

贝尔深受同时代以塞尚为代表的后印象派绘画以及现代派艺术的影响,认为美学的中心问题是艺术的本质,而主体的审美情感和体验是艺术本质的基础。贝尔批评了再现理论,指出再现理论只关注对现实世界的模仿,呈现事物的关系和特征,但却因为

---

① [德]恩斯特·卡西尔:《人论》,甘阳译,北京:西苑出版社,2003 年,第 194 页。
② [美]朗格:《情感与形式》,刘大基、傅志强、周发祥译,北京:中国社会科学出版社,1986 年,第 45 页。
③ [美]朗格:《情感与形式》,刘大基、傅志强、周发祥译,北京:中国社会科学出版社,1986 年,第 51 页。
④ [美]朗格:《情感与形式》,刘大基、傅志强、周发祥译,北京:中国社会科学出版社,1986 年,第 55—56 页。

无法唤起人们的情感,无法给生活带来新意。同时,他指出,以审美为目的就没有必要关注作者的心态和情感,艺术会使我们从生活世界进入审美世界。艺术家的工作不是模仿生活世界,也不是表现我们的情感,而是按线条和色彩规律去排列、组合出能够感动我们的形式。

贝尔把自己对于艺术本质的概括称为审美假说,他认为,所有的艺术品都必然具有某种共同属性才能唤起我们的审美情感,使其成为艺术品。因此,无论是圣索菲亚的教堂、沙特尔的窗户,还是墨西哥的雕塑抑或中国的地毯等等,这些作品共同的属性只有一个,即"有意味的形式"。"在每件作品中,以某种独特的方式组合起来的线条和色彩、特定的形式和形式关系激发了我们的审美情感。我把线条和颜色的这种组合和关系,以及这些在审美上打动人的形式称作'有意味的形式',它就是所有视觉艺术作品所具有的那种共性。"[1]贝尔指出审美情感来源于对纯粹形式的把握。艺术家并不把对象当作手段,而是把它本身当作目的,也就是"物自体"或"终极现实"。敏锐的艺术家能够摆脱种种复杂错乱的关系,直接深入到事物最纯净的本质,获得审美情感和审美体验。艺术家表达的是一种纯粹的形式及其关系,观众体会到的审美情感和艺术家在对象中体会的审美情感是一致的。因此,"有意味的形式"包含了两种含义:"一是作品中以某种特殊方式组合的线条和色彩;二是我们的感动或者说被激发的审美感情只是源于这种线条和色彩的组合。"[2]贝尔认为艺术审美是一种纯粹形式的审美,与生活观念和情感无关,只停留在艺术作品中。贝尔还从"形式"与"意味"两个方面对艺术的本质及其审美假说进行了阐释。总体而言,所谓"有意味的形式"就是"唤起审美情感的线条和颜色的组合"[3]以及"以某种独特的方式打动我们的安排和组合"[4]。

贝尔的艺术本质埋论从审美体验而不是抽象的哲学概念出发,为后印象派艺术进行美学辩护,代表着西方美学发展的新方向。然而,贝尔的思想并非无懈可击。首先,

---

① [英]克莱夫·贝尔:《艺术》,薛华译,南京:江苏教育出版社,2005年,第4页。
② 余开亮:《艺术哲学导论》,成都:西南交通大学出版社,2014年,第129页。
③ [英]克莱夫·贝尔:《艺术》,薛华译,南京:江苏教育出版社,2005年,第6页。
④ [英]克莱夫·贝尔:《艺术》,薛华译,南京:江苏教育出版社,2005年,第8页。

这一理论面临循环论证的困境。因为在贝尔那里,"形式"和"情感"是合为一体,无法割裂的,两者相互解释,相互成就。这种互为依据、互为因果的论证缺乏理论上的说服力。其次,贝尔的艺术理论缺乏对人类的社会实践活动的关注,无法揭示出艺术与现实的关系。贝尔并未揭示有意味的形式如何得来,什么情况下会产生审美情感,只是抽象地谈论"形式"和"意味",无法把握人类审美情感的共时性和历史性维度。

中国美学家李泽厚也曾在《美的历程》中谈到美是"有意味的形式"。他从历史出发,对美进行了巡礼。他提到,新石器时代的巫术礼仪、原始图腾等都有一些图像化的符号。比如仰韶半坡彩陶是以动物形象和动物纹样居多,尤其以鱼纹最为普遍。后来随着社会的发展,抽象的几何纹如各种曲线、直线、水纹、漩涡纹等代替了动物纹。有些学者认为是当时的人们在实用之外追求美观所致,所以要求图案规整,还有的学者认为与图腾崇拜有关,而李泽厚认为,这些陶器的几何纹样恰恰是一种"有意味的形式",是经由动物形象的写实而逐渐抽象化和符号化的,"由再现(模拟)到表现(抽象化),由写实到符号化,这正是一个由内容到形式的积淀过程,也正是美作为'有意味的形式'的原始形成过程。"[①]也许在后人看来,这些图案只是因为均衡对称等显得很美观,但是对当时的人来说,却可能有着更加具体而深刻的含义,是承载着一些观念和想象的更加复杂的加强版的图腾。因此,"抽象几何纹饰并非某种形式美,而是:抽象形式中有内容,感官感受中有观念"。[②]另外,在戏曲表演中也是如此,无论是千锤百炼的唱腔设计,举手投足中的舞蹈动作,还是各种戏剧冲突和舞美设计,都是融合和交织了内容和意义要求的形式美。"这正是美和审美在对象和主体两方面的共同特点。这个共同特点便是积淀:内容积淀为形式,想象、观念积淀为感受。"[③]李泽厚的观点更加关注艺术和审美的历史性维度,在他看来,美不仅仅是一般的形式、线条,审美情感和审美意识是在历史和实践中积淀出来的。"人性不应是先验主宰的神性,也不应是官能满足的兽性,它是感性中有理性,个体中有社会,知觉情感中有想象和理解,也就是说,它是积淀了理性的感性,积淀了想象、理解的感情和知觉,也就是积淀了内容

---

① 李泽厚:《美的历程》,北京:生活·读书·新知三联书店,2009 年,第 17 页。
②③ 李泽厚:《美的历程》,北京:生活·读书·新知三联书店,2009 年,第 18 页。

的形式"①,这种形式就是"有意味的形式",是积淀的自由形式,是美的形式。由此,这种建立在"审美积淀论"基础上的形式理论为走出贝尔的循环论证提供了洞见。

更进一步地,现象学美学以及马克思主义的"实践是人类根本的存在方式"或许能为"形式"与"情感"的统一提供依据。人类的审美情感是历史的产物,而艺术归根到底是对"人的本质力量的对象化"的一种关照和捕捉,也正是在社会实践的基础上,在人与世界的关系中,才可能实现"形式"与"情感"的统一。

二、艺术本质的现象学解读

当从现象学的角度探讨艺术和美学时,会发生什么呢? 众所周知,美学是哲学中一门新兴的分支学科,在过去的三个世纪里,美学的地位在很大程度上被认为不如逻辑学和认识论,也不如本体论和伦理学。在某种程度上,它在现象学中也遭受了同样的命运,美学还未获得与伦理学同样的地位。然而,令人惊讶的是,有很多现象学家曾经从事过美学研究,而美学对于今天如此众多的现象学家来说至关重要,由于种种原因,现象学美学的兴起比较迅速。主要原因大概有以下几点:首先,直觉在美学和现象学研究中都起着重要的作用。现象学所面对的现象的"可见性"不仅提出了"不可见性"的问题,而且也包含了大多数美学主题。再次,现象学更喜欢那些在日常生活中体验并在行动中形成的事物。在这个意义上,我们身边的世界以及我们的生活世界,显然是审美的世界。当然,这还不属于美学与艺术哲学的核心领域,但是现象学清楚地分析了生活世界的现象与艺术的关系,现象学和艺术的反思是相互联系的,两者都"中和"了最初的经验态度和实际行动。另外,美学在现象学研究中表现出一定的影响力。"现象美学家反思了对象与其审美体验的关联性,确切地说,现象学美学指出了传统的主观性和客观性以及原型的模式与图像之间关系的局限性。现象学美学的内容包括艺术作品的创造过程以及艺术作品与人、自然、宗教和

① 李泽厚:《美的历程》,北京:生活·读书·新知三联书店,2009 年,第 217 页。

游戏的关系。"①现象学思维补充甚至超越了传统美学的一些主题,比如高科技发展带来的虚拟现实体验,以及在更广泛的时代背景下出现的一些政治、文化、生态、性别和跨文化问题等等,这些也都是现象学美学的研究兴趣所在。

"随着现象学对基本概念的预期发生了变化,从演绎的前提到描述的领域,都出现了从实体思维到关系思维的转变。"②现象学美学分析的中心已经从体验与对象的关系转移到历史的视域,在这个视域中,艺术品的审美体验与创作者和接受者的关系成为探讨问题的重要基础。第一次世界大战后,现象学研究在其早期的发展过程中越来越倾向于本体论和形而上学的视角,人的存在性与历史性问题得到更多关注。海德格尔解释艺术作品的本体论方法从根本上挑战了从主观角度理解艺术体验的立场。他认为,由于形而上学和科学对真理的遮蔽,使得欧洲出现了科学危机,因而,海德格尔主张从表象思维转换到实践思维,通过艺术之"思"完成对技术"去蔽"的使命,艺术对科学技术的批判也因此成为一个重要议题。对梅洛-庞蒂来说,艺术是与实在的身体接触,并以创造性的方式呈现出来的领域。他指出艺术家和艺术品之间是可逆的,身体和世界之间是可以交流的。法国美学家杜夫海纳分析了审美体验与审美对象的关系,认为通过身体情感,审美体验"解放"了艺术作品中隐含的行动,促进了审美对象的生成。对这几位代表人物观点进行分析,有助于我们更好地理解现象学视域中艺术的本质。

(一) 海德格尔:艺术作为存在之真理的发生方式

在海德格尔看来,"存在"是生成性的,建立在"存在"基础上的技术与艺术也是生成性的。技术与艺术都是真理显现的方式,都是人进入天命、获得自由的途径,这无疑为技术与艺术关系之思提供了新的角度。

海德格尔认为,技术与艺术有着相同的运作方式,两者都是存在之真理的发生方

---

① Sepp, H.R. & L. Embree(eds.) *Handbook of Phenomenological Aesthetics*, New York: Springer, 2010, Introduction, p.xvii.

② Wiesing, L. *The Philosophy of Perception: Phenomenology and Image Theory*, trans. by Roth, N.A., New York: Bloomsbury Publishing Plc, 2009, p.51.

式,都具有"解蔽"的性质。对海德格尔来说,"技术的本质"不能简单地被定义为作为工具或机器的现代意义上的技术。他试图将技术的概念扩展为一个更为普遍的制造或生产概念,包括艺术生产。因此,"技术的本质"不是静态的范畴或理念,而是动态的、持续的过程或运动,海德格尔称之为 Entbergung,这个术语通常被翻译成"揭示":真理是被揭示出来的。海德格尔将真理隐而不显的本质称之为"遮蔽着的否定",真理的现身必然要经过遮蔽与澄明之间的争执,也即真理与非真理之间的转换。"存在者中间的敞开的场所,也就是澄明,绝非一个永远拉开帷幕的固定舞台,好让存在者在这个舞台上演它的好戏。恰恰相反,澄明唯作为这种双重的遮蔽才发生出来。存在者之无蔽从来不是一个纯然现存的状态,而是一种生发(Geschehnis)。无蔽状态(即真理)既非存在者意义上的事物的一个特征,也不是命题的一个特征。"[1]正是通过这种争执,争执者双方相互进入其本质的自我确立中,这种争执生发出一个关于意义的境域,与固定的现成的状态隔离开来。其中有一种在有与无之间进行切换的微妙的机制,而技艺正发挥着这样的功能,一方面为真理的发生提供场地和契机,另一方面又为此岸与彼岸牵线搭桥,营造人的诗意栖居的家园。技术与艺术有着天然的联系,两者都是"让……显现"的具体机制,这个机制可以理解为"真理的现身"。

　　海德格尔早在《存在与时间》中就注意到了存在与真理之间的联系,认为两者都是超越性的,是此岸世界与彼岸世界沟通的桥梁。后期,海德格尔不再从正面追问"存在",而是转而从侧面围绕"真理"谈论"存在"。《论真理的本质》延续了《存在与时间》中对真理的探讨,并通过揭蔽与遮蔽两种状态,对真理与非真理进行了区分,指出真理的本质正是自由。海德格尔明确指出了艺术是真理的生成方式,而艺术作品恰恰是真理发生的场所。在《艺术作品的本源》中,海德格尔对真理与艺术的关系进行了分析。他首先详细地讨论了艺术作品与纯然物和器具的区别,而后讨论真理与艺术的关系。海德格尔将物划分为没有生命的"纯然的物"和有生命或有用处的"通常所谓的物"(也就是"器具"),前者作为"本真的物"规定着"物之物性"。"器具"则是位于物和艺术作

---

① [德]海德格尔:《林中路》,孙周兴译,上海:上海译文出版社,2008年,第35页。

品之间的特殊存在:器具的有用性将它与"纯然的物"区分开来,但由于器具缺乏"艺术作品的自足性",因而并非艺术作品。器具和纯然物是可以相互转换的,当器具的有用性消耗完毕之后,器具也就重新退化成为纯然物,而反过来,经过加工,纯然物也可以成为器具。物是艺术作品不可或缺的组成部分,艺术的产生和表达也必须依赖物。物在艺术作品和器具中的作用截然不同,器具只会消耗作为质料的物,而置身于艺术作品之中的质料并非是消耗,反而是一种解放,是如其所是地凸显自身。海德格尔列举了希腊神庙的例子。在海德格尔看来,正是神庙所建立的这个"世界",保存了作为艺术作品的岩石(质料)本身的强硬和璀璨。岩石在这样的敞开之中,不仅揭示了自我的特性,它的光芒还穿透了晦暗不明的遮蔽,使得周遭的事物一并显露出来。

在探究艺术与"真"的关系时,海德格尔认为,艺术作品有自身存在的特殊本源。"艺术作品以自己的方式开启存在者之存在。在作品中发生着这样一种开启,也即解蔽(Entbergen),也就是存在者之真理。在艺术作品之中,存在者之真理自行设置入作品之中。艺术就是真理自行设置入作品之中。"[1]不难看出,艺术作品和存在之真理是相互生成的,艺术作品为真理提供发生的场所和契机,真理则让艺术作品区别于纯然物、器具,进入澄明之境。海德格尔还选择了凡·高的画《农鞋》进行说明。海德格尔借用了"世界"与"大地"的冲突对艺术作品的本源及其真理进行追寻。凡·高主要是通过农鞋描绘无形中的世界与大地,因为通过农鞋,我们才能看到农妇的世界,世界与大地的意义才能凸显。"以海德格尔之见,艺术作品建立了一个世界,同时展示了大地,在世界和大地的冲突中,作品描述的存在者既显示(获得意义)又隐匿(失去意义)地出场,艺术作品也因此而成其所是。"[2]在凡·高的《农鞋》这幅作品中,海德格尔认为看似平静的作品背后其实孕育着冲突,农鞋是世界和大地斗争的场所,"属于农妇世界中的农鞋在作品中给我们讲农妇的故事,属于大地的农鞋则沉默不语将自己展示为不可穿透、充满神秘的物。"[3]其中,艺术揭示出世界与大地之间的斗争,它使我们看到了

---

[1] [德]海德格尔:《林中路》,孙周兴译,上海:上海译文出版社,2008年,第21页。
[2] 朱立元:《当代西方文艺理论》,上海:华东师范大学出版社,1997年,第144页。
[3] 朱立元:《当代西方文艺理论》,上海:华东师范大学出版社,1997年,第145页。

农妇的世界,又领会了大地的意义,这种意义在农妇的世界里得以保存。正是由于这种归属关系,我们才真正进入了农鞋的器具存在所显现出来的农妇的世界。存在和存在者得以开启,农鞋就进入了"真理"之中。由于艺术作品是在世界与大地的冲突中形式的,所以作品一经产生便吁请人的保存与鉴赏,否则,离开人的阅读和欣赏,作品就会成为纯粹的物。在艺术作品的生成过程中,真理得以发生。"作品建立着世界并且制造着大地,作品因之是那种争执的实现过程,在这种争执中,存在者整体之无蔽状态亦即真理被争得了。"①海德格尔将美归于真理,艺术及艺术作品在其中充当了连接两者的重要媒介,真理以艺术的方式发生,美成为真理的一种显现方式。

　　海德格尔对艺术的本质的思考是与技术的本质紧密相关的。在他看来,从古希腊的"技艺"来看,技术与艺术同源一体,并且和存在以及真理息息相关。但是随着历史的变迁,两者逐渐分离,强大起来的技术侵入到一切领域。艺术当然也未能幸免,流水化、机械化的技术弱化了艺术的创造力和生命力,艺术甚至面临着被终结的危险。技术造成了人类前所未有的生存危机,此在深陷被遮蔽的命运。如何在此种境遇中重新返回最本真的此在?艺术是其中必不可少的因素。海德格尔首次将艺术与真理联合起来探究,他想要探究的是"艺术作为真理发生方式"的那个本源。通过抽丝剥茧,海德格尔认为"艺术就是:对作品中的真理的创作性保存。因此,艺术就是真理的生成和发生。"②真理的发生是历史性的,而天命的展现就是真理发生的过程。真理发生的方式包括技术、艺术、语言等。"由于技术之本质并非任何技术因素,所以对技术的根本性沉思和对技术的决定性解析必须在某个领域里进行,此领域一方面与技术之本质有亲缘关系,另一方面却又与技术之本质有根本的不同。"③这个领域毫无疑问就是艺术,我们必须在艺术领域来对技术进行"根本性沉思"。

　　在海德格尔那里,只有当艺术成为本源,成为无蔽之真理的生成和发生,这样的艺术才具有创造性、历史性、生成性和本源性,这样的艺术才是艺术,只有让无蔽之真理

① [德]海德格尔:《林中路》,孙周兴译,上海:上海译文出版社,2008年,第36页。
② [德]海德格尔:《林中路》,孙周兴译,上海:上海译文出版社,2008年,第51页。
③ [德]海德格尔:《海德格尔选集》(下),孙周兴选编,上海:三联书店,1996年,第954页。

自行置入其中的艺术作品才能称之为"作品"。技术也是真理的发生方式之一,但是"集置"切断了技术和真理的联系,技术虽然也有生成性,甚至技术自身蕴藏着救赎的生长,但是相比之下,艺术的生成性、创造性使其更具优势,"艺术乃是一种唯一的、多样的解蔽"①,能够克制具有强制性的技术"集置",摆脱技术的禁锢,重新与真理建立联系,成为技术时代的救赎之方,从而使人可以"诗意地栖居",回到本真的生存方式。

(二) 梅洛-庞蒂:肉身主体与视觉本体论

在海德格尔后期思想中,对科学和技术的批判成为一项重要任务。海德格尔认为,随着科技的发展,世界正在图像化,人类的存在之基遭到破坏,唯有艺术才能使我们得到救赎,通达真理。梅洛-庞蒂通过与海德格尔潜在的对话与争论,在《眼与心》中,运用肉身本体论思想与现象学方法,回到艺术作品的产生过程来阐释艺术的本质。盖伦·约翰逊(Galen A. Johnson)曾指出:"梅洛-庞蒂的《眼与心》是在与海德格尔《艺术作品的本源》的潜在对话和论争中写成的。"②这两篇论文可以说都是艺术现象学的经典之作,它们都运用了现象学方法,回到艺术作品的产生过程来考察艺术的本质。

让-吕克·南希(Jean-Luc Nancy)对艺术、美和身体三者间的关系进行了思考,美被比作是"灵魂",艺术则是美的"身体",他把艺术想象成是"一种缺席的但是对存在的美的呈现",在这个过程中"美"是以某种缺席的姿态存在的,身体则利用自身的实在性将"美"这种隐性感知实在化。也就是说,这里所说的身体更多指代的是艺术用以展现抽象"美"的载体,而不是真实的"肉身化"身体。③尼采在其美学著作中曾谈到艺术与身体的关系,主张以身体作为理解审美现象的本源。但与此同时,尼采又认为,在对身体美学进行解读时,也要把艺术放在首位,因为"艺术是生命的最高体例,是生命真实的形而上活动"④。海德格尔关于艺术与真理的探讨中,身体是缺席的,而梅洛-庞蒂认

---

① [德]海德格尔:《海德格尔选集》(下),孙周兴选编,上海:三联书店,1996 年,第 952 页。

② Johnson, G.A. (ed). *The Merleau-Ponty Aesthetics Reader*, Evanston: Northwestern University Press, 1993, p.39.

③ 张驭茜:《从身体到艺术——让-吕克·南希哲学思想中的美学呈现》,载《文艺争鸣》2014 年第 4 期,第 29—34 页。

④ Nietzsche, F. "The Birth of Tragedy", in *Basic Writings of Nietzsche*, trans. by Kaufmann, W., New York: Random House, 1968, p.8.

为，只有通过我们的身体，真理的降临和显现才成为可能。梅洛-庞蒂将"肉身"存在作为真理的源泉，身体是一切存在者的土壤，也是可见者与不可见者的交织。艺术可以从"可见者"中呈现出"不可见者"，从"眼"呈现出"心"。

《眼与心》是梅洛-庞蒂发表的最后一篇文章，它试图通过对视觉艺术，尤其是对绘画的反思，对他第一部主要著作《知觉现象学》的结论进行本体论的重新评估。这个计划在他1961年去世时还没有完成，但留下的最重要的材料由克劳德·勒弗特(Claude Lefort)在1964年出版的《可见的与不可见的》一书中发表。在《眼与心》中，梅洛-庞蒂通过与现代哲学传统(尤其是胡塞尔、柏格森、海德格尔和萨特)以及视觉艺术的对话，更加自由地发展了自己的艺术理论。他指出："绘画与其说是一个理论研究的对象，不如说为哲学家解决视觉和存在的基本问题提供了一个适当的语境。"[1]图像构成了表达可见的世界存在的必要媒介。一个图像呈现的不是可见的东西，而是可见性本身。也就是说，"图像存在"既发生在图像中，又发生在关于存在本身的想象中。尽管《眼与心》采取了与绘画有关的形式，并且以一种很容易被贴上"隐喻"甚至"文学"标签的风格写作，但它的表现方式实际上有着深刻的哲学目的：它不是通过概念的确定性来掌握现象，而是试图揭示现象的不可还原的丰富性和模糊性。正如梅洛-庞蒂自己所言，在绘画中重要的不是谈论空间和光线，而是允许空间和光线自己表达自己。绘画提供的特定语境能够动摇哲学上最基本的概念对立："本质和存在，虚构和真实，可见和不可见——绘画打乱了我们所有的范畴，在我们面前展开一个由肉身本质、有效的相似性和静默的意义组成的独一无二的世界。"[2]同时，绘画颠覆了古典理性用来把握存在的那些概念，并要求对它们进行彻底的重新评估。正如"肉身本质"一词所暗示的那样，绘画为我们提供了在身体和被称为"肉"的可见世界的共同元素中重新思考这些概念的可能性。

---

[1] Luoto, M. "Being, Vision, Image: On Merleau-Ponty's Eye and Mind", in Elo, M. & M. Luoto(eds.) *Senses of Embodiment: Art, Technics, Media*, New York: Peter Lang, 2014, p.151.

[2] Merleau-Ponty, M. "Eye and Mind", in Johnson, G. A. (ed.) *The Merleau-Ponty Aesthetics Reader*, Evanston: Northwestern University Press, 1993, p.130.

梅洛-庞蒂的艺术现象学建立在他的肉身存在论基础上。在梅洛-庞蒂看来,身体就是"肉",身体体验既是物质性的、普遍性的体验,也是具有差异性和交互性的体验。"我"是世界万物呈现的基点,世界万物正是因为身体的意义赋予才被理解。身体与世界不是传统的认识与被认识的主客体关系,世界通过身体获得意义,身体也通过世界和他人获得自我存在的明证性,身体和世界是一种可逆的交叉关系,也是相互交织的统一关系。另外,现实中的感知体验是一种联觉,或者整体知觉。当我们看、触摸时,不仅仅是通过眼睛、手等器官来看、触摸,而是通过整个身体进行感知,各个感官在事物的整体结构中相互联系。正是通过身体器官的协调作用,我们才能获得统一性的认识,也只有在其他感官的背景中,目标感官才得以凸显。我们看到的颜色、听到的声音与周遭环境是不可分的,我们的知觉只有在周遭环境这个背景中才能凸显出来。同时,只有通过身体的参与,知觉活动才得以展开,因为"身体本身是图形和背景结构中的一个始终不言而喻的第三项,任何图形都是在外部空间和身体空间的双重界域上显现的"①,体验的产生正是由于身体介入事物之间的关联,并在肉身、物体和背景构成的知觉场中才形成的。

艺术不仅仅与美有关,而且也是对真理的显现。在《眼与心》中,梅洛-庞蒂指出,"每一种绘画理论都是一种形而上学,这意味着每一种绘画理论都暗含着与存在的关系的特定理念。"②梅洛-庞蒂在人与世界的关系中理解人的知觉和体验,认为知觉经验是最原初的无法还原的经验,人与世界的原初关系就是知觉关系,身体主体和知觉对象处于交织关系中。艺术知觉活动不仅指向审美对象,而且杂糅了环境因素构成了知觉场。因此,只有通过身体与世界的融合,画家的作品才能得到充分的表达与理解。"由于万物和我的身体是由相同的材料做成的,身体的视觉就必定以某种形式在万物中形成,或者事物的公开可见性就必定在身体中产生一种秘密可见性"。③画家与世界

---

① [法]莫里斯·梅洛-庞蒂:《知觉现象学》,姜志辉译,北京:商务印书馆,2012 年,第 138—139 页。

② Carbone, M. *The Flesh of Images: Mealeau-Ponty between Painting and Cinema*, trans. by Nijhuis, M., Albony: State University of New York Press, 2015, p.75.

③ [法]莫里斯·梅洛-庞蒂:《眼与心》,杨大春译,北京:商务印书馆,2007 年,第 39 页。

的关系不是主客二元对立的关系,画家对真理的呈现离不开画家对世界的感受与思考,在这种可逆的关系中,绘画未必是对事物的如实模仿,而可能会是一种基于身体与世界关系的变形,世界之真理也在这种艺术作品中呈现出来。

以油画《埃普索姆的赛马会》为例。《埃普索姆的赛马会》是泰奥多尔·席里柯(Theodore Gericault)于1821年创作的作品,现藏于巴黎卢浮宫。在席里柯的画作中,马的四条腿分别向前后两个方向伸展,这种奔跑的姿势在现实中根本无法实现。但是,把马在不同时刻的姿势杂糅在一起,却更好地表现出了马在奔跑中的动作。如果我们用相机拍摄马奔跑的瞬间的话,会发现我们看到的图像可能是马的四条腿完全弯曲,好像在原地跳跃。那么,绘画和照片,到底哪个更加接近马的运动的真实情况呢?哪个更能体现马奔腾的状态呢?哪个才是好的艺术品呢?通过分析我们发现,照片看似真实,但是却因为缺乏时间的连贯性的维度,无法真实地反映马的运动;而绘画中,马奔跑的状态可能未必是真实存在的,但是给人的知觉却是完整和逼真的。因此,画家在绘画的时候,描绘的并非是马运动的姿态,而是对马的动作的真理的呈现。画家在观察世界的时候,被一种独特的可逆性体验所支配,因此,不是画家在注视世界,而是世界在注视他/她,召唤他/她,才使得作品自然"涌现"出来,让世界变得可见。"根据我充分认识到的一种关于身体和世界的逻辑,对空间的这些捕获也是对时间的捕获。"[1]在绘画中,随着时间的推进而产生的运动成为"可见的",这表明了身体对绘画的重要作用。正是由于身体对世界的领受,世界的真理才会通过画家的思维与创作降临,并在艺术作品中呈现出来。

(三) 杜夫海纳:审美现象学

杜夫海纳是将现象学应用到艺术和美学领域的代表,可以说他的审美现象学是梅洛-庞蒂的知觉概念在审美领域的具体应用。"毫无疑问,杜夫海纳是现象学美学最具代表性和实绩性的理论家,他在现象学精神和方法指导下对'事情本身'——审美经验(审美对象现象和审美知觉现象)的回溯是彻底的,他的理论构架是合乎研究对象之理

---

① [法]莫里斯·梅洛-庞蒂:《眼与心》,杨大春译,北京:商务印书馆,2007年,第83页。

的,他所提出的许多美学命题是包含着深邃的理论意蕴的,他的诸多具体的论述既具有逻辑的严密性又具有艺术的灵活性。"①杜夫海纳吸收了梅洛-庞蒂的知觉概念,发展出了一个知觉至上的系统美学理论。杜夫海纳指出,艺术作品只有在知觉中才呈现自身;同时,他区分了审美知觉和一般知觉,指出审美知觉中知觉主体的唯一关注就是审美对象。在杜夫海纳看来,"用审美体验来界定审美对象,又用审美对象来界定审美体验。这个循环集中了主体—客体关系的全部问题。现象学接受这种循环,用以界定意向性并描述意识活动和意识对象的相互关联"。②由此,审美对象和审美体验也就成为了杜夫海纳审美现象学的主要内容。

首先,杜夫海纳吸收了梅洛-庞蒂的知觉概念,认为知觉主体和审美对象都处在敞开和交流的关系中。艺术作品在未被揭示时,是一种"自在"的存在,是作为东西的存在,体现了艺术作品作为物的客观性。但是,艺术作品并不是孤立地存在的,而是有其外在关系——为艺术家所创造,由观众所欣赏,并在与外界的知觉关系中呈现出来。因此,审美对象既是独立自在之物,也是一种通过感知主体进行的知觉活动,通过这种知觉活动,艺术作品才从存在物进入到审美领域。杜夫海纳说:"在演出中,实在与非实在彼此平衡,互相抵消,仿佛中性化不出自我,而是出自对象本身;舞台上发生的事情要求我把大厅里发生的事情中性化,使之失去作用,反过来也是一样。"③比如,当作曲家的工作结束,但表演者还未演出时,作品并未真正完成。作品是从表演者演出之后才开始呈现的。因为只有通过演奏,作品才能被人听到,成为审美对象。因此,知觉是艺术的基础。

其次,杜夫海纳区分了普通知觉和审美知觉。在他看来,审美知觉是由艺术作品本身唤起的,摒弃了趣味、爱好的成分,排斥经验内容和智力活动,搁置了世界的存在,它的唯一关注就是审美对象本身,诉诸审美对象的本质以及把握审美对象的实在。而

---

① 张云鹏、胡艺珊:《审美对象存在论——杜夫海纳审美对象现象学之现象学阐释》,北京:中国社会科学出版社,2011年,第1页。

② Dufrenne, M. *The Phenomenology of Aesthetic Experience*, trans. by Casey, E. S., Evanston: Northwestern University Press, 1973, p.xlviii.

③ [法]杜夫海纳:《审美经验现象学》,韩树站译,北京:文化艺术出版社,1996年,第34—35页。

普通知觉总是涉及对象之外的世界,杂糅了各种环境和背景以及各种活动,普通知觉揭示的是一个庞大的世界,而不是审美对象本身。杜夫海纳认为,在审美知觉活动中,我们对世界进行搁置,除了审美对象之外的世界都成为"中立化"的存在。我们所感知的"非现实"的东西还原为"现实",而"现实"的东西反而被"中立化"为"非现实",现实和非现实的冲突使我们从现实世界进入审美世界。比如,在一个剧场里,现实世界中的演员、布景、大厅等实物并不属于审美对象,它们虽然可能被感知,但却被排除于审美对象之外。意义内在于感性,因为带着意义观看,才会去注意节目单、演员的名字和布景的设计,但是,"在大幕拉开,序曲开始的时候,我就不再询问了,我等待着:我听、我看,我就会获得意义。意义产生于感知物,感知物通过它被感知。"①而那个我感知的整体的"非现实"的东西通过呈现和表演还原为现实,也即感性的审美对象。我们从艺术作品出发,返回审美对象,理解艺术作品的意义。

杜夫海纳通过"自在""自为""为我们"三个环节构成的有机整体,对审美对象的存在方式进行了阐发。审美对象之所以是"自在"的存在,是因为审美对象作为感性存在,具有一种优先性,"自为"需要它来支撑,"我们"也要为它才存在。审美对象之所以是"自为"的存在,是指审美对象负载着人类的情感,具有成为审美对象的可能性,"自在"的感性外观因为情感和意义得到彰显,"我们"也被它所召唤。审美对象之所以是"为我们"的,指的是自在和自为都不能脱离主体的审美知觉。"审美对象是个层级的存在系统,它既是'自在的'、也是'自为的',同时还是为'我们的'。这一理论界说体现了杜夫海纳将存在论、感性论和情感论有机融合的理论自觉。"②

但是,杜夫海纳对审美知觉的阐述摒弃了理智、经验、环境,相悖于现实的艺术体验。他认为,并不存在关于艺术作品的真实概念,只有关于真实的知觉,而艺术作品之所以成为审美对象,是由感性呈现出来的。但实际上,艺术知觉活动不能放弃经验内容。在艺术知觉活动中,感知的"我"也并不只是当前的"我",而是蕴含着"我"和社会的历史的积淀。在艺术知觉活动中有一个知觉场,这个知觉场是之前的"我"、当前的

---

① [法]杜夫海纳:《审美经验现象学》,韩树站译,北京:文化艺术出版社,1996年,第36—37页。

② 张永清:《现象学与西方现代美学问题》,北京:人民出版社,2011年,第55页。

"我"与理智、环境等相互融合构成的,蕴含着不可还原的整体意义。由于每个人拥有不同的背景与文化,因此,在艺术体验中,存在不同的基于身体体验的理解。艺术创作不能彻底否定科学、规律、判断等,而是要把它们统一到感性基础,统一到知觉中,实现知觉材料和先天形式的统一。

实际上,艺术的对象不仅仅是被表征的对象,也不是像梅洛-庞蒂所说的那样仅仅是知觉的对象,或者如杜夫海纳所说的是情感的对象。我们应该用"地方""区域""风景"等更宽泛的术语代替"对象"的概念,因为审美对象永远不是完全孤立的,而是存在于这些更为宽泛的因素中。审美体验是地方和人在一个名副其实的合作活动中,在艺术创作和艺术欣赏中相互碰撞的创造性合作的产物,这是一个审美体验和审美对象交换位置并共同表演的剧场,在这个剧场中,"主体"居于"客体"之中被视为准主体,而"客体"则被重新解释为地方—世界,通过共同的内在感觉重新定位在"主体"中。因此,"体验"既不是纯粹心灵的或者心理的,也不是胡塞尔和英伽登严格意义上的纯粹的"意向性的",而是"可操作的",它表现出一种积极的意向性,即情感的、物质的、有意义的和有表现力的意向性,正是这些特质,使得审美体验成为现象学美学关注的重要内容。在杜夫海纳看来,"艺术领域的审美经验解释的是人与人之间的主—主关系,体现了交往、对话与平等的现代人本精神;自然领域的审美经验揭示了人与自然相互守护的关系。"[①]杜夫海纳打破了"美是实体"的传统观念,把人与审美对象的关系作为人与世界关系的重要内容并进行审美探讨,开辟了审美经验的新领域。

三、艺术终结论及其反思

艺术的诞生与美没有直接的关系。自从法国美学家巴托把音乐、绘画、雕塑、诗歌和舞蹈等艺术形式作为"美"的艺术体系,"美"就与"机械的艺术"区别开来,并成为艺术的根本特征。德国古典美学进一步强化了这一趋势。康德与黑格尔都强调艺

---

① 张永清:《现象学与西方现代美学问题》,北京:人民出版社,2011年,第5页。

术的特殊性和独立性,将艺术与生活拉开距离,并通过"艺术哲学"与生活划清界限。美学(Aesthetics,也译作审美)这个术语是 18 世纪由哲学家亚历山大·鲍姆嘉通(Alexander Baumgarten)最先使用的,美学被看作"感性知识的一般理论",意在对逻辑进行补充,以产生一种更加完整的知识论。曾经,美是现代西方艺术理论的重要基石,但是 19 世纪后,随着达达主义、波普艺术等先锋派艺术的发展,人们对艺术的传统认知被颠覆,究竟何为艺术也越来越难以界定。

(一) 黑格尔的艺术终结论

黑格尔根据自己的哲学体系推导出艺术终结论。黑格尔的哲学思想以绝对精神为支撑,以艺术、宗教、哲学为其发展的三阶段。黑格尔从绝对精神出发,将艺术发展分为三种形式。其中,第一种是象征型艺术。这是艺术的开始阶段,在这个时候,人对事物的认识还比较模糊,艺术理论和形式的表达都较为笼统,因此就产生了用记号或者其他符号作为象征形式的方法,"艺术起源是艺术理念本身所产生的结果。"①第二个阶段是古典型艺术。"古典型艺术是理想的符合本质的表现,是美的国度达到金瓯无缺的情况。没有什么比它更美,现在没有,将来也不会有。"②这个阶段人类进入意识自觉,摆脱了艺术初期的混沌,将艺术更多地与宗教联系在一起,产生了以神为主要对象的各种艺术形式。古典型艺术阶段,物质与精神达到暂时的和谐。但是随着艺术的发展,精神内容的发展速度超过物质形式,打破了两者之间的平衡,产生新的矛盾,造成古典艺术的解体。第三个阶段是浪漫型艺术。在这一阶段,物质和精神发展出现了不均衡不同步的情况,表现在"精神愈感觉到它的外在现实的形象配不上它,它也就愈不能从这种外在形象中去找到满足,愈不能通过自己与这种形象的统一去达到自己与自己的和解"。③浪漫型艺术关注的焦点不是物质问题,而是精神生活。艺术是开放的、动态发展的,当精神发展的速度超越了物质发展,就会出现新的矛盾,到达浪漫型艺术的终点,并需要比艺术更高的形式去掌握真实。当艺术无法解决自身的矛盾,就会让位

---

① [德]黑格尔:《美学》(第 2 卷),朱光潜译,北京:商务印书馆,2015 年,第 33 页。
② [德]黑格尔:《美学》(第 2 卷),朱光潜译,北京:商务印书馆,2015 年,第 274 页。
③ [德]黑格尔:《美学》(第 2 卷),朱光潜译,北京:商务印书馆,2015 年,第 285 页。

于哲学,从而完成绝对理念的循环。

黑格尔从一开始就把艺术置身于哲学的笼罩之下。黑格尔曾指出:"艺术的科学在今日比往日更加需要,往日单是艺术本身就完全可以使人满足。今日艺术却邀请我们对它进行思考,目的不在把它再现出来,而在用科学的方式去认识它究竟是什么。"①艺术只有通过哲学的参与,才能揭示出艺术内容和表现手段的内在本质,发现艺术形象构成的必然性。

艺术的发展总是受到历史的制约,艺术理论的发展不可能与时代发展的步调完全一致,当艺术发展到一定阶段,不能解决自身的矛盾时,艺术与现实格格不入,艺术便终结了。从这个层面上讲,艺术终结具有一定的时代必然性。但是,需要明确的是,黑格尔认为艺术终结并非等于艺术死亡。虽然艺术走向终结,但是艺术仍然存在,只是换了一种存在方式,进入到观念世界之中。无论黑格尔对艺术发展的推理是否合理,黑格尔做出的艺术判断与艺术实践之间存在多少距离,黑格尔提出的艺术终结论都对后人产生了非常重要的影响。19世纪之前,艺术主要是以绘画、雕塑等艺术形式为主,判断艺术好坏的标准是模仿得是否逼真。19世纪末,产生了以电影、摄影等技术形式为代表的现代艺术。现代艺术极大地丰富和变革了传统艺术,它是以先进技术为代表的,技术因素在艺术表现中起到了越来越多的作用,技术发展为艺术家进行创作带来无限的可能性空间。就艺术本身而言,艺术受到外界因素的制约,也受到自身内在因素的限制。新的艺术形式与旧的艺术形式互相交替,新的艺术开始展开。

(二) 丹托的艺术终结论

到了21世纪,艺术变得越来越多元,很少有人试图去定义艺术的本质。不过在此之前,在当代艺术的重镇巴黎,巴勃罗·毕加索(Pablo Picasso)和马塞尔·杜尚(Marcel Duchamp)为代表的两个阵营还在争夺现代艺术定义的话语权。杜尚及其同伴的阵营主要由法国人组成,自称艺术家—知识分子。他们试图以纯粹的理论和准科学的形式来巩固立体主义,而毕加索及其同伴虽然是立体主义的先驱,但是回避艺术

---

① [德]黑格尔:《美学》(第1卷),朱光潜译,北京:商务印书馆,2015年,第15页。

的纯理论研究,也不参与任何团体。毕加索和杜尚基本代表了 20 世纪大约 60 年的时间里(1910—1970)两种对立的艺术观念之间的斗争。"毕加索用他的整个生命证明,艺术就是绘画——本质上是一种视觉的体验。杜尚一开始认同这个观点,但是在他后来的人生中提出了另一种观点;他说,艺术是关于'思想'和态度的,而不是绘画和雕塑。"①先锋派艺术打破了传统艺术与日常生活的界限,艺术作品和日用品的界限越来越模糊。

　　杜尚是达达主义的代表人物,他最为人瞩目的成就是将现成品作为艺术品,使之进入展览馆。自行车轮、木凳、小便池、雪铲等都曾作为展品并被当作艺术品收藏,其中最著名的就是《泉》。1917 年,杜尚受邀参加美国纽约独立艺术展,当时,他在一家陶瓷器店里买了个新的小便池,并在底部签上了"R.MUTT,1917"的字样,然后托人送到了展会。2004 年,在英美艺术界组织的一次评选活动中,《泉》一举击败了毕加索和马蒂斯等人的作品,当选为 20 世纪最富有影响力的作品。"杜尚效应也被称为艺术的'非物质化',这是一种艺术家追求思想或行动,而不是艺术品的'终极概念艺术'。"②波普艺术的代表安迪·沃霍尔(Andy Warhol)的作品《布瑞洛盒子》也引起了巨大的争议。布瑞洛是美国市场去污产品的知名品牌,是一种肥皂盒商标。1964 年,沃霍尔从市场购入了布瑞洛肥皂盒,然后用胶合板和手工图案的"艺术"方式复制了和市场上一模一样的肥皂盒,拿到了纽约曼哈顿的一家画廊进行展览。作曲家约翰·凯奇在 1952 年被邀请进行钢琴表演《4′33″》。他上台后坐在钢琴前,观众们安静地在台下等着,可是过了 1 分钟,他没动,过了 2 分钟,还是没动,3 分钟后,人群开始左顾右盼,结果到了 4 分 33 秒的时候,凯奇站起来向观众谢幕道,他已经演奏完《4′33″》。为什么器皿店的小便池没人把它当作艺术品,而杜尚的却是经典的艺术作品? 为什么超市里廉价的肥皂盒也可以作为艺术品进行展览? 为什么人们日常的嘈杂或者艺术家的沉默也能成为音乐? 这些都成为人们关注的热点。

　　与以往的学者认为艺术面临的危机是诸多外界因素影响的结果不同,阿瑟·丹托

---

① [美]拉里·威瑟姆:《毕加索和杜尚》,唐奇译,北京:中国人民大学出版社,2014 年,第 8 页。
② [美]拉里·威瑟姆:《毕加索和杜尚》,唐奇译,北京:中国人民大学出版社,2014 年,第 366 页。

(Arthur Danto)认为艺术的危机是自身因素导致的,新旧艺术的交汇是一场激烈的博弈,不断变化的艺术世界给艺术理论注入了新的生机和活力。丹托多次引用、反复强调杜尚和沃霍尔的艺术个案在自己艺术理论中的重要性。丹托认为,杜尚在1915—1917年的现成品艺术旨在说明美学与艺术的极端分离。杜尚和沃霍尔的艺术作品与丹托的艺术终结论是契合的,杜尚的《泉》和沃霍尔的《布里洛盒子》通过具体的艺术个案触及了艺术的本质:艺术品与普通物品区别何在? 艺术何为? 以杜尚的作品为开端的一批艺术作品揭示了艺术界的变化,表明了艺术家的觉醒,他们与美学决裂,与传统文化对抗,追求真正的现实。当外界因素不再是决定艺术的标准,艺术已经跨越了自身的界限,上升到了哲学层面的反思与批判。

丹托对波普艺术的思考也是如此。波普艺术产生于商业高速发展的时代,波普艺术在直接借用商业文化形象和城市日常生活之物的基础上使艺术发生了质的变化。以玛丽莲·梦露的头像为例,我们可以看出波普艺术的创作特征。1962年,在梦露香消玉殒的几个星期后,沃霍尔开始了《玛丽莲·梦露》系列的创作。画作的典型特征是梦露的容貌与颜色相互融合,色彩变化明显,明暗对比强烈,作者对色彩的处理和对明暗的运用带给人一定的视觉冲击。尽管在创作过程中沃霍尔搜集了大量关于梦露的信息,但在作品中他并未选择去表现一个大众所不知的梦露,而是反复呈现媒介打造的、大众所看到的形象——"一个更大的公众再现体系"。源源不断印刷的《玛丽莲·梦露》成为沃霍尔公认的代表作。"几乎是谈波普艺术必有沃霍尔,提沃霍尔必讲《玛丽莲·梦露》。某种意义上,对于梦露这位最熟悉的陌生人,沃霍尔用自己的波普艺术,让她永久地活在了更多地方。"①波普艺术带有新时代艺术的特征,关注科技与生活,通过对人人熟悉但又并不在意的元素进行重新组合,将神圣的艺术与大众的日常生活联系在一起,创造一种与传统语言和方式完全不同的表现形式。如果说,杜尚的个案较早推动了丹托从本质论的角度思考艺术终结论,那么沃霍尔的个案就是丹托艺术终结论发展的新里程碑,将艺术理论和艺术哲学更为紧密地联系起来,推动丹托进

①《最熟悉的陌生人:安迪·沃霍尔与玛丽莲·梦露》,https://www.sohu.com/a/209985355_612362, 2017-12-12.

行新的思考和发现。总体来说,这两个艺术个案的背后都包含着深刻的哲学问题,推动了丹托艺术终结论的深化。

终结之后的艺术打破了单一的学科界限,变得更加多元化,更加顺应时代的发展特征。丹托认为,他所指的艺术的终结并不是说不再有艺术,而是一种关于艺术未来的主张,是艺术终结之后的艺术,或者说是"后历史艺术"。后历史艺术是艺术发展的新方向,而这个新方向是以哲学为推动力的。关于艺术与哲学的关系,丹托对黑格尔有所继承,但是又与黑格尔的观点有所区别。丹托并未抹杀艺术的独特性,或用哲学取代艺术,因为正如他所说的那样:"艺术只是通往哲学途中的一个手段和过程而已,不仅如此,就艺术的本质而言,它只不过是哲学的一种变形……"①。

在关于艺术终结论的理解中,有一个备受争论的问题,就是终结是否意味着死亡。对此,黑格尔和丹托等人的观点富有较大的解释空间。虽然黑格尔和丹托都提出了艺术终结论,但是,黑格尔还是希望艺术还会蒸蒸日上,日臻完善,只是艺术的形式已不是心灵的最高需要了。②丹托的表述是悖论式的,他一方面认为艺术会随着艺术哲学的出现而终结,"真正的哲学发现是,实际上并没有比其他任何事物更真实的艺术,艺术也不是唯一的路"③;另一方面又说,艺术会有未来,只不过是进入一个后叙事的新的历史阶段。在这个阶段,本质主义需要多元主义的补充,艺术不再有历史的界限,一切都是可以的,"一切都可以的含义是指所有的形式都是我们的形式"。④因此,这里的所谓终结并非是对传统艺术的彻底的抛弃,而是一种扬弃,是新的起点、新的开始。在丹托看来,艺术终结并不意味着艺术停止了,"艺术终结意味着它不再焦虑艺术是什么,艺术不是别的什么,艺术就是'体现'和'意义'"。⑤任何一种对艺术本质的探讨都无法完全跨越传统和当代的鸿沟,先锋派艺术解构了传统的"到底什么是艺术品"的观念,打

① 张冰:《丹托的艺术终结观研究》,北京:中国社会科学出版社,2012年,第81页。
② [德]黑格尔:《美学》(第1卷),朱光潜译,北京:商务印书馆,2015年,第132页。
③ [美]阿瑟·C.丹托:《艺术的终结之后——当代艺术与历史的界限》,王春辰译,南京:江苏人民出版社,2007年,第38页。
④ [美]阿瑟·C.丹托:《艺术的终结之后——当代艺术与历史的界限》,王春辰译,南京:江苏人民出版社,2007年,第215页。
⑤ 潘公凯:《现代艺术的边界》,北京:生活·读书·新知三联书店,2013年,第129页。

破了人们对"艺术何为"的刻板理解,艺术已经摆脱了本质性的观念,进入多元化探讨的时期。

一门学科的存在有赖于一些重大问题的存在。20世纪和21世纪,科学技术与文化交流的迅猛发展引发了艺术的理论话语与实践方式的转变,也对近代美学产生了革命性的影响,诸多艺术形式层出不穷。印象派的朦胧、野兽派的狂野、达达派的混乱等构成了艺术世界的不同景观,眼花缭乱的艺术形式迫使艺术家不得不为艺术的发展谋求新的出路,艺术处于激烈的变革之中,关于艺术观念的差异性理解得到前所未有的释放,很难有统一的定义。在这个阶段,还有一些哲学家和美学家也提出了艺术终结论,如鲍德里亚等人,也有学者如巴迪欧等认为艺术的特殊性在于艺术的观念,企图借此来反对艺术的现代性话语。艺术是一种社会意识形态,是一种文化现象,并不具有超历史、超文化的永恒本质,我们只能通过艺术的多元性和丰富性去寻求艺术发展的有效性与规律性。人们之所以追求艺术的本质,不是为了追求一个不变的公认的艺术的定义,而是为了更深刻地说明和理解各种艺术现象,这意味着我们必须转换思维方式,以一种开放的理性,来对待当代的技术与艺术的交互对美学重构和人的发展的重要意义。

第三节　技术与艺术同源一体

对技术和艺术的关系进行历史考察,会发现两者是同源一体的,只是在不同的领域和历史阶段有不同的表现。传统的手工艺和现代设计都是技术与艺术紧密结合的成果。从人类学研究所发现的最早的艺术和技术形式来看,"人类从一开始就是符号制造者和工具制造者,因为人类既需要表达自己的内心生活,也需要控制自己的外在生活"。[①]技术与艺术经历了从古希腊到中世纪再到现代的"合—分—合"的关系状态。古代技术和艺术不仅在人类认识上是同一的,在实践上也紧密结合,统一于人类的手

---

① Mumford, L. *Art and Technics*, New York: Columbia University Press, 1952, p.161.

工制作活动中;近代,随着社会的进步与分工的细化,人们需要对技术和艺术进行划分,以便加深对两者的认识,促进学科发展。到了现代,技术和艺术又重新汇合,19世纪下半叶以来的现代艺术是在与科学技术的整合中形成和发展的。在当今这个数字时代,这种整合仍将继续,并将创造新的形式和内容。对数字技术、数字艺术以及交互设计等新技术、新艺术进行理解和探讨,需要回到历史的维度进行考察,以此获得技术和艺术融合的历史线索和实践根据。

一、古代技术和艺术紧密结合

在人类发展早期,"技术"和"艺术"的内涵与外延基本相同或相近。古代技术和艺术的关系可从词源与实践两个层面考察:在词源上,古代技术和艺术并不具有现代意义的独立性,而是统称为"技艺";在实践层面,二者紧密结合,统一于人类的手工制作活动中。直到18世纪,出现了"美的艺术",也就是我们现在所说的纯粹的艺术,如绘画、雕塑、音乐、舞蹈、诗歌等,才将具有审美性的艺术与具有实用性的手工艺区分开来。

(一)词源层面:皆源于"技艺"

在词源上,技术和艺术并不是现代意义上独立的概念。从古希腊一直到文艺复兴时期,技术和艺术都可以用同一个词"技艺"(techné)来表示。"技艺"是指人类有目的地运用专门知识和技能进行社会生产的活动和产品。在18世纪之前,人们将需要运用到专业知识的技巧都笼统地称之为"技艺",如手工艺技术(修房屋、冶炼、纺织、种植等)、科学(测量、航海、医药等)以及艺术(绘画、雕塑、演奏等)等。可见,技艺既可指生产中的技术,亦可指给人以美好感觉的艺术,既可指工匠的活动与技巧,也可指心灵的艺术和美的艺术的活动与技巧。

在亚里士多德看来,技艺是"理智的一种把握存在世界的真的品质,伴随着使一种具有某些期望性质的事物生成的手工操作活动,这种事物如果没有这种人工的活动就不会生成,而如果没有技艺,这种活动或者无法使这个事物生成,或者无法使它获得所期望的性质"①。尚不存在的事物只是具有某种质料,技艺预先考虑了这些质料的性质,通过人类的制作,使其进入目的性的存在领域。技艺是通过理智来把握世界本质的方式,事物在人的手工操作活动中可以达成人们期望的品质,通过技艺活动,某种尚不存在的事物被生成为存在物,而如果没有技艺的话,这一生成活动则无法达成。最初,像绘画、雕塑等需要体力的技艺被误认为是"低俗的""机械的",比不上像天文、算术等需要心灵努力的"高贵的""自由的"技艺。比如对柏拉图而言,建立在现实世界之上的理念世界才是真实的,艺术是对现实世界的模仿,而现实又是对理念世界的模仿,因此,艺术可以说是对模仿的模仿,是影子的影子。柏拉图把艺术手段划分为运用对象、制造对象、模仿对象,清晰地表明"知识与技能"在艺术中的重要作用。柏拉图曾在其诸多对话中引用技艺,如《伊安篇》《尤息底莫斯篇》《理想国篇》《法律篇》《高尔吉亚篇》等等,他把工匠的制作活动、绘画和诗歌等创作活动以及医术、驭马术、算术、军事指挥术、航海术以及政治术等都包括在技艺范围之内。

技艺被认为是知识和活动的基本形式,因此在诞生之初就与智慧有密切联系。技艺与正确的愿望和理性的控制的结合,与技艺的三个明显的标志有关。首先,由于工匠对自己的技艺有一个清晰的、系统的掌握,这使他区别于业余选手,不容易犯错误或受到突发事件的影响。其次,由于工匠渴望获得可靠的知识,因此,他也应该能够将这些知识有效地传递给他人。第三,由于技术的知识特性,可以将其分解为很多种方法,学徒一旦充分掌握了与其工艺相关的方法,就可以被认定为工匠。"将工匠的认证与上述技术标志——精确性/控制性、可靠性和可教性结合起来看,就会发现,甚至在柏拉图之前,工匠就得到了很多认可和尊重,这并不奇怪,因为它象征着权威和智慧。"②

古代技术与艺术的关系也体现在科学与艺术的关系上。古希腊美学视模仿为艺术的起源乃至一切知识的来源;亚里士多德认为艺术即模仿某一"原型",我们在观照艺术的时候亦是在"求知",求知的过程是在判别存在之物与理念之物的关系。亚里士

---

① 廖申白:《亚里士多德的技艺概念:图景与问题》,载《哲学动态》2006 年第 1 期,第 35 页。
② Angier, T. *Techné in Aristotle's Ethics*: *Crafting the Moral Life*, New York: Continuum International Publishing Group, 2010, p.5.

多德所谓的"原型"类似于柏拉图的"理念",即艺术之美是对真理的模仿;毕达哥拉斯将"数"视为宇宙万物的本原,他认为宇宙之美具有逻辑规律,审美的核心在于整体与局部的辩证关系。毕达哥拉斯从某种程度上奠定了希腊美学的结构性、造型性特征;亚里士多德则认为,美的最高形式是"秩序、匀称和明确"[1],因为秩序和明确是许多事物的原因。秩序、对称和确定性的"数",实质上是科学精神的原初概念。艺术发现美和表现美,美的最高形式是真,那么艺术的最高目标即是柏拉图说的"真"。

中国传统工艺也有着悠久的历史。"艺"字在甲骨文中"人栽禾苗"的形象,显示中华民族将农耕技能视之为艺,"艺术的本意即指这类种植之事"。[2]《后汉书》中将各种社会生产技能称为"艺术",指的是六艺以及术数方技等各种技能。[3]曾经在相当长一段时期内,中国的丝绸、瓷器等的发明和制造在世界上享有盛誉。与西方美学不同,中国传统美学所表现的就是对"道"的感受和体悟,是生命的安顿。中国传统工艺有自己独特的审美体系,包含虚实、韵味、意境、典雅、含蓄、平淡等特殊的审美范畴,"它追求的是使自然和人的生命都能得到协调和合理的安置,其基本特征可以简要地概括为'和'和'适'(宜)两个范畴。'和'是异质因素的协调、互补和相互生发,是事物发生的规律、存在的常态与功能的佳境,体现在道与器、以及道与技的关系中。'适'则是达于'和'的度,它涉及'工'与'材'、人与物、心与物等诸多关系,其中有的已具有了今天人体工程学的意味"。[4]在中国传统工艺的审美体系中,"天人合一"是一个基本出发点和立足点,它不仅体现在人与自然的关系上,也体现在技术与艺术等诸多关系中。这些和谐、适宜等相关的美学思想,对我们今天所面对的技术理性,亦有很多的反思、批判和平衡作用。

(二)实践层面:统一于手工劳动

自古以来,人们的生活世界就是向着理想世界前进的过程。人们试图摆脱现实的局限性,借助工具或符号去间接体验自己的理想世界。在技术发展尚未成熟的时候,

---

① [古希腊]亚里士多德:《形而上学》,吴寿彭译,北京:商务印书馆,1995年,第265—266页。
② 康殷:《文字源流浅说》,北京:荣宝斋出版社,1979年。
③ 范晔:《后汉书》,李贤注,北京:中华书局,1965年。《后汉书·伏湛传》:"永和元年,诏无忌与议郎黄景校定中书五经、诸子百家、艺术。"李贤注:"艺谓书、数、射、御,术谓医、方、卜、筮。"
④ 朱葆伟:《中国古代工艺中的美》,载《哲学动态》2019年第5期,第109页。

艺术往往是人们赖以进行审美和想象的手段,他们将想象力倾注于诗歌、绘画之中,企图逃离现实生活,进入理想之域。

从远古到中世纪,技术和艺术始终紧密结合在一起。在古希腊开始的手工劳作中,可以看到技术性与艺术性的浑然一体。手工制品既体现了生产者技能的物化,也体现了美的观念与创造。艺术创造与技术实践常常高度统一于一人。原始人为了生存的实用目的制造的生产工具或武器——石斧、骨器、陶器等,从其造型、色彩等,都包含着后来艺术之所以成为艺术的因素和某些特性。史前文明中留下大量的原始洞穴壁画、陶器、装饰符号等艺术,也都需要技术的支持。

1954 年起,牛津大学出版社历时 30 年才出齐的八卷本《技术史》是国际技术史方面的权威文献。在中译本第 1 卷第 8 章"绘画艺术与造型艺术"中,关于旧石器时代的艺术起源,文中说:"人类第一次是怎样和为什么用图画来描述他们身边的事物的? 造型艺术和绘画艺术,哪一种是先出现的? 这类问题的答案我们无从得知,至多只能做一下猜测。然而可以肯定,单单是绘制一幅图案就宣告了它的制造者——人的存在。人类的这种成就,甚至要比制造工具或清晰而有目的的言语更能体现人类所拥有的在他之前的动物所不具有的能力。"[1]其中,所有绘画技艺中最古老的技艺就是用手指绘画的技艺。只是这种艺术的短暂的表现形式大都不复存在了。但是,也有少数图画幸存。在法国派许摩尔(Pech Merte)的一个很大的地下山洞里,洞顶的一部分被一层薄薄的黏土覆盖着,而这层黏土因为岩石上渗出的潮气的影响,始终保持湿润,由此使得史前人类用指尖绘制的图画被保存下来。"我们所了解的幸存下来的史前艺术,大体可分为五类:绘画、雕刻、刻模、造型和用指尖在柔软的材料上的绘画。"[2]早在当时的绘画艺术中,已经使用到"用指尖绘画""用笔绘画""涂抹""喷绘""点画"和"干点技术"等各种技术手段和方法。在旧石器时代的雕刻艺术中,主要有两种技术之一完成:线刻法与琢痕法。旧石器时代的造型艺术,则主要采用了浅浮雕造型和圆雕造型等技术手法。[3]

---

① [英]查尔斯·辛格等主编:《技术史》(第Ⅰ卷),王前等主译,上海:上海科技教育出版社,2004 年,第 93 页。
② [英]查尔斯·辛格等主编:《技术史》(第Ⅰ卷),王前等主译,上海:上海科技教育出版社,2004 年,第 94 页。
③ [英]查尔斯·辛格等主编:《技术史》(第Ⅰ卷),王前等主译,上海:上海科技教育出版社,2004 年,第 94—100 页。

在古代,人们依靠技术装置与美学原则的结合成就了一些伟大的作品。比如中国汉代的张衡制造了浑天仪和地动仪,从科学的角度看,这是一种科学测量仪器,而从艺术的角度看,这也是一件工艺品。西方古代的哥特式天体观测仪,也既是天文仪器,又属于杰出的艺术雕刻。中世纪,细密画派的画家所用的颜料都是自己调配的,他们从新发现的植物、矿物中提取新的绘画材料,并始终对这种材料保持浓厚兴趣。那时候的画家隶属于药剂师行会,能发现新的色彩调制法的人,通常是伟大的画家。

随着人类制造业的发展,以陶瓷业为代表的器具体现了技术和艺术的结合。公元前6世纪到前5世纪的雅典陶瓶在技术和艺术方面都代表着希腊制陶业的最高水平。雅典的匠人们在对陶土的淘洗捶打后,将泥团放在陶轮中心位置,然后通过陶轮制成想要的形状。每段的制作,工匠们必须借助尺规等测量工具精心计算各部分的比例。同时,雅典的艺术家在陶瓶上所做的装饰在品质上是无与伦比的:"出于雅典人讲故事的本能,他们设计的图案不仅有前辈使用的植物图案和动物装饰纹饰,而且还展现了神话。"①中国的工艺艺术有近万年的历史,中国的艺术造物史在人类文明史上也极具代表性和典型性。中国陶器和瓷器的发明和使用是人类最早的科学实践与艺术创造活动。在中国的青铜时代,青铜的制作工艺与青铜技术密不可分。一件好的瓷器,离不开陶工对形式、线条、颜色的感觉,也少不了对颜料、光线和火候的控制与把握。在古代手工活动中,工匠的独特价值是后来再精准的机器制造也无法代替的。

技术性与艺术性是建筑所具有的重要属性,建筑技术与建筑艺术向来是共生共融的。建筑大师贝聿铭曾说"建筑是艺术"。建筑技术的物质性和美学特征都是通过建筑的结构形式及材料质感来表现的。尤其中国的传统建筑非常好地体现了艺术语言与建筑语言的统一,建筑的构造技术与艺术已经完全融为一体。例如中国古代琉璃瓦屋顶上的钉帽,既可以防止雨水渗漏,又能起到很好的装饰作用;官式做法的大门上的门钉,既能有效加固门板构件间的连接,又可以体现出相应的等级与文化观念。北京天坛皇穹宇的围墙被称为"回音壁",之所以有回音效果,是因为皇穹宇围墙的建造暗

---

① [英]查尔斯·辛格等主编:《技术史》(第Ⅱ卷),潜伟主译,上海:上海科技教育出版社,2004年,第186页。

合了声学的传音原理。围墙由磨砖对缝砌成，光滑平整，圆周率精确，有利于声波的规则反射，加之围墙上端覆盖着琉璃瓦，使声波不至于散漫地消失，更造成了回音壁的回音效果，形成一种"天人感应"的神秘气氛。"北京天坛皇穹宇的围墙的建造技术达到了使声音可以连续反射的精度，从而使无生命的物理现象获得了生命力量。"①

二、近现代技术和艺术逐渐分流

随着社会的发展，技术逐渐成为工匠创造物质产品的手段，只在人类的物质生产领域中使用，而艺术逐渐成为专门的精神领域中的概念，成为艺术家创造的精神产品。文艺复兴时期，随着人类追求不同目标和分工的结果，技术与艺术形成了泾渭分明的理念，比如技术是冷冰冰的、理智的，艺术是有温度的、有情感的。技术以理性与实证的手段求真，艺术以想象和模仿的方式求美。近代工业革命以来，科技迅猛发展，生产分工越来越细，并导致学科的分化，艺术风格、表现手法也越来越多样化，技术和艺术不断走向成熟。

(一) 技术逐渐遮蔽了审美

技术是人类文明进步的重要标志。文艺复兴运动以及科技革命都促进了科学精神的萌芽。一些大学开始了实验科学研究，科学家开始从实际的技术经验中寻求普遍的真理。文艺复兴时期，人的自我解放激发了人的冒险探索精神，航海技术的发展又使欧洲国家不断扩张，建造殖民地，不断扩大的市场需求促进了技术的革新。同时，制造商为了获得更大的利益，就必须生产有钱的富人和普通民众都有能力购买的产品，而标准化和大规模的机械化代替熟练的工人能减少制作成本。因此，生产越来越脱离手工制造，走向标准化和规模化的道路。随着科学的进一步发展，科学和艺术逐渐分离，两者具有不同的思维特点，科学偏于实证和严谨，而艺术强调想象和灵感，科学和艺术已经成为截然不同的学科，并且这种学科划分已经成为一种普遍的社会认识。

---

① 王世仁：《理性与浪漫的交织》，北京：中国建筑工业出版社，2005年，第53页。

"在科学时代到来以前,技术进步是以工艺经验为基础的,而在把经验从一代传到另一代、从一个地方传到另一个地方的过程中,个人所起的作用是显而易见的。"①这一状况在工业革命后发生了改变。随着科技的发展,人类从农业社会进入了工业社会。技术生产不再受自然界变化的影响,技术发展促进了工作的自动化和规模化,把人们从繁重的劳动中解放出来。但是随着现代性的持续推进,重复劳动带来的无意义感却更加强烈了。这些五花八门的重复劳作使得工作的动机和意义被严重忽略,变成了对生活空间的挤压和掠夺。

现代技术参与到劳动中,按照一定模型进行批量生产,这虽然极大地提高了生产力,但是却因为过于注重结构性和功能性,忽略了消费者的审美需求。"技术文明在艺术和技术之间建立了一种特殊的关系。"②在工业革命以前,许多工人可能既是手艺人,又是艺术家,可以设计和创制出整个产品。而工业革命的机器大工业生产使得分工更加明确,工人变成了流水线上的一个零件,工人在劳动中变得疏离,不再有创造的兴趣与快乐。专业化分工消解了工人的创造性与独立性,机械化生产很难产生独一无二的艺术品,人丧失了对其文化意义与终极目标的探求,劳动异化现象日益严重。所有这些都使得近代以来的技术发展遮蔽了人的审美需求和审美趣味,技术和艺术呈现分裂状态。

20世纪初,大规模机械复制的时代到来,引发了艺术理论和实践的重要变革,其中最显著的就是"灵韵"艺术的终结。"'灵韵'艺术与'非灵韵'艺术并不是一个艺术发展的分期问题,而是非生产性艺术与生产性艺术的对立,是艺术发展过程中基于特定标准之上的两种艺术形态。"③马克思曾提出,艺术是受生产的普遍规律支配的特殊实践活动,本雅明在此基础上提出了"艺术生产"的理论,而技术就是艺术生产力。艺术生产力是第一性的,从根本上塑造着艺术形象。并且,在本雅明的艺术生产理论中,艺术的消费者和接受者也进入了艺术生产的流程之中,成为艺术生产的合作伙伴。从艺术

---

① [英]查尔斯·辛格等主编:《技术史》(第Ⅳ卷),辛元欧主译,上海:上海科技教育出版社,2004年,第449页。

② [美]赫伯特·马尔库塞:《单向度的人》,刘继译,上海:上海译文出版社,1989年,第214页。

③ 李雷:《日常审美时代》,北京:社会科学文献出版社,2014年,第201—202页。

品的制作到艺术品的接受和传播都离不开机械复制,这直接导致了艺术作品"灵韵"的消失。"灵韵"在本雅明那里指的是传统艺术的审美特征,即艺术作品的独一无二性、本真性,同时还指艺术作品具有一定的膜拜价值和神秘性,但是,机械复制时代的艺术生产造成了"灵韵"艺术的终结,因为,"即使在最完美的艺术复制品中也会缺少一种成分:艺术品的即时即地性,即它在问世地点的独一无二性和原真性"。①大规模机械复制把传统艺术的个体性的审美静观转化为集体或者公共的大众互动。与传统艺术相比,复制时代的艺术作品可以很容易被群体欣赏、分享、传播和消费。个体的审美体验的萧条反映了当时异化的社会现实,技术遮蔽了审美,也改变了以往艺术与政治相疏离的状态,这些共同构成了机械复制时代的多元艺术图景。如今,我们已经从机械复制走向了数码复制时代,出现了"图像社会""景观社会"等新的景象,对技术和艺术发展带来了前所未有的冲击,也对人的生存和发展带来了新的机遇和挑战。

(二) 艺术过于依赖技术

文艺复兴至 19 世纪下半叶,技术和艺术在人类认识中是截然不同的学科,但是这种分流是人们为了认识的需要以及各自学科的发展进行的人为的划分。这个时期,技术的发展逐渐脱离了艺术,一方面造成技术产品审美价值低下,需要艺术的回归使得产品兼具实用和审美;另一方面,技术理性的滥用产生诸多问题,需要艺术来消解技术带来的异化。但是艺术却从未离开技术,甚至一直依赖技术。

文艺复兴时期的艺术家将古希腊乃至新柏拉图主义的美学理论奉为圭臬,无论是绘画还是建筑,他们都对诸如比例、节奏、透视等科学和技术理念推崇备至,甚至将艺术等同于科学和技术。艺术对技术的依赖不仅是物理工具的依赖,而是受到技术理性的影响。人们倾向于把文艺复兴时期的艺术视为艺术与技术结合的典范,艺术意味着运用数学般严谨的秩序、比例、节奏等标准技巧。文艺复兴时期对理性的强调影响了绘画、雕塑等艺术领域,"绘画趋于轮廓分明、线条准确、细节清晰,如逼真地描绘衣服的褶皱等,然而缺少诗情画意,缺乏生气,如同僵化的睡美人"。②艺术家也需要具有科

---

① [德]瓦尔特·本雅明:《机械复制时代的艺术作品》,王才勇译,北京:中国城市出版社,2002 年,第 84 页。
② 吕乃基:《科学与文化的足迹》,西安:陕西人民教育出版社,1995 年,第 88 页。

学家的气质。达·芬奇用科学的态度和方法进行艺术创作,甚至为了雕塑斯福查将军骑兵青铜像,而去解剖马的结构、研究光和热以及炼铜炉。他为了精确描绘人体,对三十多具尸体进行解剖以了解身体的器官与结构,还通过观察大气的厚度,创造了绘画中的"空气远近法"。在达·芬奇的理论中,艺术的生成有赖于科学知识,艺术创作过程的理性因素甚至比情感表达本身更具第一性。达·芬奇的《绘画论》向我们证明了一种文艺复兴时期的绘画观念:绘画科学的基础不仅仅是敏锐观察的眼睛,最重要的是如几何学一般精准分析事物形象的头脑。"绘画科学"实际上向我们展现了一种运用科学准确复现自然形象的真实图景。

宗白华曾总结道:"西洋的绘画渊源于希腊。希腊人发明了几何学与科学,他们的宇宙观是一方面把握自然的现实,他方面重视宇宙形象里的数理和谐性。于是创造整齐匀称、静穆庄严的建筑,生动写实而高贵雅丽的雕像,以奉祀神明,象征神性。"[①]那么,西方的绘画是如何用科学的方式将神圣的原型或自然表现出来的呢?艺术理论家利昂纳·巴蒂斯塔·阿尔贝蒂(Leone Battista Alberti)在其奠基之作《画论》中提出了三个层次:"基础性的,是数学层次,即视觉光学和透视法;其次,是描绘层次,即勾勒和色彩、明暗运用方法;最后,则是他称为 *historia* 的结构层次,即题材选择和构图的配合。"[②]阿尔贝蒂首先是建筑师和数学家,他以运用透视法闻名,但透视法的原创者是佛罗伦萨拱顶大教堂的总建筑师菲利普·布鲁内莱斯基(Filippo Brunelleschi)。这两位画家把数学、自然科学、文学和宗教融入艺术的思想,对整个文艺复兴时代产生了深远影响。

20 世纪出现的各种科学技术进一步促进了各种流派的产生,技术的表现形态和具体功能对艺术作品的构成以及艺术家创造能力的培养等具有重大意义,但是却并未为艺术带来真正的出路。科学技术虽然为艺术提供了数不尽的视角和方法,却很难超出人的视角的局限,提供极具潜力,又能为艺术家们共同接受的原则。并且,艺术对科技的依赖也带来了一些问题。很多艺术家的灵感全部来源于创作媒介自身,其艺术的能

---

① 宗白华:《艺境》,北京:北京大学出版社,1997 年,第 113 页。
② 戴吾三、刘兵:《艺术与科学读本》,上海:上海交通大学出版社,2008 年,第 79 页。

动性也首先集中在对空间、表面、形式以及色彩等因素的创造和使用上。艺术对技术的过度依赖，使得艺术创作过分集中在如何刺激感觉、营造逼真的客观世界上，触碰灵魂和心灵的艺术性明显不足。艺术家的传统创作领地被侵蚀，一些艺术家感到很不适应，艺术的本质也屡遭质疑，甚至产生了艺术终结的理论。

三、当代技术和艺术多元融合

某种意义上，与当代艺术相关的艺术理念、艺术形式和艺术作品几乎都与技术发展密切相关，并涉及艺术的综合发展所带来的多元的审美体验。当代技术的发展与应用不仅改变了艺术的风格和形式，还影响了我们创造艺术和欣赏艺术的方式。

当代技术和艺术的发展，催生出关于艺术的不同分类。学者们依据艺术分类的不同原则和角度，对艺术进行了区分。比如根据艺术形象的存在方式、审美方式和内容特征等，分别将艺术区分为时间艺术、空间艺术和时空艺术；听觉艺术、视觉艺术和视听艺术；表现艺术和再现艺术……近年来随着技术在艺术中的不断渗透，在欧美一些国家出现了一些新的分类方法，如把艺术分为视觉艺术和表演艺术等。尽管这些方法体现了不同时期艺术发展的趋势，也有一定的合理性，但是这些方法也都因这样那样的因素受到一些学者的质疑。比如，彭吉象认为，"艺术，作为人类的一种审美活动，实质上是以动态化的方式来传达人类的审美经验，艺术作品从根本上讲，就是以物态化的方式传出艺术家的审美经验和审美意识。因此，艺术分类的美学原则，应当把艺术形态的物质存在方式与审美意识物态化的内容特性作为根本的依据"。[1]为此，彭吉象认为应该根据艺术的美学原则将整个艺术区分为五大类，即"实用艺术（建筑、园林、工艺美术与现代设计）、造型艺术（绘画、雕塑、摄影、书法）、表情艺术（音乐、舞蹈）、综合艺术（戏剧、戏曲、电影艺术、电视艺术）和语言艺术（诗歌、散文、小说）"。[2]应该说，这种分类比较符合社会的物质生产和精神生产以及生活发展的实际，尤其是实用艺术的

---

①② 彭吉象：《艺术学概论》，北京：北京大学出版社，2015年，第90页。

分类,对当今艺术的发展具有重要的意义,体现了技术和艺术的融合趋势。

技术和艺术两者在"生活世界"中都是显性存在。技术与艺术的关系也是人类设计发展的主线之一。手工业时期精美的手工制品本身能充分展示出人的造物技巧与艺术表现力,是技术与艺术融合的表现。近代工业革命以后,艺术与技术开始出现某种分野。以现代设计为代表的实用艺术的出现弥合了技术和艺术两者的分裂。现代主义设计旗帜下的机械生产与机械美学呈现出较为融合的状态。当今社会,随着科学技术的发展,艺术中的技术因素表现得愈来愈突出。20世纪以来,基于计算机的数字技术应用于艺术领域,创造了完全不同于传统的创作方法、艺术内容、表现形式,其中技术不再作为简单的辅助工具,而是本身就成为艺术作品的表现内容和主题。当代技术与艺术的关系引申出更多的设计学领域,包括设计伦理与设计美学等,技术已经成为艺术或者设计作品的有机组成部分,技术因素和艺术因素很难截然区分开来,技术与艺术的交互进入新阶段,呈现新特征。

(一) 技术和艺术对体验的重构

当代社会,高科技取代了原有的现代技术的概念。在现代技术中,技术的功能性和工具性因素被高扬,而与文化相关的方面则受到压制。高科技不再仅仅被定义为一种工具或达到目的的手段。在高科技时代,技术更像是一种表征,一种审美,一种风格。这种对表现和风格的关注不仅表现在技术对象本身的设计上,而且表现在将"高科技外观"或风格传达给非技术对象的实践中。"高科技强调表现、风格和设计,似乎标志着被压抑的审美因素在技术概念中的重新融合。"①

在数字时代,技术物与艺术品的界限越来越模糊。一方面,数字技术不断应用于艺术创作,表明数字技术已经脱离了传统的工具和手段的附庸地位,上升为艺术的目的和主题,本身成为当代艺术本质的有机组成部分。另一方面,数字技术在艺术中的应用为艺术家提供了广泛而自由的艺术想象和创意空间,使得艺术家的情感和想象可以得到淋漓尽致的发挥。艺术家们正是巧妙地利用数字技术的特殊功能,塑造了众多

---

① Rutsky, R.L. *High Techné*: *Art and Technology from the Machine Aesthetic to the Posthuman*, Minneapolis: University of Minnesota Press, 1999, p.4.

利用传统表现手段根本无法实现的艺术形象,同时,将数字技术应用到艺术创作中,改变了传统艺术中观众的角色以及观众和艺术家的关系。数字艺术不同于传统艺术,观众不再扮演观察者,而是参与到作品中,成为作品完成的重要因素,其中艺术家退居幕后,观众显现出来,反而成为艺术创作的主体之一。另外,科技的发展与艺术边界的延伸,也使技术与艺术的融合更为广泛。公共景观、建筑设计以及城市规划等不断扩大了我们的经验能力和范围,赋予人类更多的审美空间与可能性。我们成为一个动态连续的审美环境的一部分。建筑、环境、装置和人融为一体的展览形式更加多样。

在这方面,多媒体应用产生的更加丰富完整的审美体验是传统艺术所不能比拟的。多媒体沉浸式数字艺术展通过身心介入的审美模式,打破了传统媒介的展示形式,改变了展览与人(参观者)的关系。数字艺术展是基于当下的技术发展和社会现实需要而产生的,主要是指在吸取传统艺术精华的基础上,将数字化手段以及各种多媒体形式应用于展示传播的新型艺术形式。数字艺术展创造的“沉浸式体验”具有互动性、虚拟性、多元性等特点,可以呈现和表达多维度的意义和信息。2019 年 3 月 23 日在上海油罐艺术中心开展的“teamLab:油罐中的水粒子世界”展览,就是技术和艺术融合的体现。“teamLab 是来自日本的艺术团体,创始人猪子寿之自 2001 年起开始以teamLab 的名义开始活动。团队最初只有 5 人,目前团体的成员已经超过 400 人,包括艺术家、程序员、工程师、动画师、数学家和建筑师等各个领域的专家,通过团队创作去融合科学、技术、艺术、设计和自然界。”[1]teamLab 这样的跨学科团队使技术与艺术达到一种更加极致化、更加丰富性的结合,通过艺术探索人类与自然,自身与世界的关系。

作为 teamLab 在中国的第一次大型个展,“油罐中的水粒子世界”展览的主要作品是著名的水粒子世界与鲜花系列以及 2019 年在西班牙展出过的作品“Black Waves:迷失、沉浸与重生”。数字技术的虚拟性让作品具有了更高自由度的空间适应性,作品可以更加“扩张”,更容易识别,观众也更容易感受到作品的特征,并深刻感受和理解作品的本质——“让自己永远在变化中”。teamLab 展览所选择的场地——上海油罐艺

---

① 《邂逅 teamLab——在上海,和世界的其他地方》,https://m.sohu.com/a/344811436_689221?spm=smbd.content.0.0.1580437329442T8wQqFZ, 2020-1-31。

术中心的空间布局也成为展览的重要组成部分,这是一个全新开放的经由旧建筑改造而成的独特的现代艺术场所,是由五个独立的油罐"连接"起来的独特建筑,在这么大体量且圆弧形的空间里展示水粒子世界,让"油罐"与"水粒子"之间产生了奇妙的化学作用,给观众带来了独一无二的审美体验。所有的表现都是"即时性"的,加上音响师的声音设计以及观赏者的行为举动带来的影响,使得所看到的景象一直在变化,每一刻都有所不同。

图 1-1　teamLab Borderless 展览①

这个展览给观众的体验既是"真实"的,因为人在景中,人的知觉和感受无时不在发挥作用,但又是"超真实"的,因为视线所及之处是一个技术所塑造的充满梦幻的新时空,是对空间的扩大,也是对时间的压缩。水粒子世界、花与人相互融合在巨大的油罐里,并形成巨大的瀑布。水用无数水粒子的连续体来表现,水粒子的移动在空间中描绘出线条,而这些"线的集合"就形成了 teamLab 所构想的超主观空间中的平面瀑

① 《邂逅 teamLab——在上海,和世界的其他地方》,https://m.sohu.com/a/344811436_689221?spm=smbd.content.0.0.1580437329442T8wQqFZ, 2020-1-31。

布。其中,人会成为能够阻挡水流的岩石,观赏者自身变成了障碍物改变水的流向。作品受到观赏者的行为举动的影响,不断进行变化。花朵在水流中生长、开花,不久后又会受到水粒子的影响凋谢、枯萎、死亡。花朵会因为观赏者的凝视生长得比平常多,如果把玩、触摸、踩踏,花朵就会凋谢(见图1-1)。通过这样的方式将作品"扩大",再消除作品与展览空间的边界。如同油罐里所展现的瀑布,水粒子的呈现方式比起从影像纪录之中流下的真正的瀑布,更能够消除观赏者与作品世界之间的界限,作品与观众之间变成了一种双向交互的关系,而观众也就更容易"融合"到作品之中。

当代的许多数字艺术和交互设计展览越来越强调体验的作用,技术与艺术的融合也空前剧烈。有可能观展结束,观众不太记得自己到底看了些什么,在回忆时能感受到的只有"体验"。至于这种体验是技术还是艺术因素带来的却无从区分。依然以刚才的teamLab展览为例。这个展览运用物理的空间设计消除了作品的边界,充分体现teamLab关于人与自然、人与人以及人与世界之间的关系的理念——消失与融合。只有当观众走入展览,将身心沉浸在艺术作品中,自我才能与周围的世界真正地融合在一起。自我和他人的存在改变了艺术作品中共同的世界,所以会觉得自己和他人与世界融为一体了。

在上海油罐中心美术馆的展览结束之后,上海开辟了中国第一座永久性的teamLab展馆,名为"EPSON teamLab Borderless"(无界美术馆)。"这个艺术团队的重要理念,就是希望创造出没有边界的艺术,让艺术作品摆脱展厅空间的限制,与其他作品交流、相互影响,打破作品与作品之间的边界并相互融合。"[1]teamLab希望通过数字艺术,关照人类的生存意义和自然的存在,帮助人们理解"连续的生命形态"的意义。teamLab通过艺术来探索人与自然、人与世界的新关系,认为"人与自然之间没有界限,自己与世界之间没有界限,彼此是相容相通的一个整体。世间万物都存在于一个漫长的、没有边界的、脆弱而又不可思议的生命延续之中。"[2]

---

[1][2] 《邂逅teamLab——在上海,和世界的其他地方》,https://m.sohu.com/a/344811436_689221?spm = smbd.content.0.0.1580437329442T8wQqFZ, 2020-1-31。

在 teamLab 这种无边界的艺术中,体现了科技、艺术、设计的多元融合,并重构了当代的审美体验,即一种涉身的、有差异性的、具有微观视角的体验,这种体验对原有的人与机器、人与技术、身体与心灵、虚构与真实、内在与外在等等二元对立基础上的思维方式进行了彻底的清算与反叛。

(二)艺术创造中的记忆表征

在当代艺术中,记忆成为一个非常重要的表达维度,并以多种方式被捕捉和表现。正是艺术家回到过去,将过去进行重新组合的创作和转化,才为最初的体验或事件赋予了新的意义。在这种艺术实践中,很难区分技术和艺术的界限。当代艺术中,有一些把艺术创造通过知识化或者现场化的形式展示出来的机构,比如展览馆、博物馆等,这是对历史的档案性呈现,也深刻地揭示了艺术与记忆之间的内在关联。博物馆的展示通常是过程性和暂时性的,如今的博物馆不能再是机构化的产物,而是通过艺术家和公众的参与和对话,让艺术品的意义更大限度地发挥出来。"博物馆和画廊可以设计成引导观看者进入效果最好的位置和与具体的艺术对象的关系之中,同时为艺术经验的序列赋予知觉形态。"①如同美国电影《博物馆奇妙夜 3》(*Night at the Museum* 3)中所展示的,展品的意义就在于跟观众"交流",只要能让观众感受到历史,并从中学到些什么,那么展品就依然是"活着"的。从传统的目录,到有限的材料档案,再到数字技术提供的不断扩展的视觉空间,人工记忆逐渐变得丰富起来。人工记忆的发展依赖于可视化技术(如数据和图像)的发展,记忆成为一种高度技术化的艺术形式。换句话说,在当代,记忆艺术本质上是一种视觉艺术(visual art)。通过图像、媒介等艺术手段,记忆增加了历史感与可体验性。

还有一些作品,则在个人记忆与公共记忆和场景记忆之间架起了桥梁。比如美国艺术家马克·迪翁(Mark Dion)对过去尤为偏爱,他喜欢古董和博物馆,认为博物馆是进入另一个时空的窗口,最接近时空旅行。在参观博物馆时,会理解一群遥远时空中的人如何理解自然并进行思考。从 20 世纪 80 年代起,他就开始创作再现自然文化的

---

① [美]阿诺德·贝林特:《艺术与介入》,李媛媛译,北京:商务印书馆,2013 年,第 134—135 页。

作品,其中标志性的作品是《泰特泰晤士河挖掘》(Tate Thames Dig, 1999),他将这些作品划分为三个部分:挖掘、馆藏的清洁和分类及其正式陈列(采用传统博物馆橱柜的风格,见图1-2)。①换句话说,迪翁的挖掘似乎遵循了考古实践,并且这些考古实践和装置都是对过去的模仿。这个模仿包括三个部分:一部分是工艺艺术,一部分是表演艺术,一部分是装置艺术。②尽管在泰特美术馆的环境中对作品的呈现使得它很容易与专业考古挖掘区分开来,但是事实上,这件艺术品几乎与以学术为基础的考古挖掘完全相同。换言之,尽管通过学术重建历史与通过其手工艺品揭示历史之间存在差异,但是记忆对当代艺术实践的影响仍不可小觑。

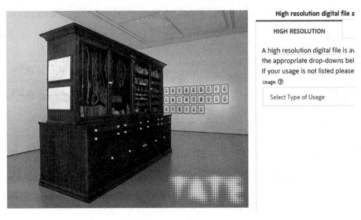

图1-2 《泰特泰晤士河挖掘》,马克·迪翁,1999

作为人类文明的两种形式,记忆和艺术具有内在一致性,它们都是心灵与材料的结合,都是对自我与世界的关联与重构,且都具有典型性与永恒性。两者都富含人的存在的"痕迹",同时,又相互映衬,相互成就。一方面,记忆是艺术的来源,是艺术表达

① Tate Images T07669: *Tate Thames Dig*, https://www.tate-images.com/results.asp?image=t07669, 2020-02-12.
② Gibbons, J. *Contemporary Art and Memory: Images of Recollection and Remembrance*, New York: I.B. Tauris & Co Ltd, 2007, p.126.

和反思的内容。当代艺术作品中的记忆表征体现为认知记忆和情感记忆的混合。数字技术的发展为我们捕捉和记录知识化的记忆提供了条件，也为我们理解不为人知的情感记忆提供了场域和可能性。另一方面，艺术是记忆表征的工具，是记忆的再现与创造，是进行记忆考察的理想载体。记忆和艺术都是心灵与材料的交融。艺术的手段为记忆的内容提供了一个表征、再现和反思的视角。当代艺术承载着许多事件和体验的痕迹，使得关于记忆的再认知和重组可以被交流和分享，同时在人与作品之间建立了更多情感和体验的勾联。当代艺术扩展了我们对记忆的理解。尤其是记忆中那些不可言说的、情境性的、差异性的、流动性的特质，尤为适合通过当代艺术的手段来表达。记忆对当代艺术来说是必要的，并且也在当代艺术中得到充分展开。

在充满开放性和丰富性的当代艺术中，技术（不仅是技术性的工具和手段，还包括知识的分类和秩序的呈现）成了艺术表达必不可少的要素，甚至引导着艺术的呈现。"多元文化实践使审美的、高度个人化的感性经验极度多样化，而当代艺术创作形式的发散正与此形成呼应。"①技术和艺术从古到今都不存在什么完全的割裂，在人类文明高度发达的今天，技术和艺术的交互需要一种全新的理解与互塑。面向未来，技术和艺术的深度融合会开发出更多可能的领域，对人类敞开更多的可能性。

---

① ［法］马克·吉梅内斯：《当代艺术之争》，王名南译，北京：北京大学出版社，2015 年，第 12 页。

第二章　技术的艺术化与艺术的技术化

在探讨了技术和艺术的本质理解与历史关联之后,我们发现两者是互相影响、互为支持的。技术是人的本质力量的外化,是人的最基本的、最直接的文化形式,艺术作为人特有的审美形式也必然与技术紧密相连。艺术作为人的情感表达,具体呈现也需要技术作为物质基础。同时,随着技术的发展,技术带来的异化也需要艺术进行消解,两者处在相互作用、彼此相连的统一关系中。

第一节　技术对艺术的支撑与入侵

技术哲学肯定技术在人的活动中的功能与价值,把实践主体、实践活动、实践结果作为实践活动过程的三个要素。当然,技术哲学的现象学维度也把“技术物”作为实践主体的一部分看待。在艺术生产中,艺术家在构思艺术作品时,会把自己已经掌握的技术融入想象,设想用什么艺术语言、材料和方法塑造艺术形象。艺术家的实践活动同其他实践活动一样,是选择特定的材料,用特定的工具和手段、技术进行制作、修改、补充的活动,因此,也是一种艺术家的身体力行的“技术操作”活动。

人类最初的技术活动为艺术创造了基本前提,技术也为艺术提供了工具和材料,并且技术的进步也促进艺术呈现及风格的变化,但技术不仅对艺术具有积极的作用,现代技术的发展也造成了艺术的异化。"从学科建设和学术研究来说,技术学与艺术学分属于工学和人文学科,学科界限分明,但理论和现象又交织融合,内在与外在联系密切,学科建设不应回避这个问题,正面、全面、尽可能深入和辩证地讨论艺术中的技术问题是我们的任务。"[1]

一、技术为艺术提供物质基础

在艺术学理论中,艺术作品的构成一般分为内容和形式两部分。艺术作品的形式因素包括媒介、材料、结构、手法等。从本质上说,材料、结构、表现手法等都属于"技术",是艺术家根据塑造形象的特定需要选择运用特定的技术,进而创造形象的过程。艺术形象是艺术家用"技术"创造出来的,形象正是技术的产物,形象的外在显现就是"技术"的显现。如绘画作品中,精细的工笔或流畅的写意,都是直观的"技术"表现。

通常而言,在艺术实践活动中,艺术家都要通过媒介来建构艺术形式,从而进行艺术表达。艺术家通过对材料与技巧的控制进行艺术表现,让观者产生审美体验。材料自身的物理与化学性质决定了其表现的能力,艺术家无法超越材料本身的能力范围去进行艺术表达。换言之,材料媒介在赋予艺术家表达手段的同时,也不同程度地限制着他们。艺术家们在其发展过程中不断拓展材料媒介的种类与边界,形成了丰富多样的艺术形式。

原始人类对工具的使用为艺术活动提供了基础。人猿区别的标志之一就是制造工具,而人类的技术活动也包含在劳动的过程之中。猿类为了生存需求,实现了手、脚的分工,同时又通过劳动造成肌肉、韧带、骨骼的变化。脑和手的变化引发了其他器官为适应环境所产生的变化。猿类由于受到发音器官的限制,只能发出几个音节,而人类的语言器官之间可以进行协调合作,发出动听的语音和语调。手、脑以及其他器官

---

① 刘晓光、胡智锋:《"技术"与"艺术"的交响与变奏》,《中国科学报》2019 年 8 月 14 日,第 003 版。

的进化都为艺术的发生提供了必要的物质基础和条件,音乐、舞蹈、绘画艺术无一不是在这些基础上发生的。

技术为艺术提供了最基本的工具和材料。假设没有造纸技术、织布技术和颜料制造技术等,就不可能有绘画艺术的出现和发展。对艺术家而言,在规则的限制下发挥自己的天赋,拥有有限的材料媒介进行创作是一种常态。即便是原始人的山洞壁画,也需要运用当时相应的工具和色彩。文艺复兴以来,西方的写实主义绘画逐渐脱离描绘宗教神性的光辉,继而对模仿和再现真实的自然事物表现出极大兴趣,艺术的材料工具与表现技巧也就应运而生。另外,一些科学方法也被引入到绘画中。比如,透视法的引入让画面的二维空间具有了三维的纵深效果,解剖学知识可以让画家更加准确地复制人物与动物的形象。在十五世纪,绘画媒介也发生了重要转变。比如油彩的普及和使用,使得油画能够表现出丰富微妙的色彩层次,充分满足了自然主义绘画对光感、质地、色调的描绘的需要,为西方写实主义绘画打下了坚实的基础。在现代主义画家那里,材料工具对艺术表达与创造来说似乎变得不再重要,视觉艺术的边界大为拓展。立体主义对实物进行拼贴与挪用,而达达主义宣称现成品即是艺术,抽象表现主义艺术家波洛克认为新的需求需要新的技法。"对于现代画家而言,如果要用文艺复兴的古老形态来表现他所处的时代,比如飞机、原子弹或者无线电,这恐怕比登天还难……"[①]为此,体验代替模仿、再现和形式,成为现代艺术之后艺术家创作的重要目标。当艺术家们认为绘画的材料不足以表达他们的艺术需求时,便转而以身体、环境、空间、装置等作为创作的媒介。比如,波洛克将装修涂料滴洒在画布上表现他对时代的体验;杜布菲使用石膏、胶、沥青等非绘画性材料进行涂鸦,以建构绘画表面;色域绘画艺术家则利用当时新出现的丙烯酸树脂颜料作为绘画媒介进行创作。20世纪80年代之后,新表现主义任意地运用各类材料与形式进行表达,带来了绘画的变革。

在20世纪60年代极简主义艺术家唐纳德·贾德宣称绘画已经死亡之前,纯粹的

---

① [美]费恩伯格:《艺术史:1940年至今天》,陈颖、姚岚、郑念缇译,上海:上海社会科学院出版社,2015年,第97页。

绘画在视觉艺术中的重要性早已开始下降。对绘画造成冲击的一个重要原因是19世纪摄影技术的诞生,没有照相机、摄像器材和摄影技术,就没有摄影艺术。现代摄影技术始于19世纪末,其中,手提摄影机的采用、小底片可在溴化银相纸上放大等技术,对现在摄影术的发展功不可没。虽然一直到20世纪前50年,摄影技术都还不够先进,但是,这些技术提供的解决方法却对摄影术的发展起到了决定性的作用。"全色摄影材料的生产、彩色摄影的采用、微型摄影术的确立以及拍照后立即成像晒印的偏振光摄影系统的诞生,都出现于20世纪。"①19世纪90年代,由于一些方法和器材的应用,人们渴望已久的再现本色的愿望才得以实现。

　　20世纪上半叶开始,电影逐渐成为传达信息的重要手段。1905年之后,电影工业成雨后春笋之势发展起来。"电影工业的成长与艺术和摄影技术的发展是联系在一起的。"②随着制片人制度的出现,电影作为一种交流手段达到前所未有的新高度。电影中的编辑、剪辑和合成等技术,极大地开发了电影的艺术潜力。世界上第一家电影院是在伦敦诞生的。第一次世界大战之初,伦敦就拥有3 500家电影院。到了20世纪20年代末,有声电影出现,产生了好莱坞这样的电影工业基地,并且,有声电影与无线电和电信工业相结合,产生了更多富有时代特征的娱乐活动。"有声电影的出现标志着专业手动摄影机和放映机使命的结束。"③有声电影的出现,进一步推动了录音技术的发展,因为人们需要录音与重现速度的协调一致。之后的磁录音技术,又进一步推动了立体音响的普遍使用。到了20世纪40年代,在美国兴起的电视代替电影成了大众的新宠。如今影视艺术有着最为广泛的受众群体,开拓了一个更为广阔的空间。随着数码影像与图像处理技术的飞速发展,计算机已能够创造出前所未有的视觉体验。在今天,技术影响艺术活动的最显著的趋势也许是电子计算机参与艺术创作,计算机硬件及各种图画制作软件都是数字艺术形成的基础。技术不仅是艺术的工具,更是成为其作品的一部分。技术的发展为艺术打开了新的大门。

---

① [英]查尔斯·辛格等主编:《技术史》(第Ⅳ卷),刘泽渊等主译,上海:上海科技教育出版社,2004年,第409页。
② [英]查尔斯·辛格等主编:《技术史》(第Ⅳ卷),刘泽渊等主译,上海:上海科技教育出版社,2004年,第423页。
③ [英]查尔斯·辛格等主编:《技术史》(第Ⅳ卷),刘泽渊等主译,上海:上海科技教育出版社,2004年,第430页。

二、技术促进艺术风格的变化

技术发展对艺术的促进,往往并不仅仅体现在工具和方法的层面,更是常常拓宽了艺术表现的范围,促使艺术的风格发生变化,提升了艺术的效果。随着新技术应用于艺术领域,使艺术产生新的呈现方式。比如,在音乐领域,录音技术的发展使音乐变成了一种艺术制作和集体生产,音乐作品往往是词曲作者、制作人和表演者等通力合作的结果。在绘画领域,一些立体主义画家在机器的几何图形与自然界的几何图案之间进行互换,并把科学理念和科学方法运用到作品中。而摄影的呈现与传统绘画的呈现也完全不同,因为"相片中的空间不是人有意识布局的,而是无意识所编织出来的"①。绘画描绘定格的是大自然,而摄影则可以通过放大或者缩小局部、加快或者放慢速度等进行特写描绘,或者定格某一个瞬间。绘画或雕塑所呈现的作品是通过艺术家对对象的观察、体验所获得的总体印象,是艺术家有意识的构思。摄影技术往往捕捉瞬间镜头,比如我们大致知道人们走路的姿势,而绘画也是基于这种总体的把握进行描绘,但是我们不知道步伐迈开的刹那会是怎样的姿态,而摄影可以捕捉这瞬间的动态及情绪。同时,绘画与所绘风景保持距离,而摄影深入到实景网络中,通过摄影技术往往能深入到对象细节之中,凸显我们所忽略之处。电影更是拓宽了摄影范畴,原本定格的图像拓展为动态的、三维的呈现,图说文字也成为声音。

艺术风格的变化也使得人的感受方式发生变化。首先,传统艺术欣赏要求我们"凝神静观",与审美的对象保持一定的距离,感受审美的纯粹性,而随着技术的发展与应用,观众对艺术的感知模式更多表现为一种消遣。技术强化了艺术的观赏效果,迎合大众精神追求,并且可能会生产欲望,引导消费。在艺术的生产与消费过程中,艺术被商品化和大众化,而传统艺术追求的是表象背后的深层意义,更加追求精神的享受与意义的超越。其次,随着艺术作品影响因素的增加,人的具体的感知性也由单一感

---

① [德]瓦尔特·本雅明:《迎向灵光消逝的年代:本雅明论艺术》,许绮玲、林志明译,桂林:广西师范大学出版社,2004年,第12页。

官向多感官发展。传统艺术给人的感受往往是单一的,比如绘画、雕塑给人视觉的欣赏,音乐给人以听觉的冲击,即使统一视觉和听觉的传统舞蹈也只局限在这两种感官感知上,而基于多媒体技术的交互艺术给人以视、听、触觉甚至全身心的体验,其所带来的交互体验和沉浸体验是传统艺术所不能比拟的。

此外,科学技术还为艺术创造提供了精神动力、情感支持与审美导向。比如前现代艺术的情感总是与巫术、神话、禁忌、图腾等神秘元素以及宗教性信仰等密切相关;文艺复兴时期,科学技术开始兴起并打破宗教统治,数学、几何学、力学、透视学、生理解剖学、光学和制图学等都给写实主义的绘画艺术发展提供了思想渊源;19世纪后期的印象派和新印象派绘画的风格创新,建立在当时色彩科学所提供的思想观念基础上,表达着不一样的和谐;20世纪前后一段时间的文化艺术则体现出宗教性与商业性、情感性与物质性、神话性与功利性之间的动态平衡状态。如今,电脑、互联网、iPad、智能手机等技术设备,为艺术创新提供了更多的资源。大数据、人工智能等技术的发展,也让艺术对"不确定性"有了更多的表现。

如今,人工智能可以写作、可以作曲、可以演奏,也可以绘画。人工智能为艺术发展注入了新动能,也催生出日新月异的文化景观,革新了艺术观念,新的艺术门类——人工智能艺术(Artificial Intelligence Art)由此诞生。"人工智能艺术"属于信息设计的范畴,是通过机器学习,借助算法进行艺术创作的表现方式。人工智能可以对人类进行艺术创作过程中所使用的色彩、构图、造型等艺术原理等进行学习和分析,借助艺术家数据库中的大量数据以及强大的信息处理能力,结合人工智能系统强大的神经网络和深度学习技术,进行艺术创作过程的自动化生成以及智能学习再生。人工智能艺术是由人类智能与人工智能的融合创造出来的艺术形式,可以对人类认识与改造世界的思维能力、逻辑机制与精神情感进行艺术表达,涵盖文学、音乐、舞蹈、绘画、戏剧、建筑、电影、雕塑等各个领域。人工智能艺术不是单一的独特视角的固定时空的表达,而是一种动态演化的转化过程,是不确定的运动状态和多模态多维度的审美意识的表达,能够带来对艺术的新思考。以人工智能艺术中的绘画为例,这种方式可以将传统绘画中的第一人称视角延伸至第二人称视角、第三人称视角和全景视角,能够建立绘画题材和内容的大数据库,在新的时空维度里进行建构和再现,以实现体验与被体验、表达与被表达、美与审美关系的匹配或博弈。通过不同艺术审美与艺术风格之间的博弈,人工智能可以在各有千秋的艺术与可接受的审美之间达到艺术美感的平衡,为我们提供探索艺术形态的无限可能性。

2018年10月,全球首幅参加拍卖的人工智能艺术作品《埃德蒙·贝拉米肖像》(图2-1)在拍卖会上以43.25万美元(约300万人民币)的价格成交。①这幅看不清人脸的《埃德蒙·贝拉米肖像》,是通过算法,从15 000幅14世纪到20世纪的肖像画数据库中筛选合成制作而成的。在绘制的过程中,算法可以将新作品与已有的"人工作品"数据进行比较,直至无法分辨两者的区别。一些艺术家和鉴赏家认为,这幅画根本称不上原创,因此也算不上是艺术品。但是在这场为期三天的拍卖会中,同场拍卖的还有20多幅毕加索的画作,没有一幅比《埃德蒙·贝拉米肖像》拍出的价格高,这种情况引发了艺术界的强烈关注。可以预见的是,人工智能艺术在未来将会持续给艺术理论和实践带来深远的影响。

据量子位报道,近日,全球第一幅参加艺术品拍卖的AI画作,以43.25万美元（约300万人民币）的价格成交。

这幅画作名为《埃德蒙·贝拉米肖像》,是由巴黎一个名为"显而易见"的艺术团体,利用人工智能技术创作而成。

图2-1 全球首幅参加拍卖的 AI 画作《埃德蒙·贝拉米肖像》,2018

---

① 《全球首幅参加艺术品拍卖的 AI 画作成交》,http://it.cri.cn/20181029/1a07c6a0-f988-6f60-b785-7cb152e9d284. html, 2018-10-29。

人工智能使得新媒介的分层化和复合型特征更加凸显,也开启了艺术媒介智能化的新时代。在人工智能艺术作品中,人工智能部分地取代人类艺术家,创作出几可乱真的艺术作品,艺术世界和真实世界相互嵌入,艺术体验不再只是主体间的交互,而可能是人与物、人与图像、人与机器,甚至是机器与机器的交互。人工智能可能会带来艺术观念和艺术风格的重大革新。原来耳熟能详的那些艺术理论和门类可能会面临重大挑战。因此,如何描述人工智能时代的技术与文化,如何理解人工智能引发的艺术变革,如何更好地处理科技与艺术的深度融合与协同创新,这些都是时代提出的重大问题,需要对人工智能的艺术实践进行跨学科研究。与此同时,当代艺术也要不断反思自己的使命,对科技的滥用可能产生的负面效应进行反思与批判。

三、技术加快艺术传播

技术的发展加快了艺术的传播速度和广度。没有先进的传播媒介,艺术的创作和传播都是缓慢而有限的。磁录音技术、光盘技术以及电影电视等媒介等的发明和应用,使得音乐、电影可以在短时间内传遍世界各地。摄影、复制技术的发展,使得过去在绘画中被少数人欣赏的风景、人物和事件得以广泛和快捷的传播。尤其互联网技术的发展,更是大大延伸了人的身体,构建了一个人们即便足不出户也可以尽情欣赏艺术品的新时空。虚拟现实技术在网上展览馆、博物馆中的应用,使人们随时可以接触各类充满历史感的艺术品。随着现代设计的产生,设计与艺术之间的界限也在模糊,普通人也可以创造、传播艺术品,审美活动已经成为人们日常生活的一部分。

现代技术拉近了艺术作品和观众的距离。现代技术打破了传统艺术中的精英垄断,艺术不再与普通民众无缘。用可重复而又清晰的媒介形式表达艺术,让更多的人参与到艺术中,是当代艺术传播的特色。"大教堂可以离开它真正的所在地来到艺术爱好者的摄影工作室;乐迷们坐在家中就可以聆听音乐厅或露天的合唱表演。"[①]现代

---

① [德]瓦尔特·本雅明:《迎向灵光消逝的年代:本雅明论艺术》,许绮玲、林志明译,桂林:广西师范大学出版社,2004年,第61页。

科学技术支配下的媒介传播方式使艺术传播的时间和空间都大大扩展,所有的想象都已经变成了现实。

近代信息变革中出现的媒介因素被马歇尔·麦克卢汉(Marshall Mcluhan)分为"冷媒介"与"热媒介"。其中"冷媒介"被定义为电话、言语、卡通、电视等低清晰度媒介,而"热媒介"被定义为广播、印刷、照片、电影、讲授课等高清晰度的媒介。如今,由于媒介技术的推动,普通人也可以通过媒介来创造和发布自己的作品。以前被专业人士操作的视频制作,如今通过各种方式被普通用户所拥有。2019 年,"互联网女皇"玛丽·米克尔发布的互联网趋势报告中指出,在移动互联网行业整体增速放缓的大背景下,短视频行业异军突起,成为"行业黑洞",抢夺用户时间。从 2017 年 4 月到 2019 年 4 月,中国短视频 App 日均使用时长从不到 1 亿小时,增长到了 6 亿小时,其中抖音、快手、好看视频,占据短视频前三,引领用户数量和时长增长。[①]"抖音"是中国最受欢迎的短视频应用之一。截至 2018 年 12 月,抖音国内日活跃用户数突破 2.5 亿,国内月活跃用户数突破 5 亿。抖音之所以能够快速吸引用户,实现爆发式增长,是因为在抖音上有许多疯狂转发的视频并不是明星拍摄的,而是来自普通人日常生活中富有趣味的创意,任何人都可以随时通过手机的及时传播获得一种在场感的刺激,或是获得收看情景剧的直观享受。由此可见,技术媒介,尤其是影视转播等新媒介的传播优势让每个平凡人都有表达自我的可能。短视频也成为人们联通世界的一个窗口。正如施拉姆所说,冷媒介是"需要丰富想象力的媒介",而热媒介"无需任何想象上的努力就可以从符号向现实的图景飞跃"。[②]

2019 年,网红李子柒的出现引发了人们对技术与艺术、全球化与地方化、民族性和时代性的讨论。这个被称为"东方美食生活家"的女孩本是一个普通的乡间女子,面朝黄土背朝天,通过短视频创作让自己完美逆袭,成为很多人膜拜的"古风女神"。浓浓的中国风,田园牧歌式的生活,让李子柒在海内外圈粉无数,也激起了许多国家的人们

---

① 《2019 数据报告:抖音快手好看,拉动用户数量和时长增长》,环球网,https://baijiahao.baidu.com/s?id=1636194377489156342&wfr=spider&for=pc,2019-6-13。

② [美]威尔伯·施拉姆:《传播学概论》,李启、周立方译,北京:新华出版社,1984 年,第 139 页。

对中华传统文化的兴趣和热爱。而在这些短视频的创作中,除了李子柒的创意之外,技术和艺术的融合也不可或缺。"短视频＋网络平台"构成的传播媒介和传播速度,让李子柒的短视频迅速传播至世界各地。而在她的短视频中,无论是酿酒还是做菜,她都把春生夏长,秋收冬藏浓缩在十几分钟的视频里,定格岁月的烙印和生活的美好。借由技术,我们才可以看到这种充满诗意的文化传播。

四、技术可能损害艺术的独特性

科学技术从来都是双刃剑。科学技术在艺术领域不加限制的滥用,很可能会损害艺术的超验性与独特性。比如复制技术的产生与应用就极大地影响了艺术的发展。古希腊人使用熔铸和压印模复制铜器、陶器和钱币,木刻技术的产生使得素描作品得以复制,紧接着出现铜刻版画和蚀刻版画以及石版,使得图画艺术作品流传到市场,而摄影技术的应用更是大大加快了图像的复制。本雅明在《摄影小史》中指出,技术使得作品大批量地被复制,作品的独一性遭到破坏,艺术作品失去"灵韵"。

本雅明用自然物体的灵韵来说明历史物体的灵韵。自然物体的灵韵是关于距离的独特现象。比如,在一个夏天的傍晚,当你用目光注视着远方的山脉,或是身体感受到一根投下阴影的树枝,那么你可能会感受到山脉和树枝的灵韵。对任何艺术作品来说,"灵韵"都意味着作品的"此时此地"和"独一无二"。当代大众渴望在空间和人性上"拉近"事物的距离,希望通过事物的相似性、再现性,近距离地抓住一个物体,而机械复制提供了这样的可能性。复制品损害了原作的独特性,而这些属性是与艺术作品的价值息息相关的,正是在这些属性中,艺术品价值的创造性和个性及其创作的条件和环境才得以体现出来。"即便最完美的复制品也不具备艺术作品的此地此刻——它独一无二的诞生地。恰恰是它的独一无二的生存,而不是任何其他方面,体现着历史,而艺术作品的存在又受着历史的制约。"①艺术作品的此时此地即它的本真性,同时也体

---

① [德]本雅明:《经验与贫乏》,王炳钧、杨劲译,天津:百花文艺出版社,1999年,第262页。

现了艺术作品的独特性。

最早的艺术作品起源于仪式。艺术作品的存在与它的灵韵有关,它的艺术功能与它的仪式功能是不可分割的。在文艺复兴时期,科学对神圣领域的介入表明艺术的仪式基础开始衰落。随着第一种真正革命性的机械复制手段——摄影的出现,艺术第一次遭遇到深刻的危机。在世界艺术史上,机械复制第一次使得原作与复制品的关系显现出来。例如,从照相底片上,人们可以制作任意数量的复制品,要求"真实"的照片是没有意义的。这样,艺术品中的灵韵开始消失,技术复制使得艺术脱离了对仪式的依赖,也脱离了美的表象。

20世纪,法兰克福学派也针对技术对艺术的异化进行了反思。在他们看来,技术的逻辑性、机械性和工具性与艺术的自主性、创造性和独特性是不相容的,技术对艺术的过度介入必然造成艺术的贬损。当代数字艺术中,技术手段本身甚至可能成为艺术的主体部分或者本体要素。技术与艺术的相互作用和融合并不可怕,但是,当艺术创造者更多运用技术手段而不是艺术精神去表达思想时,艺术被技术所奴役的危险就会到来。

在20世纪晚期哲学家鲍德里亚的作品中,语言游戏不仅挫败了任何对真实的追求,而且也改变了真实,以至于表象与现实之间的区别也不再适用。他断言,信息的产生和炒作已经达到了自我参考和自我再整合的程度,以至于不再可能谈论独立于表象的"真实"世界。他对当代西方文化本体论的兴趣源于马克思主义和结构主义在符号系统理论化中的早期融合。"从处理材料的'关系'到作为独立事物的'对象',这是本体论意义上的转换。作为自主性的事物,符号或图像不再服从于一个支配性的意向或实在,而是成为一个积极的、塑造世界的主体。"[1]社会生活中诸事物的"内爆"把艺术的领地拓展到了一个虚无的无穷场域之中,鲍德里亚把这种对传统艺术的反叛和超越,对权威历史的质疑和颠覆称为"超美学"。鲍德里亚指出,"今天的现实本身就是超级现实主义的……政治、社会、历史、经济等全部日常现实都被吸收了超级现实主义的仿

---

[1] Cazeaux, C.(ed). *The Continental Aesthetics Reader*(Second edition), London and New York: Routledge, 2011, p.477.

真维度:我们到处都已经生活在现实的'美学'幻觉中了"。①信息技术通过仿真与拟像穿透实在,用"超真实"代替了"真实",艺术的超验的批判的功能被消解。

第二节 艺术对技术的促进与批判

技术与艺术都源于人类的生产实践活动。技术开发与艺术创作都是人工物品的创制和操作,都是经过构思与设计环节,把观念形态的东西外化为物质形态的对象化过程,因此存在着外在相关性与内在一致性。技术活动看似遵循着经验、理性和逻辑,但是实际上一直渗透着艺术因素。艺术精神、艺术思维和艺术创新都构成了技术创新的推动力。技术的艺术化有助于弥补工具理性与价值理性的裂痕,促进科学文化与人文文化之间的融通,也因此成为现代技术发展的重要趋势之一。

一、艺术促进新技术的发展

技术的发展虽然本质上受技术内部规律和社会因素的制约,但同时也受到艺术精神的影响。新技术的形成过程离不开逻辑思维与非逻辑思维的协同作用。在新技术的创造过程中,需要突破思维定式,通过非逻辑思维的作用开辟新的技术创造道路。非逻辑思维往往产生于艺术的想象。因此,艺术为新技术的发展注入创新的精神,艺术创新的需求也促进技术手段的发展。原始人类开始使用指尖勾勒动物的轮廓,后来为了画出更加纤细的线条开始使用诸如削尖的木片或翎管的硬质尖形物。古典画家为了绘就更逼真的画作,解剖人体以了解人体结构,促进了解剖学的发展。达·芬奇既是伟大的艺术家也是科学家,他根据黄金分割比所作的人体解剖图对医学发展也有重大贡献,此外,他在植物、光、力、工程机械等学科方面都很有成就,留下大量机械类发明手稿。

与科学技术相比,艺术的表现形式通常更为直接、也更加容易让人理解。人类最

---

① [法]让·波德里亚:《象征交换与死亡》,车槿山译,南京:译林出版社,2009年,第96页。

初对于地图的发明，就是利用符号和图案把技术上很难丈量的世界整体性地展现出来。另外，设计师通常用艺术的表达方式呈现出一些非常前卫的反思性的概念设计，传达有些很难用语言表达的想法，有些是非常超前的、用现有的技术不能实现的未来图景，这就促使我们的技术不断更新，及至实现这样的目标。如古人嫦娥奔月的画卷给我们带来了美好的幻想，最终经过几代人的努力，我们的航天技术终于使玉兔号月球车成功登月。如今，很多交互设计在探索技术与艺术之间的边界以及未来世界的可能性，这些都会极大推进技术的发展。

艺术家们对材料的创新和实验是技术发展的重要推动力量。评论家格林伯格曾指出："写实艺术与自然主义艺术掩饰了艺术的媒介，利用艺术来掩盖艺术；现代主义艺术则运用艺术来提醒艺术。"[①]在写实主义绘画中，曾被视为局限性的那些媒介，如一些物体的形状与颜料的属性等，在现代主义作品中，却被当做积极因素加以确认和推广。文艺复兴时期的艺术比之前更加依赖科学方法和科学秩序，这在视觉艺术中体现得尤为明显。近代以来，艺术受到科学一致性要求的影响，也越来越追求本质主义的艺术观，希望有某种公认的艺术标准。然而，"从艺术自身的角度看，它与科学的聚合只是一种偶遇罢了；艺术和科学都没有真的赋予或者确保对方任何东西，这一点仍跟过去一样"。[②]艺术与科学技术的结合，并非要停留在对本质主义的追求，而是艺术和科学技术借由对方，获得更加多元的发展的可能性。当今的数字时代，文化创意或者文创产品成为重要的艺术表现形式，如何创造出新奇有趣、吸引观众的作品成为艺术家的关注重点，艺术家天马行空的想法总是会突破理论上的不可能之处，而这在另一方面反而促进了新技术的产生。

二、艺术对技术现实具有批判性

关于技术和艺术的关系，路易斯·芒福德曾说："艺术是技术的一部分，它承载着

---

① 沈语冰：《艺术学经典文献导读书系（美术卷）》，北京：北京师范大学出版社，2010年，第270页。

② 沈语冰：《艺术学经典文献导读书系（美术卷）》，北京：北京师范大学出版社，2010年，第274页。

人类个性的最充分的印记;技术是艺术的表现形式,其中,为了进一步推进机械过程,排除了人类个性的很大一部分。"①正如我们今天的一些抽象绘画看起来的那样,当艺术似乎不知所云时,绘画所表达的实际上正是艺术家想要高声呐喊的,那就是生活已经变得没有任何理性或一贯性可言。艺术对技术的反思和批判作用正在于此。从艺术史和艺术理论来看,把艺术与美相等同的观点似乎就是在承认艺术的根本特性在于美或审美,"美"才是艺术的常态。因而,无功利的审美愉悦性不仅是美学的特质,更重要的是,它成为了艺术最为突出的特征。处于美所统辖之下的艺术具有自律性和审美性,并因而同日常生活和现实社会保持疏离,同时对技术理性主导的社会现实具有一定的超越性和批判性。

与技术相比,艺术富有更加直观的洞察力以及启迪人、感染人的力量,能把人们"可意会不可言传"或者"欲说还休"的一些深刻的道理形象地表达出来。2019年1月初,"冇限人类——人类的极限与局限"展览在北京现代汽车文化中心举办,由奥地利电子艺术节总监、策展人马丁·霍齐克(Martin Honzik)和中央美术学院教授、策展人、艺术家费俊联合策展。"冇"看起来很像"有",却是"有"的反义词。冇限即"无限",意同"无穷"和"没有边界"。此次展览呈现了16件来自世界各地的作品,它们以艺术与科技融合的方式,从人与自然、人与机器、人与人三个维度,揭示了艺术家们对于人类的身份认同以及未来命运的反思。"这一展览讲述了在文明发展进程中,人类不断打破身份与能力边界、重新定义人类身份及生存使命的故事,旨在阐明人类在不同环境下与世界的关系状况,探讨人类在环境变化中所扮演的角色以及其与万事万物的联系,并提出思考:当下我们是谁? 而我们的未来又在哪里? 除此以外,亦讨论了我们作为个人和社会所遇到的局限,以及我们试图摆脱和克服的极限。"②

在上述作品《机械控制的眼睛看到镜子中被控制的眼睛在看他》(图2-2)③中,体现出了人与机器的交互性和主体间性的关系,技术已经内化成人的身体的一部分,人也

---

① Mumford, L. *Art and Technics*, New York: Columbia University Press, 1952, p.21.
②③ 《用艺术的方式探讨人类的极限与局限》,http://art.ifeng.com/2020/0108/3494530.shtml,凤凰艺术,2020-01-08。

成为技术或者机器的一部分。机器能"看"吗？机器有"眼"与"心"吗？机器的"看"是否跟人的"看"一样？体现出了什么样的意向性？人与机器的交互性越来越多,会不会有一天,机器会替代人类,行使人类的职能呢？人的肉身有一天是否会消解呢？身体的明天会怎样？这恐怕都是这幅作品可以带给人的思考。

的互动又能为艺术带来什么？在策展人马丁·霍齐克（Martin Honzik）看来,"冇限人类"在讲述一个关于人类及其在日益塑造和影响的世界中,为达成自我实现和认同而奋斗的故事。它阐明了我们与世界的关系状况,并探讨了人类所创造的联系和关系及其所有后果,为探索接下来人类所要做出的适应及在未来生而为人的寓意提供了线索。

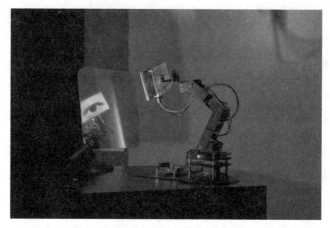

图 2-2 《机械控制的眼睛看到镜子中被控制的眼睛在看他》,邱宇,2019

其他作品如《后人类习惯》与《后工厂时代》,通过人与自然、人与机器、人与技术关系的视角,对后人类时代的人类形象以及面临的境况进行了反思。科技在不断扩展和增强我们的身体,同时也在模糊技术与机器、技术与人的界限。技术的发展是无限的吗？人类是有死的吗？人与自然的关系是可持续的吗？人可以主宰技术,成为自然的主人吗？增强后的"后人类"是进化还是退化？展览呈现给了公众一个充满想象的空间和主题,邀请受众一起思考科学技术与人类的未来发展。这些艺术作品,使我们直面自己当下面临的社会现实,思考科技发展与人类未来的命运,做出更加合理更加负责的选择与行动。在机器和身体的界限日渐模糊的时代,对人的本质和局限的质询显得尤为必要。某种意义上来说,艺术往往走在时代的最前沿,直面人类可能面临的严峻挑战,通过形象直观的方式,触发人们最为微观的个人体验,并通过人与人之间的共通感,引发人们思考一些最为深刻和本质的问题,那就是关于人的本质、人类命运、人类未来等重大而深远的问题。

三、艺术可以部分消解技术异化

当今技术理性成为社会生活的主宰,现代技术和传统技术相比,已经处于一个尴尬的两难境地,科学技术的"双刃剑"效应越发凸显。用德国哲学家汉斯·约纳斯(Hans Jonas)的话说:"现代技术,不同于传统技术,是一个有计划的活动,而非一种占有;是一个过程,而非一个状况;是一个动力学的推动因,而非一个工具和技巧的库存。"[①]人们一方面享受着科技发展带来的福音和便利,自以为成为地球的主人;另一方面也逐渐臣服于技术的统治,被技术所控制,而逐渐造成技术的异化,包括人与自然的异化、人与人的异化。"科学技术的异化,再次使人类丧失自然主人和人类主体化的地位。"[②]人被人所创造出来的东西所奴役,成为单向度的人。

法兰克福学派最先将现代科学和技术理性推向社会批判的祭坛。在法兰克福学派看来,科学技术与理性相结合,形成一种具有主导地位的统治逻辑,并与特定的文化和观念相裹挟,成为一种统治人的力量。"阿多尔诺和哈贝马斯的思想不断提醒我们:量化的和可在技术上应用的知识的巨大堆积,如果缺乏反思的解救的力量,那将只是毒物而已。"[③]法兰克福学派的代表人物马尔库塞指出:"真正的知识和理性要求统治感觉——如果不从中解放出来的话。"[④]马尔库塞认为,一方面,作为现实存在的艺术总是不可避免地受到那个时代的影响,因此现代艺术总是被技术所异化,比如本雅明的"本真性"的丧失;另一方面,"艺术作为社会意识形态的一种表现,又总是异在于它身处的

---

① [德]汉斯·约纳斯:《技术、医学与伦理学——责任伦理的实践》,张荣译,上海:上海译文出版社,2008 年,第7 页。

② 张之沧:《当代实在论与反实在论之争》,南京:南京师范大学出版社,2001 年,第 311 页。

③ [法]埃德加·莫兰:《复杂思想:自觉的科学》,陈一壮译,北京:北京大学出版社,2001 年,第 8 页。

④ [美]赫伯特·马尔库塞:《单向度的人》,刘继译,上海:上海译文出版社,1989 年,第 131 页。

社会秩序与历史阶段"①,作为社会意识形态的一部分,艺术的反思性和批判性也会使艺术对异化进行克服,并进行自我拯救。这被马尔库塞称为"第二层次上的异化",这意味着,艺术虽然离不开所处的社会现实,但是却与现实保持一定的距离,并对之进行对抗。"我们能够预见一个与艺术和现实共处的世界;但在这个世界中,艺术仍将保留其超越性。"②艺术的超越性和艺术的真理,恰恰可能就在与现存社会的异在性的交道中呈现出来。

那么,艺术是如何通过本身实现对自我的救赎呢?马尔库塞认为艺术的超越潜能就在于审美形式本身,它一方面让既定的社会现实进入视野并对之进行表达,另一方面又将其置于否定性思维之下,在反叛中呈现出真理与未来的可能性,因此,艺术在文化和物质方面都应该成为生产力。"作为这种生产力,艺术会是塑造事物的'现象'和性质、塑造现实、塑造生活方式的整合因素。这将意味着艺术的扬弃:既是美学与现实分割状态的结束,也是商业与美、压迫与快乐之间的商业联合的终止。"③只有借助扬弃,艺术才能超越现存的现实,超越性是艺术的固有品格。马尔库塞认为,艺术形式是历史的现实,是由各种风格、主题、技巧和规则等构成的一个不可逆转的连续序列,有着自身的一贯性与同一性,也有着本体论的地位与意义。通过审美形式及其变形,也即通过艺术的重构,人与自然被压抑的潜能得以实现。审美形式使得艺术与现实或历史疏离开来,构成了艺术的自主性和超越性,对社会现实保持警醒和批判。

关于通过艺术来消解技术对人的异化,海德格尔与马尔库塞有类似的判断,但指向有所不同。在马尔库塞看来,艺术和审美之路中就蕴含着人的解放,起着消除异化、拯救人的作用。"艺术的使命就是在所有主体性和客体性的领域中,去重新解放感性、想像和理性。"④在现代文明社会中,人们受到种种理性原则的约束和控制,若要获得幸福和满足,就必须摆脱这种压抑性现实原则的支配,征服和废除理性统治的异化,进入

---

① 张弘:《异化和超越:马尔库塞艺术功能论的一个层面》,载《外国文学评论》1994年第1期,第90页。

② [美]赫伯特·马尔库塞:《审美之维》,李小兵译,桂林:广西师范大学出版社,2001年,第176页。

③ [美]赫伯特·马尔库塞:《审美之维》,李小兵译,桂林:广西师范大学出版社,2001年,第105页。

④ [美]赫伯特·马尔库塞:《审美之维》,李小兵译,桂林:广西师范大学出版社,2001年,第197页。

非压抑状态。马尔库塞指出,要想超越现实、废除理性,就需要呼唤感性的回归,进入幻想和想象,而想象与幻想是艺术的特有领域。因此,马尔库塞指出,只有通过艺术的感性基础及快乐原则,才能使人摆脱压抑性的现实原则,摆脱理性的统治,追求人的自由发展。在艺术中总是存在着矛盾,艺术不仅要反映现实,还要超越现实,在艺术中,与现实社会和谐和反抗的趋向是同时存在的。

海德格尔也曾提到技术及其异化问题,认为技术的异化要通过艺术进行救赎,但是这个艺术并不是现代艺术,而是艺术的沉思。"由于技术之本质并非任何技术因素,所以对技术的根本性沉思和对技术的决定性解析必须在某个领域里进行,该领域一方面与技术之本质有亲缘关系,另一方面却又与技术之本质有根本的不同,这样一个领域就是艺术。"①我们不可能根据一个形而上学假定的艺术概念来获得艺术的本质。只有从存在出发,才能获得对于艺术是什么这个问题的决定性的规定。"真理是存在者之为存在者的无蔽状态。真理是存在之真理。美与真理并非比肩而立的。当真理自行设置入作品,它便显现出来。这种显现(Erscheinen)——作为在作品中的真理的这一存在和作为作品——就是美。"②海德格尔认为,艺术是此在的历史性的本源,艺术不仅能唤醒处于沉沦状态的此在,让此在积极思考自己的处境和命运,并且能够将被遮蔽的此在带入敞开的澄明之中,重新回归"本己本真"的状态。

在今天这样一个百年未有之大变局的新时代,艺术家如何发现和看待身边与社会的问题?艺术家又能做些什么?我们可以从一些展览中看到中国当代艺术的实验性和学术性。2019 年 12 月 12 日,第四届今日文献展——"缝合"于今日美术馆开幕。策展人黄笃与乔纳森·哈里斯(Jonathan Harris)联合策展,邀请 37 位/组国内外艺术家参展。展览旨在通过艺术实践链接全球最新社会文化动态,共同讨论全球复杂变化的现实。展览主题"缝合"还配有一个英文主题,即"A Stitch in Time",取自英文谚语——"A stitch in time saves nine"("小洞不补,大洞吃苦";或者翻译成"防患于未然"),意在事情恶化前进行及时补救,以防日后产生困扰。这可以说是一种前瞻性的

---

① [德]马丁·海德格尔:《演讲与论文集》,孙周兴译,北京:三联书店,2005 年,第 36 页。
② [德]海德格尔:《林中路》,孙周兴译,上海:上海译文出版社,2008 年,第 60 页。

思维,带有类似哲学的前提反思和批判的性质。

　　本次展览的作品展现了 20 世纪 90 年代以来,全球化给世界的经济、政治、文化和社会等方面所带来的影响与挑战,触及对身体与心灵(body-mind)、国家与地域(nation-region)、身份与本原(identity-origin)、意义与表征(meaning-reference)、理念与物质(ideal-materiality)、本土化与全球化(local-global)等相互联系或对立的概念,从不同侧面揭示了世界文化图景的深层问题,重新审视和界定了空间和地方、身份和权利之间的关系。今天的现实世界中充满着不确定性、多元性、偶然性和差异性,人类社会的科学与文化、全球和地方、价值和信仰等方面仍存在着难以弥合的裂缝,也正因为如此,才为实践意义上的缝合或链接留下了一定介入或干预的空间。①

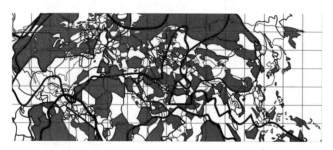

▲ 柏谢尔·玛库(Bashir Makhoul)和于沛沛,《弱界线》,陶瓷,280cm x 700cm x 0.5cm, 2019
策展人黄笃曾提到,"我们知道全球化带来的分裂状态,比如说欧洲与俄罗斯的对抗,中国和美国间的贸易摩擦,伊朗核问题及其危机,欧洲和伊朗或海湾国家和伊朗之间明争暗斗,巴勒斯坦和以色列长期矛盾,包括最近克什米尔再现了巴基斯坦和印度在殖民时代遗留的问题,现在移民的

图 2-3　《弱界线》,柏谢尔·玛库(Bashir Makhoul)和于沛沛,2019

　　作品《弱界线》(图 2-3)表达的是在全球化时代,大家都处于一个命运共同体中,国家之间的界限正在弱化。通过视觉意义上的"界线"来表达抽象意义上的"界限",正是作品的价值所在。如今,随着全球化浪潮的来临,世界各国的政治、经济、文化、社会和生态环境之间的联系日益紧密,但是,全球化不仅带来了更多的交流和趋同,也同时伴随着很多分裂状态,比如说国家之间的政治对抗、贸易摩擦和军事冲突,以及移民和气候变化等问题,这些都给当今社会带来了很大的困境与挑战,如何通过视觉反映这些

---

① 　参见《看一场文献展如何"缝合"世界》,http://art.ifeng.com/2019/1217/3493344.shtml,凤凰艺术,2019-12-17。

挑战,并引发观众的共鸣值得认真思考。策展人黄笃曾提到,艺术并不能解决问题,但艺术能提出问题,或者说艺术能通过启发人的思考进而干预到人的行动,这就是艺术的作用。如果通过视觉艺术,人们能够在行动上或者心灵上受到影响,就彰显了这个展览的意义。①

图 2-4 《融化的阿拉斯加》(局部),凯蒂·艾欧妮·克兰尼(Katie Ione Craney),2019

作品《融化的阿拉斯加》②(图 2-4)是通过望远镜拍摄的阿拉斯加冰雪消融的照片,单从画面看没什么特别之处,但是从作品产生的过程看,是通过技术化的手段,将遥远的地方拉到切近的位置,似乎空间距离消失了。随着技术的发展,技术物与艺术品之间的界限越来越模糊。从艺术表达方式来说,技术拉近了我们的空间体验,可以说没有望远镜就不可能产生这个艺术作品。从内容上看,上述作品也表达了气候变暖带来的危机。我们也会看到一些高倍望远镜下拍摄的星空图片,或者显微镜下的纳米照片,这些图像内容都是过去所没有呈现过的。某种程度上,技术手段本身构成了艺术的主体形式,而技术物却退场了,隐匿了,消失不见。艺术表达可以是非常丰富的,能把很多问题、视角和意义都包含在一个作品之中,这也是艺术对技术世界的一种反映和表达,人与世界的关系从中得以呈现。

_____

①② 参见《看一场文献展如何"缝合"世界》,http://art.ifeng.com/2019/1217/3493344.shtml,凤凰艺术,2019-12-17。

第三节　设计中的技艺结合及其审美维度

当今社会,设计越来越深刻地改变着人们的生活,并引发了关于设计的本体论、认识论与价值论层面的探讨,但设计的审美维度未曾得到人们足够的重视。一方面,在传统美学中,观察者模式下的艺术体验代表了美学体验的范式,即美学是与艺术相关的,而与人的生活紧密相关的设计是缺失的;另一方面,设计与艺术的区别似乎在于设计更多具有功能性,这一定程度上也遮蔽了设计的审美维度的显现。对设计的审美维度的挖掘凸显了日常审美的意义:一是关注日常生活和熟悉之物的价值;二是扩展了美学的类型与理解,即审美要在对象与行动的结合中才能实现;三是对与人的生活相疏离的传统美学范式进行了批判。日常审美开启了审美体验的新方向,以身体为视角的考察,可以使我们更好地揭示审美认知、身体和日常生活之间的关联,促进对设计、美学等相关问题的原初性理解。

一、设计是技术和艺术的结合

提到技术和艺术的结合,不得不提到设计。设计起源于第一件工具的成功发明。在人类社会的漫长进程中,这种以解决问题为目的的构思、策略和规划的活动,体现了技术和艺术的紧密联系。如今,设计的影响力正在被信息和传媒技术无限放大。设计活动早已从纯粹的、独立于主体的艺术和工具创作,向引发主体间的多重关系的人造系统产品进行辐射。其中,以软件产品、移动设备、人造虚拟环境、智能建筑以及可佩戴电子装置等为主的信息系统产品,更是充斥着现代人生活的方方面面,不断以崭新的方式彰显其力量与成果。

如果将设计视作改造客观世界的规划和构思,那么对设计的追溯就应当回到人类生产的起始。直到19世纪工业革命完成以后,设计才开始被视为一种为"实现某种目的的活动",服务于规模性的工业生产方式。可以说,现代设计的萌发始于工业革命的完成,之后的发展则经历了许多充满标志性的阶段。譬如 20 世纪初期,以规模生产为特征的"德意志制造联盟(Deutscher Werkbund)"的标准化设计时期;20 年代,标志现代设计教育体系成立的包豪斯思潮时期;有计划的废止制度、流线型设计和消费设计盛行的二战经济复苏时期;崇尚功能主义和国际主义风格,以职业化和制度化为设计特征的 60 年代;80 年代末,通用、绿色与可循环设计备受提倡的后现代设计时期等。在近两百年的发展过程中,几乎每隔 20 到 30 年就会兴起新的设计潮流。随之相伴的,是设计师对设计所引发的伦理问题——职业使命、自身选择、作品品质以及社会需求的不断反思。这种反思最终从一种附带式的探讨转变为如设计伦理和设计美学等专门学科。19 世纪晚期开始,设计与艺术、技术、商业之间的关系不再有明显的隔阂,而是互相融合,产生了许多富含预见性、创造性和革命性的作品和事件。到 20 世纪,设计被予以了更高的期望。许多专家开始认同,设计本身就是不同时代社会、经济和技术力量的综合体现。

现代生活中的消费品,几乎都属于产品设计与工业设计的范畴。一方面,现代工业设计要求应用科学技术,通过机械化、自动化、批量化、标准化和系列化大生产的方式制造工业产品,为用户提供安全、舒适、快捷的操作体验。另一方面,现代工业产品还必须考虑产品本身的审美因素,以满足人们个性化的审美需求。美国福特公司的黑色 T 型车曾以其过硬的质量独霸市场,畅销世界,然后随着通用公司设计出更多色彩、更多造型的雪佛兰汽车,其独霸的局面被打破。当今的工业设计必须将技术的功能性与艺术的审美性相结合,才能设计出完美的产品。比如,设计顾问雷蒙·罗维(Raymond Leowy)将美学和人体因素结合起来,通过从汽车冲压成型技术获得的灵感,设计出了一款既有符合人体工程学的门把手,又有系统的、无尘的内部铝架储藏空间的冰箱,成功地将 20 世纪 20 年代丑陋的电冰箱转化成现代厨房电器。在人体工程学和人体测量学中有巨大贡献的当属亨利·德雷夫斯(Henry Dryfuss),他认为人是设计的核心因素,总结出了一套完整的设计测量方法,将人体工程学和人性因素更加科学地融入产品设计中。德雷夫斯在产品的开发过程中,不但应用了人体统计数据,同时又适当地考虑到美学和艺术等人性需求要素。我们今天所使用的、终结了早期听筒—话筒分离的座机时代的流行性话机,就是得益于他对手、耳、嘴之间的精细比例设计。在理论和实际作品相互探索和推进的过程中,对"人"的因素的考虑不再仅止于宏观的道德指导,而是实在地考虑到了"个体"的身体感受和整体体验。

另外,设计师对体验的把握不应当仅满足于安全性和舒适性。21世纪是人—机关系无限复杂、信息系统设计无处不在的时代,人们除了感受到新奇,还有对快速陌生的新生活方式的焦虑与不适。对此,一些具有现代探索精神的设计师开始在信息系统设计过程中引入如"交互设计"这类蕴含新的人文关怀和人性化色彩的设计理念,尝试创造出用户友好的产品。比如阿兰·库柏和比尔·莫格里奇等人,将人性化思维方式导入全球计算机发展方向,是他们作为当代优秀信息产品设计师最为重要的贡献之一。此外,一些年轻交互设计研究者们还将视线聚焦于体验的创造和扩散中。如日常生活背景下,如何将数码材料用于探究社会变革性活动,以及结合身体行为和声光技术进行社交活动来创造崭新的交互体验等。这些建立在计算机交互设计基础上的产品具有许多特性:在结合技术和艺术的现代营销平台上,考虑肉体局限性和个体对社交归属感的渴望,实现用户对美好生活的追求,并从已知体验的满足向未知体验的营造进行转换等等。"现代设计不仅仅提供人类以良好的人机关系,提供舒适、安全、美观的工作环境和生活环境,提供人类以方便的工具,同时,也是促进人类在现代社会中能够方便自然交流的重要手段。"①当今社会,无论是人和人的交流,还是人和人通过物的交流,都离不开设计。在这样的体验中,技术、艺术与设计已经融为一体,成为很难区分的概念。

二、理解设计的多重路径

当今时代,数字技术、数字艺术、装置艺术、新媒介艺术和交互设计等等概念,使得技术、艺术与设计很难区分。但是,作为一个独立的范畴,设计依然有它存在的合法

---

① 王受之:《世界现代设计史》,北京:中国青年出版社,2002年,第13页。

性。我们可以从以下三种路径来廓清关于设计的理解，即关于设计的本体论、认识论与价值论。

（一）关于设计的本体论：设计是概念还是实践？

在关于设计的本体论理解中，设计被看做与传统的艺术和手工艺不同的类型。那么，设计到底是如何构成的？当我们谈论设计，而不是艺术和手工艺时，我们表达的是什么呢？这两个问题既相互关联又有所不同，分别指向不同的方法论路径，关系到是否能得到有效的关于"设计"的概念。尼克·赞格威尔（Nick Zangwill）曾描述过两种策略的不同，认为在第一种问法中，我们希望了解一些客体和实践，并找到其相似的共同的因素来指代设计，而不是谈论这些事物的词汇或者概念。"我们对客体感兴趣，而不是概念，也就是说，是对世界感兴趣，而不是词汇本身。我们是在研究形而上学，而不是分析语言和概念。"①然而，实际上，这两种路径也是不可割裂的。我们对设计的形而上学理解，也离不开语言和概念分析。

设计之所以与艺术和手工艺不同，是根植于概念的发展以及我们的语言实践的。对古希腊人来说，艺术（art）就是"技艺"（techné），对古罗马人来说，则是 ars，指的是一种宽泛的包括修辞、武术以及我们今天所说的手工艺（打铁、修鞋、木匠等）在内的技巧。相对稳定的"艺术"（fine arts）概念直到 18 世纪才出现，它与"现代艺术体系"有关，采取了一定的形式，如绘画、音乐、建筑、雕塑和诗歌等，并且，对这些领域的研究构成了哲学美学的核心。到了 20 世纪，电影和摄影等一些新的实践也被包含进艺术和美学之中。手工艺和大众艺术直到最近还被排除在美学理论的关注之外。本质主义的艺术理论之所以失败，原因在于它建立在相互矛盾的基础上：要么是缺少必要的理论标准来区分哪是艺术；要么就是给出一个艺术的标准概念，却没有考虑到艺术和语言实践的历史变化。

设计应该得到哲学的关注。对设计的本体论进行界定，并不是给出关于设计的充分和必要条件，因为这种方法不具有可塑性。哲学史上关于艺术概念的使用束缚了美

---

① Zangwill, N.Z., "Are There Counterexamples to Aesthetic Theories of Art?", *Journal of Aesthetics and Art Criticism*, 2002, Vol.60, No.2, p.116.

学家们探索真正有趣的东西。在美学史中,有很多时候概念比实践得到更多的关注。就设计而言,尽管它与艺术和手工艺分享一些共同的特征,但是却既不是艺术也不是手工艺。设计是一种新的实践类型,它的概念只有在我们进行设计以及把握设计的方式中才能理解。因此,我们必须将设计放在历史的发展变化中,来发现使设计之为设计的那些独特的因素,它与我们对设计的直觉理解有关,也与设计的实践和历史发展有关。

(二) 关于设计的认识论:设计与艺术、手工艺的区别

在关于设计的体验和判断中,审美是不可或缺的,并且与艺术、手工艺和自然美有所不同。首先,设计不同于自然物,"被设计的"意味着不是"天然的",而是被人有意识进行的计划和创造。其次,设计也区别于艺术和手工艺。艺术通常被理解为具有原创性和深刻性,每一种艺术行为以及艺术品都是独特的,不能被其他东西取代或者复制。在这个意义上,艺术是能生产独一无二的产品的行为。设计是设计师的创作行为的产物,包含着平凡的、内在的和日常的东西,通常不具有深刻性和超验性。设计物不是单一的,而是多重的,不像艺术那样是一次性的(比如 iphone 和茶壶的设计)。但是在视觉艺术中,关于艺术和设计的这种表面的区分就会隐退。设计与手工艺都具有功能性,两者最不同的地方在于设计的生产本质。手工艺者通常既是作品的计划者,也是完成者。而设计是随着大规模生产和工业技术的发展而发展起来的。设计更多是一种集成性的艺术形式,在设计活动中,设计师通常不是产品的最后生产者,设计师可能是一个艺术家、一个建筑师、一个工程师、一个管理顾问或者一个公关人员。比如,我们都知道苹果手机是设计物,可是,当我们对他们的制造者表达赞美的时候,所指的却不是个人,而是拥有很多设计师的公司。甚至,当我们说"瑞典设计"时,可能指的是一些家具;而说"意大利设计"时,则可能指的是餐具或者咖啡机等,这些例子中,个人或者公司都是"隐而不显"的,但是当我们说起这些设计,我们的指向又是清晰的。这些问题意味着,设计师与设计物之间的关系,比艺术家和艺术之间的关系还要模糊,并且进一步提出了一些有趣的哲学问题。

设计这个概念的模糊性被约翰·汉斯科特(John Heskett)在他的《牙签和商标:日

常生活中的设计》一书中,通过一种语法正确但意义荒谬的短语表达出来:"设计就是为了生产设计而设计出一种设计(Design is to design a design to produce a design)。"①这句话意味着,首先,我们需要理解设计这个概念;其次,设计是由个人或者集体实现的活动;第三,设计是由间接的产品(比如方案)来充实的;第四,我们有最终的产品,"概念构成了现实"。②在设计中,我们通常看不到设计师的方案,这跟艺术是不同的。艺术家可能会在绘画之前做一些素描,有些时候,我们可以看到这些阶段性的成果,比如梵高或者达·芬奇的一些草图等。但是,在设计中,关于设计的草图却与我们最后看到的设计物相去甚远。

设计更多是伴随着20世纪大规模的生产方式而出现的一种现象。在设计师的活动和完成的作品之间有一个媒介性的步骤,而正是这个"媒介性"的步骤,使得设计与艺术和手工艺区分开来。艺术理论要么强调艺术家的创造性的艺术活动,要么将艺术界定为具有某些品质和特征的客体。但是,在设计中,需要将"对象"和"活动"整合起来,才能产生对设计是什么的理解。另外需要强调的是,设计是我们的日常生活中无处不在的因素,而不是一个独立的审美反思的对象。设计是用来应用的,而不只是用来欣赏的。我们还需要根据设计师与设计物的关系,来情境化地理解设计,将其以艺术和手工艺进行区分。

(三)关于设计的价值论:设计是功能性的还是审美性的?

关于设计的道德判断、社会判断和政治判断,都深深植根于人之为人的方式之中。设计对美学和整个哲学来说都是非常重要的,但却一直被哲学所忽视。与艺术相比,设计一般被认为是功能性的,是用来应用的,而不是沉思的,缺少深刻性和原创性。但是,也有人认为,设计首先是一种审美现象,设计是美学关注的合法客体。对设计的关注可以丰富美学理论,对美学的类型进行扩展。我们需要回答的问题是,关于设计的体验和判断是如何与其他审美客体区分开的? 它有何特殊性?

只有将设计界定为不同的领域,设计才值得被当做独立的审美判断和体验的客

---

① Heskett, J. *Toothpicks and Logos*:*Design in Everyday Life*, Oxford:Oxford University Press, 2002, p.5.

② Heskett, J. *Toothpicks and Logos*:*Design in Everyday Life*, Oxford:Oxford University Press, 2002, pp.5—6.

体。在传统的美学史中，似乎一直没有设计的地位，这个问题把我们带到了哲学美学的核心。至今为止，美学只关注我们的审美体验中对美与崇高的反映，除了艺术，还关注自然美和手工艺，关注大众文化等，却忽视了设计，大概是因为之前设计从未被作为一个特殊的领域并得到重视。另外，设计的功能性被过多强调，也掩盖了设计的审美维度。

我们的审美体验是由什么构成的？这是一个不得不追究的问题。在审美中，有一个相互竞争的视角，美到底是源于客体的属性，还是我们体验到的愉悦？这些问题涉及更深层次的关于美的规范性本质的理解。关于美学，有形式主义和表现主义之分以及实在论和主观主义之分。设计美学不仅是关注设计物的形而上学或者是其审美特性，也不是仅仅关注来自我们的体验的愉悦感。使设计成为值得关注的美学领域的原因，并不仅在于设计独一无二的特性，更在于我们对设计物的特殊的评价方式。实际上，实在性和主观性对审美判断都很重要。真正的审美判断处于（关于愉悦的）主观性与（进行道德判断的）客观性之间的张力之中。

因为，关于美的全是客观或者全是主观的解释都是不可能成功的：实在论既要面对重要的认识论挑战，又必须回应很多形而上学的难题；而主观主义理论则需要对审美判断的特定的愉悦感进行进一步的解释。为了解决审美的规范性问题，我们似乎需要一些中间立场。在实在论和主观主义的争论中，最容易被忽略的就是审美判断概念本身。在两种争论中，判断是以不同的形式出现的：在关于美的属性的认知中，判断是以客观的和认知的形式出现的，而在对审美体验的反映中，判断又是以主观的和感性的形式出现的。我们在谈论设计的审美体验时，用的是审美判断。无论是审美属性还是审美体验，都是在审美判断的应用过程中产生的。

在表现主义美学看来，艺术是一种具有意义负载的交流方式，是深刻的。而设计更多是经验的，而不是超验的；是世俗的，而不是深刻的。对设计物与艺术品来说，区别在于是否有用，在形而上学层面上是经验的还是超验的；而对设计和手工艺而言，区别在于是否具有美的形式。但这种区分过于简单，并不充分。因为，设计物也是可以放在博物馆和展览馆中的，他们不只是被用来应用，还可以被欣赏。

设计之所以区别于艺术和手工艺,还可以从形式和功能的区分去理解。设计师可以改变形状,但是并不直接加工原材料,并不直接从事富有内容的、有情感的和交流性的实践。设计既不是通过表达,也不能通过技巧性的生产与艺术进行区分。有些设计是非常具有创新性和功能性的,但是有些设计则仅仅是美的。诸如网络浏览器这样的设计,既是功能性的也是非物质性的,似乎也值得进行审美评价。这些区分已经超出了设计本身,这意味着设计不仅是对象。如果从对象的视角去理解设计,还不足以区分设计、艺术与手工艺品。"设计是功能性的、内在的、大规模生产的、静默的。在设计背后的活动可能是创造性的和自发的,并且一定是精确的、理性的、集成性的,但通常是非交流性的。"①在设计中,深刻性和独特性不是从人类体验的丰富性中逃离,而是通过一种亲密的方式沉浸到人类体验中。因此,只是强调功能性,会遮蔽设计的审美维度,不符合设计活动发展的实际。

三、设计的审美维度

在传统美学中,美学被认为是与其他人类体验(道德的、政治的、社会的体验)相区分的,这种美学理解把身体排除在美学领域之外。但是,"审美反映不只是局限于精神和认知功能,还包括身体感知在内"。②这个术语在 20 世纪含义更加狭窄,用来描述艺术理论、自然美和趣味。审美首先取决于我们的感觉经验,而那些观念的、文化的和技术的知识通常会成为审美体验的背景。但是随着技术的发展,尤其是信息技术、数字技术与虚拟现实技术的发展,极大地改变了人们的认知体验,成为了人的审美体验的内在构成部分,这在当代的设计中体现得尤其明显。

最近,在神经科学、现象学和心灵哲学等领域中,都出现了一些关于日常美学的探讨。如果我们将美学看做是对我们的感知体验的研究,审美体验并非只在我们观看艺术作品时才用到,也可以通过我们日常体验中的感知获得,身体及其感觉是整合进审

---

① Forsey, J. *The Aesthetics of Design*, Oxford: Oxford University Press, 2013, p.68.

② Bhatt, R.(ed.) *Rethinking Aesthetics: The Role of Body in Design*, Routledge, 2013, p.4.

美之中的。这种美学理解主要是随着设计的发展和影响而被逐渐关注到的。当今社会,"设计对我们来说是最重要的东西,因为它如此深刻地植根于当代人的生活之中"。①尽管如此,因为设计的寻常性,却又容易让人熟视无睹。将设计的本质与重要性揭示出来是哲学的责任:设计是什么? 如何更好地理解设计对于人与世界的意义? 设计对美学的发展有何贡献? 无论是在以往的哲学史中,还是在当今的现实层面,这些问题都未曾得到足够重视。

康德曾提出著名的"三大批判",其中,"第三批判"即"判断力批判"对美学理论的发展具有奠基性的意义。长久以来,美学理论总是被各种形式的艺术充斥着。而对于设计来说,人们更多是从认知判断和道德判断去理解它的,设计的审美维度被极大地忽视了。对设计的审美维度的理解有助于纠正这种美学理解的不平衡,并扩展我们对美的类型的理解。在传统美学中,一般认为审美体验只是对艺术的体验,而现在的讨论挑战了这个观点,重新开启了审美体验中涉身主体的争论。以身体为视角的考察,可以使我们更好地揭示审美认知、身体和日常生活之间的关联,促进对设计、美学等相关问题的原初性理解。

(一) 传统美学的基本立场

在美学中,"美"是审美判断进行的依据和前提。但在传统美学中,哲学美学只关注艺术作品,美学也成了艺术哲学的代名词。如今,美学已经超出了原有的以"优美"和"崇高"为追求的美的概念,包含了许多新的因素在内,如自然、大众文化、设计等。它拒绝将"审美的"等同于"艺术的",而是尽可能宽泛地去拓展审美体验和审美判断的边界。不过,只有从传统美学的基本立场出发,我们才可以看到,为什么设计可以作为独特的审美现象存在,以及如何以审美的方式存在。

1. 审美实在论

审美实在论主张美是客体的属性,是可以被感知和了解的。这种主张有一定的优点:因为客体具有独立于意识的特性,所以,我们能清晰地了解这个形状,也能知道其

---

① Forsey, J. *The Aesthetics of Design*, Oxford: Oxford University Press, 2013, p.3.

美丑。这种规范性来源于客体本身,是外在于我们的感觉和判断的。这种立场认为有一个关于美的"正确的"判断。实在论认为,真理存在于我们的审美判断所指向的对象事实中,而这些事实本身又是独立于判断的,除了事实之外,没有其他规范性的来源,审美体验仅仅意味着感知客体中的美的特性而已。

从关于感知的认识论问题来看,如果美是独立于客体的特性,我们获得它的方式是什么? 实在论者认为,有一种特殊的认识方式(比如"第六感"或者"直觉")可以使我们感受到美。比如,弗兰克·思博雷(Frank Sibley)认为审美反映需要"对审美判断以及审美评价的感知能力以及敏感性的练习"。[①]但是,如果不能很精确地命名一种感觉,这个理由就值得怀疑。我们永远不知道我们对客体的审美价值的评估是否正确,也不能证实一个人的审美感知比另一个更精确。这样,美除了一种感觉,就什么也不是。实在论的另一种策略是,主张美某种程度上是可以直接感知的。因为每一种审美事实都等同于一些物理事实,因此,美是可以直接看到的,是物理世界的一部分。

可是,关于事物属性的时空判断与文化判断是很难分开的。那些非物质的、无法感知的东西本体论地位何在? 我们很难将客体的价值与人的反映区分开来。这些认识论问题有共同的形而上学的难题。"美是一个不可还原的规范性概念,而实在论的主要挑战是,用非规范性的(事实的、感知的、物理的甚至是超验的)术语来解释规范性。"[②]

2. 审美主观主义

审美主观主义认为美不是我们所能感知到的客体的属性,而是我们对体验和感受到的愉悦的主观反映,因此,关于美的判断是主观的而不是客观的。这种非实在论的方法是随着18世纪的英国经验哲学而产生的。经验主义认为知识源于经验,那些没法被直接感知的,都是超出知识的范围的。所有我们能了解的东西都是依赖于心理表征的,这是个人感知经验的产物。受此影响,当经验主义扩展到美学领域时,认为美必须是能直接体验到的,如此才能成为真的。这是科学领域向美学领域的泛化。

---

① Sibley, F. "Aesthetic Concepts", *Philosophical Review* 68, No.4, 1959, p.421.

② Forsey, J. *The Aesthetics of Design*, Oxford: Oxford University Press, 2013, p.84.

然而,在 18 世纪后半叶,经验主义认识论却最终导致审美主观主义,认为审美判断作为五感之一,是不能被自足地证实的。美不能作为客体的属性直接感知,因此美不是真的。审美判断因此被理解为一种感觉(主要是愉悦感),是一种个人喜好,是主体对感知对象的个人反映。但是,这种认识论需要对审美判断的多样性和差异性进行解释。比如,为什么我们通常对《蒙娜丽莎》比对其他作品更有愉悦感? 另外,审美判断建立在情感基础上,似乎没有客观有效性,因此,如何处理审美事物或者解决审美争论,就变得很不清晰。

在 18 世纪,对这一问题的回应似乎建立在共同的人性原则基础上。其中,主流的经验主义理论是联结主义,认为概念之所以能激发彼此,是根据各种各样的联结进行的,比如它们之间的相似性、重复性或者时间与地方的接近性。因此,美可以被理解为一种由一定的联结引发的愉悦感。尽管审美是一种情感,但是这种主观性是由一系列规范性的原则所构成的,而规范性的来源则是内在于自然和文化之中的。

3. 康德式的解释:审美判断的规范性

康德在《判断力批判》中的美学理论是晦涩难懂的。康德对判断力进行考察,试图令审美愉悦的主观性与客观标准的普遍性和解。康德认为,心理学的观察及其分析为人类学提供了丰富的资料,但是并没有丰富的美学理论。知识只是让我们知道如何判断,却没有告诉我们应该如何判断。关于审美判断的经验主义的探索只是为进一步的考察收集材料,但是,关于这种能力的先验的讨论也是必要的,是对批判的批判。"在趣味中,不是个人喜好起决定性作用,而是一种超验的或者先验的规范的运作在起决定性作用。"[1]这种规范并不存在于客体的属性或者外部理性中,而是在于审美判断本身。

在康德看来,审美判断只是人类理解的其中一种形式。康德的审美判断理论将美置于人类体验的核心。康德区分了审美判断与认知判断和道德判断,给了审美判断以先验的地位。在康德看来,"判断力一般是把特殊包含在普遍之下来思维的机能"。[2]如

---

① Forsey, J. *The Aesthetics of Design*, Oxford: Oxford University Press, 2013, p.104.
② 康德:《判断力批判》上卷,宗白华译,北京:商务印书馆,1963 年,第 9 页。

果特殊的东西是因为普遍性的东西才给出的,那么这个判断就是反思性的。正是判断的这种反思性和审美能力解释了美和审美判断的本质。

但是审美判断还有另外一方面。因为理解和理性是规则在先的,甚至判断力批判也不免受制于一些预设和原则。然而,这种先验原则却为审美判断提供了必然性和普遍性基础,把知识等同为思想,把道德法则等同于责任,把美客观地解释为愉悦。康德由此可以反对经验主义审美理论的主观性,也因此在审美判断中就有了对错之分,并希望这种判断具有普遍有效性。因此,"对康德来说,美不是经验客体的特性,也不仅仅是一种愉悦的感受,美是我们对我们的体验做出的一种裁定性的判断,它具有不可还原的规范性。"[1]康德通过对美的分析开始《判断力批判》,并指出了反思判断的客观的和主观的方面。

关于美的主观方面,康德区分了三种愉悦感:令人悦纳的、好的、美的。这三者指的都是感受,但只有第三种情况是审美的愉悦。这种愉悦不依赖于感知,不是由概念或者客体的属性决定的,也不是由欲望或者理性决定的,而是反思判断的结果。关于美的客观方面,他认为,所有的判断(认知判断、道德判断和反思判断)都预设了被判断的主体和客体之间的关联。对于康德而言,美就是没有目的的合目的性,或者只是合目的性(purposiveness)。审美判断的合目的性既不是主观的也不是客观的,目的是所有判断的先验的决定性的根基,"目的是一种先验的原则:客体的概念是优先于客体的存在的,并且是客体存在的条件,它有助于我们理智地把握它"。[2]康德通过合目的性这一概念,将审美判断与其他形式的判断关联起来,并将美理解为客观关系的一部分。

"康德对审美判断的描述将其定位为一种他称之为反思性判断的过程,即寻求一个普遍性的过程,在这个过程中思考一个不熟悉的特定事物。"[3]那么,为什么主观的审美判断会具有客观必然性呢? 康德认为,这是因为人性具有共通感(common sense)。

---

① Forsey, J. *The Aesthetics of Design*, Oxford: Oxford University Press, 2013, p.109.

② Forsey, J. *The Aesthetics of Design*, Oxford: Oxford University Press, 2013, p.121.

③ Pillow, K. *Sublime Understanding*: *Aesthetic Reflection in Kant and Hegel*, Cambridge: The MIT Press, 2000, p.2.

"在鉴赏判断里假设的普遍赞同的必然性是一种主观的必然性,它在共通感的前提下作为客观的东西被表象着。"①共通感构成知识的普遍性与可交流性的必要条件,而趣味(taste)有自我矛盾的特征:一方面,每个人都有自己的趣味;另一方面,美是具有某种客观性的。康德认为,这两者并不冲突,而是一致的。康德将经验主义与理性主义相结合,把主观主义和实在论相结合,把美置于判断力本身,提供了一种规范的关于审美判断的解释,这既包括主观的感受,也涵盖客观的必然性,由此构成我们对对象的审美判断。"康德的总目的是在知情意(即在哲学、伦理学、美学)三方面都要达到理性主义与经验主义的调和;用逻辑术语说,他要证明这三方面的共同基础在'先验综合'。"②康德的美学判断正是建立在"共通感"和"合目的性"的假设上,但是,康德的美学判断为了识别相似性和统一性而忽略了差异性。另外,康德美学中对于崇高的理解和判断虽然提供了对于事物意义的解释性探索的最佳模式,但是这种理解具有语境依赖性的局限,对于当今时代一些艺术作品的意义表达可能并不适用。当代关于审美的力量和崇高的概念的思考,强调经验的不确定性、变化性和异质性,为认知有效性的主张提供了一种有力的对比。

(二) 设计的审美维度:日常审美的凸显

近十年来,美学对日常生活领域的关注得到了越来越多的肯定,尤其是在十八届世界美学大会之后,日常美学(Everyday Aesthetics)这一概念在世界范围内被广泛认可,这意味着理解艺术作品的哲学美学领域的扩展,同时也意味着美学开始探索更为广阔的生活世界。日常美学的兴起与发展既是对以"艺术"为中心的传统美学的批判与反叛,也是对美学多样性的承认与发展。日常美学的发展纠正了美学中长期存在的"艺术中心论"的倾向,并确立了日常生活本身的审美特性和美学地位。

日裔美籍美学家斋藤百合子(Yuriko Saito)在其代表作《日常美学》一书中,把传统美学称之为"以艺术为中心的美学","因为它把艺术和艺术欣赏看作是美学生活的

---

① 康德:《判断力批判》上卷,宗白华译,北京:商务印书馆,1963年,第72页。

② 朱光潜:《西方美学史》(下册),南京:江苏人民出版社,2015年,第300页。

中心之所在,艺术以及与其相关的经验则是它的本质性内容"①。传统美学有两个核心主张:首先,美学是与艺术相关的;其次,美学与艺术的联结导致美学与我们的生活和人的关切的疏离,这使得建立在观察者模式基础上的艺术体验构成了美学体验的范式。"传统的审美概念在平凡的日常世界和关于绘画或者艺术的高级审美之间创造了裂痕。"②深刻的审美体验也是可以存在于日常层面的。设计体验的历时性本质使得设计成为独特的审美现象和体验形式。经由设计,日常审美得以凸显,通过拒斥传统美学的共时性框架,日常美学用另外一种美学理论代替了原来的美学主张,扩展了我们对审美类型和审美判断的理解,对哲学美学有重要意义。

1. 关注日常生活与熟悉之物的美学价值

日常审美是一个新近的运动,它力图使美和熟悉之物的意义变得可见,并且证明这是我们生活的重要部分。当代的日常审美具有双重任务:"一是扩展了传统美学的类型,开始关注熟悉的客体和世俗的体验;二是具有批判的功能,对以艺术为中心的哲学美学的狭窄形态进行了批判。"③传统的审美似乎忽视了审美可以直接触及生活的大量方式,而在日常美学与设计美学中,哲学对日常体验的关注以及我们与日常客体的互动,为对传统美学的批判以及哲学美学类型的扩展提供了动力。

首先,日常美学打破了艺术与日常生活的界限。许多以艺术的独特性和深刻性为名的主张都倾向于将艺术作为人类体验中的一块自主的领域。日常美学认为,只有极少数的人在生活中有艺术的体验,而我们生活中很多其他方面也有一些自主性的审美特征,这就把平凡和熟悉纳入艺术的考量之中。通过打通艺术与日常生活,我们会发现审美体验和审美判断也是与我们的道德判断、实践判断和政治判断相关的,这需要放弃审美自主性和规范性的概念。通过这种方式,日常美学能继续支持美学成为人类存在的重要维度。

其次,日常美学将熟悉之物的审美价值呈现出来。我们的审美体验依赖于一种

① Saito, Y. *Everyday Aesthetics*, Oxford: Oxford University Press, 2007, pp.14—15.

② Bhatt, R.(ed.) *Rethinking Aesthetics*: *The Role of Body in Design*, Routledge, 2013, p.145.

③ Forsey, J. *The Aesthetics of Design*, Oxford: Oxford University Press, 2013, p.193.

"人类学特征","来自我们的感觉(通常是身体感觉)体验,并不独立于或者外在于我们的感知体验"。①传统美学关注的是"陌生性"(Strangness),艺术作为这种范式的审美客体,就是某种特殊的、不平凡的东西。因此,艺术品被看做是原创的、深刻的,充满思想性。即便在当代的艺术形式,比如电影和摄影中,虽然有些运用了日常的形式和对象,仍然被看做是不寻常的。"在艺术的语境中,日常的东西失去了日常性,变成了某种非凡的东西。"②当我们面对的是不熟悉的东西的时候,我们就会格外关注它,并对其审美特质变得敏感。比如,当有些日常客体被放进展览馆或者博物馆时(如杜尚的"泉",或者是一张悬挂的大白纸,抑或是用旧的日用品),就会引导我们从日常事务中暂时抽离出来,来用新的眼光体验它。因此,地方或者空间就成为理解设计美学的一个重要维度。

进而言之,日常意味着"熟悉",而熟悉意味着让环境变得自在。海德格尔的"在世之中"是一个构筑家园的过程。对于此在来说,观察者模式基础上的主客体关系意味着疏离和陌生。而日常则意味着,我们对周遭的感觉及自身与环境的关系,都构成了人的存在方式的一部分。给予我们归属感的不仅是人,还包括那些围绕着我们,并与我们交互的物,尤其很大一部分都是设计的成果,比如建筑、汽车、电话以及我们日常所用的各种工具等。我们在其中感到一种熟悉感和归属感,它与那些艺术品带来的体验是不同的。日常性对于人类的自我理解来说非常重要。我们并非只在博物馆或者公园中有审美体验,我们也不只是审美对象的观察者、崇拜者或者评论者。在设计中,我们所有人都是使用者、参与者,甚至是创造者。设计通过考虑审美运作方式和适用主体,主张在平凡的生活中也存在审美维度。日常审美是人的自我认同的重要组成部分,它将日常生活整合进审美意义之中,突出了审美对人类生活的重要性。

2. 扩展了美的类型与理解:从对象到行动

日常美学作为哲学学科的一部分,将美学范围从艺术扩展到人类的日常体验。在

---

① Saito, Y. *Everyday Aesthetics*, New York: Oxford University Press, 2007, pp.213—220.

② Haapala, A. "On the Aesthetics of the Everyday: Familiarity, Strangeness, and the Meaning of Place", In *The Aesthetics of Everyday Life*. Light, A. & J.M. Smith(eds). New York: Columbia University Press, 2005, p.44.

日常审美中,审美对象不是艺术家决定的,而是由主体体验建构出来的。日常美学使得主体和客体之间的关系更加包容、更加密切、更有活力。最近,许多美学家都试图扩展审美的范围,其共同点就是从艺术转向了日常的对象和体验。

首先,更多艺术之外的对象被包括进审美体验之中。比如,在足球游戏中,激烈的对抗、粉丝们的尖叫、掌声与哨声以及各种饮料和食物的味道,都构成对这一运动的审美反映。而文身、家具摆设、草坪、健身步道以及网页设计等,都可能引发人的审美体验。审美并不只是艺术的专利。

其次,日常生活的审美层面呈现出明显的道德相关性。我们日常的审美体验更多地与伦理问题相联系。那些建立在日常体验基础上的反映,可能会引发道德的、社会的、政治的后果。当我们关注日常时,"就把客体置于人类生活的当下之中,并赋予其道德和社会意义"。①实际上,我们很难在伦理和美学之间划界。通过跨越艺术与审美以及熟悉的和陌生的之间的界限,会发现日常审美很容易走向审美体验的伦理维度,因为这种体验与我们日常生活中的决定和活动密切相关。

再次,日常审美有一个从对象到行动的转向。斋藤百合子在其著作《日常美学》中,指出审美体验更多来自行动而不是观察。在她看来,审美是个过程,审美体验本身就是行动,如日本茶道。"从对象到行动的转向开启了审美的新方向,包括清洁、行走、敲击、划痕等在内的所有日常行为都具有审美特性,或者成为审美体验的一部分。"②与对艺术的观察者模式不同,我们关于设计的审美体验必然是包括行动的因素在内的。我们体验一把椅子时,并非只是观察它的形状和颜色,还会通过触摸它的纹理、坐在上面、靠在上面和挪动它,来感受椅子的质感、舒适度和稳定性。对虚拟现实技术的体验,也不只是通过观察 VR 头盔的形状,而是通过亲身感受来体验的,这都与日常审美紧密相关。当然,日常审美的无框架性与不确定性也带来了主体性与审美相对性的问题,但是,不确定性未必导向相对性。设计具有两重性:一方面,设计活动是确定的;另一方面,设计体验是开放的。日常审美的不确定性把内外因素都纳入对审美对象的评

---

① Scruton, R. "In Search of the Aesthetic", *British Journal of Aesthetics* 47, No.3(2007):246.

② Forsey, J. *The Aesthetics of Design*, Oxford: Oxford University Press, 2013, p.205.

估,更加重视地方的、特殊的、个人的体验。

　　设计植根于日常生活,因此,无论是从对象和活动之间的关系,还是关于美的主观主义和客观主义方法之间的区分,都使得设计成为一种独特的审美现象。设计本体论关于审美对象的本质主义界定忽略了设计活动的历时性本质。设计以及我们对设计的理解和使用不能超越历史而存在。设计物不仅仅都是功能性的,还普遍具有审美特质,对设计的理解不能离开使用设计的情境。设计扩展了我们的体验方式,任何东西都可以被审美地体验,这种体验比艺术带来的体验更加普遍和密切。设计的审美旨趣产生于我们对设计的反馈之中。

3. 对传统美学的批判:与人的生活的疏离

　　日常美学开始于对传统美学的元理论的考察。哲学美学有很长的历史,其中,艺术作为主要的审美对象一直占据美学的核心地位,以至于"美学"和"艺术哲学"经常被认为可以互换。艺术一直被认为是人类独特的表达形式,是我们深刻的审美体验的重要来源。但是,艺术并不是我们这个时代大多数人生活的重要的组成部分。传统美学已经与人们的生活和关注相疏离,而因为其缺乏历时性结构,也与时代精神相疏离。这正是日常美学挑战传统美学的原因。

　　主流的观点认为我们的审美体验是指向艺术的,这种观点过于限制了美学的范围。首先,从时间还是空间来看,艺术品都是远离(或者说高于)我们的生活的。无论是博物馆、展览馆中的展品,还是在音乐厅里演出的音乐会或者戏剧,都是需要我们从日常生活中抽离才能去感受的审美对象。与此相反,我们的大部分审美体验却更多发生在日常生活中。比如从不喝咖啡的人可能不会留意咖啡壶,这意味着,用来支持审美判断的必要的概念知识需要一定的生活体验。设计是日常生活的一部分,是我们世俗生活中的熟悉之物,在此基础上,我们才能判断出设计是不是美的。我们可能判断不出火箭是否足够好足够美,但我们却都可以有专家的眼光,来评价拖把、茶壶或者是自行车等是否是美的设计。"关于设计的判断,在共时性(synchronic)的框架中,还是有一些历时性(diachronic)的因素。"①实际上,各种各样的生活体验中都存在着审美元

---

① Forsey, J. *The Aesthetics of Design*, Oxford: Oxford University Press, 2013, p.188.

素,如制作摆件、图片、纪念品、包装甚至是发布一段抖音,或者在草坪上办一个派对,那些摆设、桌椅、酒杯、点心以及觥筹交错的人们的谈笑风生,都可能构成审美体验的一部分。

艺术审美的特征是深刻性,这与日常生活是有距离的。将艺术看做是美学的典范,使得美学成了一个晦涩难懂的学科,只关心一些深奥的现象。这种观察者模式倾向于将艺术看作是沉思性、超验性的,似乎只有不熟悉的对象和地方才能吸引我们的关注和评价。但是,在这种观察者模式中,主客体之间的关系是空洞的,甚至是贫瘠的。审美与人类的日常生活的直接关联被剥夺了。美学成为对一种特殊现象及其内在价值的孤立的研究。因此,为了重新理解美学概念,必须把设计和艺术、手工艺与自然环境进行区分,因为设计是直接与人的生活相关的。在传统的美学理论中,美要么是客体具有的特性,由此导向审美实在论,要么是对客体的反映,这会导致审美主观主义。设计通过将美置于审美判断自身的过程中,打破了这个僵局。在设计美学中,审美判断有客观的方面,因为它需要审美的一致性并且要为之辩护;审美判断也包括一些主观的方面,因为它将感受到愉悦作为"为我"的一部分,但是这种愉悦是由理性来调和的,不会消解为模糊不清的感觉。

日常美学立足生活中那些具体的审美现象或审美体验出发来论述美学的可能性和特质,"体验"而不是"艺术"成为了日常美学探讨的核心,它旨在"挖掘出我们生活中的那些熟悉的、共享的但又被美学理论所忽视的维度,以便能够欣赏其中所蕴含的意义、审美以及别的什么"。[①]日常美学的讨论在传统美学之外,为我们打开一个新的研究领域。只有将审美反映放在认知判断、道德判断以及世俗选择和活动的统一体之中,美学才能真正成为理解人类关切的不可分割的一部分。斋藤百合子指出:"对日常美学的探索,可以通过实事求是地面对我们审美生活的多重维度,来纠正以艺术为中心的主流的哲学美学的不足,这不是局限于艺术领域或者其他类似艺术的对象或者活动。"[②]日常美学不只是研究一些非自然的类型,而是对那些可能被我们视为理所当

---

① Saito, Y. *Everyday Aesthetics*, New York: Oxford University Press, 2007, p.4.

② Saito, Y. *Everyday Aesthetics*, New York: Oxford University Press, 2007, p.243.

然的事情感兴趣,并把它放在这种新的审美理论的前沿和中心。设计、艺术、手工艺和自然美之间的真正的差别在于我们对这些客体有不同的反映方式,而不在于使这些事物不同的那一系列特性。日常美学是围绕"体验"建立其理论体系的,当我们谈论日常审美体验时,我们所思考的美学问题不再紧密地联系于高雅艺术或其他公认的艺术领域,而是与此类事物或活动相关联的事物,诸如形象包装、建筑设计、家居装饰、美食图片、健身器材、音乐唱片等。日常美学所关注的并非审美对象的外在的形式特征,"而是主体与客体之间的一种怎样的关系使得对该对象的体验成为美的"①。

在传统的审美范式中,日常生活的审美体验被遮蔽了。"我们往往看到的只是那些能够被利用来服务于政治或直接产生经济价值的审美形式,而完全忽略了那些潜在地影响着、有时则决定了我们的生活品质和世界现状的审美因素。"②日常美学丰富了我们的审美形式和内容,是对美学自身的一种扩展,它反对传统美学以艺术欣赏为中心而建构的审美体验和审美范式,将其研究领域拓展到了更为广阔的生活世界,日常生活中那些原来更多具有实用性、功能性的日常事物的审美价值被揭示出来。

总之,设计使审美成为人类生活的重要部分。设计美学的任务就是考察人类存在的审美因素,扩展原来的审美类型和理解范围。只有如此,美学才能为自己是哲学事业的一部分辩护。设计使得美从关于艺术的狭窄领域中扩展出来,回到我们的社会生活,有助于实现人的自我理解的目标。

第四节 数字时代技术与艺术一体化的表现与特征

当今时代,科技的迅猛发展极大地改变了社会现实,使得当今世界处于空前的全

---

① Light, A. & M. Smith(eds). *The Aesthetics of Everyday Life*, New York: Columbia University Press, 2005, p.x.

② Saito, Y. *Everyday Aesthetics*, Oxford: Oxford University Press, 2007, p.57.

球化与地方化、一体化与多元化的张力之中。技术和艺术的相互影响越来越深刻,相互依赖程度越来越高,两者都已经成为对方不可或缺的一部分,相互逐渐趋向一体化。作为数字技术影响艺术的直接产物,数字艺术集中体现了数字如何改写艺术与审美。用"数字艺术"而不是"数字技术"这一概念,可以更好地表达技术和艺术的一体化特征。

全球第一个已知的数字艺术作品诞生于1968年的伦敦,一场名为"控制论的意外发现"(Cybernetic Serendipity,也有人译作"神经机械奇缘")的展览,将数字音乐、雕塑装置、机器人、电影、舞蹈、诗歌、绘画和建筑等因素交织在一起,以探索全新的艺术样式。时至今日,在全球范围内,数字艺术获得越来越多的艺术机构和媒介实验室的支持,正以前所未有的速度改变着艺术品创作、欣赏、交易的整体运行,改变着艺术家和受众的艺术生态和审美环境。鉴于数字技术发展对各种新兴艺术形态的推进,有学者认为可采用"数字艺术"来表达这一现象,"'数字艺术'一词指的是使用数字技术(如计算机)来制作或展示的艺术形式,包括书面的、视觉的、听觉的及越来越多的多媒体混合形式"。[1]这一概念表明,"数字艺术不可或缺的特征是对数字技术的依赖性,即特指没有数字技术就无法实现的特定表达模式。与此同时,作为以数字技术为基础的艺术构成方式及审美体验活动,数字艺术必然意味着对艺术观念和审美价值的表达"。[2]因而,考察数字艺术的题中要义不仅在于艺术与技术间的博弈,更在于对数字艺术的艺术形式和审美经验进行分析。

从技术与艺术一体化的表现与特征来看,主要表现在以下几个方面:一是技术专家与艺术家的跨界合作和交流更加紧密;二是技术与艺术、虚拟与真实、艺术家与观众之间的界限趋于模糊,观众的参与和体验成为艺术作品的重要组成部分,这些都充分体现了数字时代技术与艺术的深层次、全方位的交互。

---

① Bell, D.J., Loader, B., Pleace, N. & D. Schuler(eds). *Cyberculture: The Key Concepts*, London: Routledge, 2004, p.59.

② 钟雅琴:《沉浸与距离:数字艺术中的审美错觉》,载《学术研究》2019年第8期,第171页。

一、技术专家和艺术家的跨界合作更加紧密

当今技术和艺术的一体化趋势首先体现在艺术家和技术专家的跨学科合作上。技术专家和艺术家的紧密合作使得技术和艺术的相互影响越来越深刻。20世纪60年代起,艺术家已经成功地将数字技术应用到艺术实践中。在技术和艺术的合作中,艺术家、工程师、设计师、评论家等虽然有不同的背景和角度,但是彼此之间是协调合作的关系,并且一个人可能同时有多种角色。

在当今的数字艺术中,不同学科和技能之间的合作在逐渐增加。数字艺术正在走向合作实践,合作的优势在于:一方面,艺术家新的艺术想法需要技术的支持才能得以更好地完成。对于艺术家来说,虽然头脑中拥有清晰明确的艺术灵感、理念和表现的画面,但一个重要问题是怎样运用电脑和设备来呈现艺术作品,这些工作对传统意义上的艺术家来说并不容易;另一方面,艺术家同技术专家的合作能够推动艺术观念的发展,促使艺术家超越传统探索新的创作方式。[1]不同知识背景的专家的合作不仅可以获得更多技巧和技能,而且有机会生产更多的创造性作品。技术专家带来的高科技因素的参与能帮助艺术家更加清晰或更加形象地思考,催生新的问题和新的想法,因而技术专家不仅可以帮助艺术家生成作品,也可以帮助艺术家产生观念。数字技术的发展鼓励艺术家破除现存的惯例,创新实践成为艺术创作的核心要素。技术对艺术创新过程的影响依赖于艺术家和技术专家之间的关系,艺术创新的过程有时是观念上的,有时是作品形式上的,有时却是纯技术的,大部分艺术创新就是艺术家和技术专家之间的内在转换。

"在跨学科合作中,成功依赖于项目中不同行动者的合作和互相理解。"[2]那么,如何才能形成成功的合作模式呢? 首先是有效交流。同他人的交流能力是合作过程的

---

① Candy, L & E. Edmonds, *Explorations in Art and Technology*, London: Springer-Verlag, 2002, p.28.

② Ahmed, S.U. & C. Camerano, *Information Technology and Art: Concepts and State of Practice*, London: Springer, 2009, p.567.

重要部分,但是艺术和技术的合作有特殊的要求,当技术专家使用技术语言时,艺术家必须能够理解,如此才能创作成功的作品。成功的合伙人能够建立长期的信任关系。当然,在交流中也会产生障碍,并伴随着各种挫折和问题。高度开放、灵活、投入的参与以及与他人的讨论会促进合作关系,而有时交流的困难也反映出了关于如何思考问题以及解决问题的不同方式。其次是分享知识。有效的合作关系意味着合作双方需要交流知识资源,以促进任务的完成,解决技术上和艺术上的困难。知识分享是创新合作过程的催化剂,能促进观念的整合,它依赖于合作双方技能和知识的互补。随着合作过程逐渐清晰,艺术家更加能够理解技术的基础逻辑,也能更细致地考虑艺术部分如何表达。"艺术的边界在双重因素下不断扩展:其一是技术的演进——虚拟、数字图像、三维、超媒体,等等;其二是艺术和文化的世界主义——风格、形式、实践与材料的混搭和交叉。"①

《漂浮物》(Flyndre)是艺术家、技术专家和工程师合作的典型案例。②《漂浮物》是一个交互艺术装置,在 2003 年由作曲家、音乐家和程序员合作完成,其艺术创作的目的是通过声音反映建筑周围自然环境的变化。《漂浮物》的声音装置使用了扩音器技术,并依靠"即兴演奏"(Improsculpt)这一电脑软件进行选样、控制和即兴创作,这一软件可以采集当地的时间、温度、光线和水位等数据来计算声音,并传输到网站,以便能显示当前的环境因素以及音乐演奏状况。这座雕塑是尼尔斯·艾斯(Nils Aas)建造的。2000 年,程序员伊文德·布兰德塞格(Øyvind Brandtsegg)与作曲家、音乐家一同发起了声音软件的设计工作。布兰德塞格于 2001 年完成了该软件的第一个版本,但这是一个简单的脚本,无法进行修改、控制和提升。来自挪威科技大学的多学科背景的学生提升了该软件的声音系统,并改善了网络系统和传感器,使得传感器可以更加敏锐地捕捉和反映环境要素的变化。另外一批合作者更新了这一软件,并将它发布到全球最大开源软件开发平台——SourceForge.net,用户可自行下载使用,从而也使得

① [法]马克·吉梅内斯:《当代艺术之争》,王名南译,北京:北京大学出版社,2015 年,第 17 页。
② Ahmed, S.U. & C. Camerano, *Information Technology and Art: Concepts and State of Practice*, London: Springer, 2009, p.576.

类似的公共艺术有更多的应用空间。

　　某种意义上,数字时代的艺术作品都是技术专家和艺术家各方通力合作的产物。在数字时代,有时候技术本身就会成为艺术创造的主要内容和形式。比如在高倍望远镜下的星空图片,高倍显微镜下的雪花图片或者纳米摄影,都是极其精美的艺术品,是如果缺乏相应的技术手段就不可能出现的艺术创造。2015 年,哈勃望远镜曾为 250 万光年之外的仙女座星系拍了一幅"特写"。天文学家使用高级巡天相机和宽视场相机从近紫外、可见光和近红外等多个波长范围 7 398 次曝光,将 411 张图像合成一幅分辨率高达 15 亿像素的照片。自 1990 年开始发射,到 2018 年的 28 年中,哈勃望远镜为我们观测宇宙星象作出重大贡献,同时,作为随着地球运转而存在的望远镜,也为我们拍摄下了很多美得令人窒息的照片,比如在最近 NASA 公布的哈勃望远镜报社的图片中,宇宙中首次出现"宇宙花环"。这实际上是行星盘的阴影图像,这种图像在过去也有发现。这个宇宙花环从图片上看似离我们很近,但是实际上距离我们有 1 300 光年。

　　当今数字技术在艺术领域的应用已经不是传统意义上的工具性的支持,而是已经内化为数字艺术表现的一部分。对于传统技术和传统艺术来说,我们相对能够轻松地进行区分。比如,技术物就是纸张、笔、颜料,而艺术表现就是线条的轮廓、光与影的对比、主题的呈现等等。而在数字时代,技术物和艺术品难以清晰地划分。诸如"钢琴楼梯"之类的互动艺术或者装置艺术,如果我们称之为技术物,似乎不足以表达艺术带来的乐趣和情感;而如果我们称之为艺术品,又很难体现"钢琴楼梯"与普通钢琴的区别,无法揭示"钢琴楼梯"中的技术要素。在 3D 打印出来的艺术品中,也充分显示了科学、技术和艺术的结合。

　　当今数字艺术的互动性、多感知性、虚拟性也充分体现了技术和艺术的逐渐一体化。无论是对于传统艺术形式还是对于数字艺术形式,感觉从来都不是单一的,相对于传统艺术,数字艺术更是把感官之间的统一体验做到极致。数字艺术给人带来的不是单一的视觉画面,而是一种多媒体效果,是一种身临其境的感觉,是一种综合的体验。基于身体感官的协同性在当今的数字艺术作品中多有应用。比如,第 13 届上海国际专业灯光音响展览会展出的声音雕塑——"四维全息声"。"四维全息声"是一种新的文化艺术形态,通过发挥声音对文化艺术资源配置的优化和集成作用,利用前沿的多媒体技术以及资源平台,对声音和展览、演出等进行深度融合,以创造出新的艺术生态。"四维全息声"经过多元特殊声学处理,使得声音在"三维＋时间轴"的"四维空间"内精确成像,如同悬浮于空中的"颗粒",雨声、流水、乐曲、鸟鸣、雷声、嘶吼、舞池、演奏都将在这个空间内予以真实的展示。声音在这个空间内不再仅停留于平面,而是使得每一位访客仿佛能够伸手碰触到、亲手"捧起"声音和乐章。这一声音技术最终重现出自然、真实的声场环境,带给现场观众仿佛"触手可及"的极致听觉体验。并且因为身体各感官的协同,观众也能获得全身心体验。近几年,随着"四维全息声"技术的推广,这一艺术形式在许多地标性的建筑和文化活动中都得到了广泛运用。当今艺术展中的一些虚拟城市体验游览,还充分运用虚拟现实和增强现实技术,给人一种即便在原地,也仿佛穿梭于城市中的不同的街道之间的感觉。甚至其中的街角、标志、建筑等等都十分真实,给观众带来身临其境的游览体验。

二、技术和艺术之间的界限趋于模糊

在数字时代,技术和艺术一体化还有一个重要的表现和特征,就是原有的一些泾渭分明的界限趋于模糊和消失,这些界限主要是两个方面:一是虚拟和现实之间的界限;二是观众与艺术家之间的界限。

(一)虚拟和现实之间的界限模糊

数字时代技术和艺术的逐渐一体化使得"虚拟和现实处在同一个物理空间中"[1],虚拟的物体和真实的物体被共同呈现,真实和虚拟彼此交互。虚拟和现实最主要的关系就是虚拟物体和真实物体之间的空间关系。当虚拟物体和真实物体得以交互,虚拟物体与其周围空间共同构成真实环境的一部分。虚拟之物不仅仅在空间上融入环境,从内容上也与真实环境相关。比如现在博物馆的艺术品介绍,往往以虚拟的内容编辑

---

① Michelis, G.D. & F. Tisato(eds). *Arts and Technology*: *Third International Conference*, *ArtsIT 2013*, London: Institute for Computer Science, Social Information and Telecommunications Engineering, 2013, p.73.

配合真实的艺术品呈现。在数字艺术中,我们还可以将现代的图像置于古代的画作中,令过去和未来得以相连。在虚拟景观中,虚拟和真实物体之间的作用可以模仿物理准则,人可以产生真实的感受,现实和虚拟往往很难区分。

荷兰艺术家马聂科斯·尼杰斯(Marnix De Nijs)的《跑步机》(*Run Motherfucker Run*)是一件互动装置作品。当你站在一个跑步机上,面前是一块巨大的 8 米×4 米的屏幕时,你会感觉进入到 3D 制作的电影场景中。屏幕中的街道可能就是现实生活中真实的街道的样子,而屏幕中的影像会随着你跑步的方向和速度产生变化。奔跑者可以通过自己的行动,在控制与反控制之间保持一种平衡。这幅作品其实也是对人与技术之间关系的隐喻,人与技术相互构成,人塑造了技术,技术也反过来在控制人,如何在人与技术之间保持一种自由的平衡的关系,关乎人的知觉、选择与行动。

自新媒介技术兴起以来,有别于传统艺术的各种艺术形式如雨后春笋般不断涌现,如何合理运用新技术成为当代艺术探索的新方向。增强现实技术则是新媒介技术中最具代表性、前瞻性、未来性的技术之一。增强现实技术主要处理的是人类想象的世界与现实的世界之间的关系问题,旨在将虚拟元素与现实场景相融合,构建虚中有实、实中有虚的混合新空间,并实现虚实之间的交互。如今,增强现实技术在戏剧、影视舞台背景中的应用颇为常见。戏剧的舞台背景日趋综合,不再是单一的美术道具制作工艺,而是集制作工艺、计算机图形学、场景设计等多种技术与艺术于一体的混合。三维技术、图像识别技术等科技元素被纳入戏剧舞台布景当中,创构了虚实相融、动静相宜的舞台景观,虚实界限也随之打破。新技术的应用为创作者提供了更多可能性,同时也向剧作者、演员和舞台美术设计师提出了新要求。通过技术层面的革新,基于增强现实技术的戏剧舞台布景有效地实现了想象空间与现实空间的整合,拓展了舞台布景空间,使戏剧布景从过去的舞台背景、舞台空间延伸到整个剧场空间,创构了从观看、接受到置身其中的知觉体验。虚景与实景、真实演员与虚拟人物的混搭与配合使得表演具有了更加丰富灵活的形式,可以更好地渲染表演的氛围,丰富观众的欣赏体验。增强现实技术所创造的虚拟背景并不意味着要完全替代实体背景,而是与实体背景共同作用。实体背景为演员的表演提供依据,而虚拟背景则利用其自身的灵活性来实现布景的动画演绎,以可视化的方式实现"移步换景"、时空穿梭、情境变幻等舞台效果,演员的表演也在虚实结合中获得更大自由度。实体背景与虚拟背景之间相互配合、相互补充,构建了艺术与技术之间新的关系。

(二) 观众与艺术家之间的界限模糊

数字时代技术和艺术的逐渐一体化使得传统艺术中观众和艺术家的界限越来越模糊,某种程度上,人人都可以成为艺术家,观众的参与和体验成为艺术品的重要组成部分。

在传统的艺术观念中,艺术家与普通人是存在距离的。艺术家因其天才般的才华而具有崇高的地位,这种地位是精英阶层的专享。康德曾说,"美的艺术是天才的艺术"。[①]天才是"天生的内心素质",天才的最大特点就是其"独创性",艺术家创造的艺术形象都是独特的,互不重复的,他们凭借自己的特点赋予作品独特的个人标签。丹纳认为,艺术家需要一种必不可少的天赋,这种天赋是后天的努力无法弥补的。"艺术家在事务面前必须有独特的感觉:事物的特征给他一个刺激,使他得到一个强烈的特殊的印象。换句话说,一个生而有才的人的感受力,至少是某一类的感受力,必须又迅速又细致。"[②]有艺术气质的人,往往是感受比较敏锐的人,可以从对身边的社会现实的观察和思考中,预见性地提炼出某些价值。另外,艺术家必须具有专业才能和技巧。如果是雕刻家就要善于玩转泥土、石料,是画家就要善于摆弄颜料,是文学家就要善于操作词语。艺术家获得所要表达的艺术"意象"后,只有通过艺术媒介和手段才能把藏匿于心中的意象转化为艺术作品中的形象。黑格尔说道,艺术家的创造除了要有才能和天才以外,也离不开熟练的技巧。"这种熟练技巧不是从灵感来的,完全要靠思索、勤勉和练习。 个艺术家必须具有这种熟练技巧,才能驾驭外在的材料,不致因为它们不听命而受到妨碍"。[③]并且,通常而言,地位越高成就越大的艺术家,就越具有高超的技巧、深刻的思考和自由的灵魂,这些都要靠艺术家深入探索才能达到。可见,在传统

_____

① 转引自潘必新:《艺术学概论》,北京:中国人民大学出版社,2014 年,第 43 页。
② 丹纳:《艺术哲学》,傅雷译,天津:天津社会科学院出版社,2004 年,第 27 页。
③ [德]黑格尔:《美学》(第 1 卷),朱光潜译,北京:商务印书馆,2015 年,第 35 页。

艺术创作中,成为艺术家既需要天赋,也需要勤奋的学习和训练。

与传统艺术创作不同,当代数字技术和艺术中,观众可能会成为艺术创作的主体。曾经是精英阶层的艺术梦想转化为大众日常生活的品味和情调。当今数字技术和艺术的结合,使得艺术家和观众保持密切互动,作品可以根据观众需求进行调整,观众的参与甚至成为作品完成的重要步骤。观众"由观察者转变为参与者"①,以行动参与作品,成为作品及意义的一部分。从艺术创作过程和艺术作品的形成来看,当代的艺术创作体现出一种"未完成性",主要表现在艺术作品的生成需要观众或欣赏者的参与才能完成。因而,观众的参与和体验已经成为数字时代技术和艺术一体化的主要表现,甚至也成为技术和艺术交互的目的。

观众参与作品的说法由来已久。英伽登认为,一部文学作品的最终完成,离不开读者的亲身体验和"填充"。伽达默尔曾指出,艺术存在于读者与文本的对话之中,作品只有在观众的参与之后才算完成自身。"既定文本是一种'吁请'和'呼唤',它渴求被理解,而读者则是作品的被呼唤者和知音,当'呼唤的与被呼唤的互答互应'时,作品的意义才在作品与读者的'对话'中逐渐显露出来。"②杜夫海纳也有过类似的表述,他说艺术家创作出来的东西在被观众的感性所认识到之前,还不完全是审美对象。"对象只有在观众的合作下才以自身的存在存在着。艺术家本人为了完成自己的作品,也要化为观众。"③当我们观看达·芬奇的画作《蒙娜丽莎》时,我们的感性系统积极地参与到这幅画中,我们或许会因为理解的不同,在画中发现不同的东西。但是,无论观看者站直或者走动,并不会对这幅画的理解本身有什么大的改变。因此,传统艺术中观众只是作为观察者,而不是参与者,观众只能"接受",而不能"反馈",也不能对作品产生任何的影响。

当今时代,数字技术和艺术的结合使得观众成为数字艺术系统的重要因素,观众

---

① Candy, L. & S. Ferguson, *Interactive Experience in the Digital Age*, London: Springer International Publishing, 2014, p.1.

② 廖祥忠:《数字艺术论》(下),北京:中国广播电视出版社,2006年,第239页。

③ [法]杜夫海纳:《审美经验现象学》,韩树站译,北京:文化艺术出版社,1996年,第40页。

直接的身体参与成为完整的作品的一部分,艺术作品本身已经被观众所改变。珍妮特·穆雷(Janet Murray)指出:"诸如书、电影等线性媒体能够描绘空间,而只有数字环境能够呈现我们可以穿梭的空间。"①不同于传统艺术的"凝神静观",数字艺术系统是行动的系统,能够"使观众超出空间、时间和速度的限制"②,体现了参与者之间、参与者与作品之间的动态的互动关系,这已经成为部分交互艺术的标准的、理想的交流。数字艺术的动态参与模式一方面表现为反馈,观众可以把握作品的进程,甚至创造独立的作品;一方面表现为行动的参与,观众的行为决定着作品的即时呈现,这两者都体现了观众角色的转换,观众已由传统艺术中旁观者的角色成为作品的积极参与者,甚至会获得作品的控制权。观众的反馈和行动在数字技术和数字艺术创作中有诸多体现。

比如在网络文学中,存在一种空中接龙的艺术创作方式。这种方式允许多个人在网上合作完成写作,作者并不会一次性完成作品,而是完成一部分便在网络进行更新,接龙的人必须"承前启后",在前一位作者的基础上续写。这样,每一个参与者就既是读者,又是作者,既可以参与到前文的创作,又可以融入自己的想法。作者可以及时了解到读者对作品的评论和意见,进而调整写作的内容和进程。网络艺术也存在一种敞开的特质,始终处于一种未完成的状态,观众的参与成为作品的"二度创作",观众与作品之间形成一种"零距离"接触,观众可以对作品进行自由选择、修改,观众的反馈和信息成为作品意义的一部分。例如,美国艺术家马特·穆利坎(Matt Mullican)创设了一个不断更新的网站 www.centreimage.ch/mullican,作者把网站作品的风格称为"象形图",当浏览者点击这些彩色的用计算机绘制的图形时,它们会变成另外的更加复杂的图形。观众以行动参与其中,时时改变艺术作品的形态,并且在参与过程中,形成与传统艺术创作不同的生成性与过程性。数字艺术体现了观众参与作品创作的乐趣。在参与和互动中,人人皆有可能成为艺术家。"公众普遍参与艺术作品再创作的模式,构

---

① Murray, J.H. *Hamlet on the Holodeck：The Future of Narrative in Cyberspace*, Cambridge：The MIT Press, 1997, p.79.

② Langdon, M. *The Work of Art in a Digital Age：Art, Technology and Globalisation*, New York：Springer, 2014, p.30.

成了数字艺术的精髓。"①

虚拟现实技术语境下的沉浸式艺术强化了受众的个体体验,可以让观众体会到更多的参与和交互。在 2018 年香港巴塞尔艺术博览会上,行为艺术之母玛丽娜·阿布拉莫维奇(Marina Abramović)展示了其虚拟实景交互作品《上升》。她穿戴感应装置,将自己浸泡在一个玻璃水池中,表演时她一点点沉入水中,在浸没过程中向四处呼救。戴上 VR 眼镜后,人们眼前的场景就转变为极地冰川和波涛汹涌的海洋,体验者在高沉浸感中进入了与"虚拟"的阿布拉莫维奇共享的私密空间,亲眼目睹渐渐升起的水平面升至其腰际直至脖颈,亲耳听到作为被困者的"艺术家"在玻璃水舱中的绝望呼救。在这件作品中,艺术家希望借由体验者的感同身受,体会到全球气候的剧烈变化对人类的生存造成了威胁这一艺术价值意蕴。②在这种境况中,艺术家不再是作品构建的主体,观众的主体地位凸显出来,作品的交互性成为作品的重要特征。

当今数字艺术体验与传统艺术体验的表现形式有所不同。数字艺术活动中,观众不仅可以参与到艺术创作中,还可以体验到不同于传统艺术的参与性与互动性。传统艺术中,观众和作品保持着一定的审美距离,它使人们沉浸于对艺术品的凝视和想象之中来获得本真性。而数字艺术体验是一种极具参与性和介入感的混合行为,观众不再像传统的艺术欣赏那样,从对作品的静观中获得深刻和永恒的意义,观众对作品的情感投入往往是即时性的情感。当今数字技术和艺术的结合以其通俗性迎合大众缓解工作压力的精神需求,数字艺术以夸张的视觉、听觉和多重感知效果为大众提供了一幅感性满足的全景图画,人们不再探究艺术作品背后的本真。"数字技术的参与对数字艺术中沉浸体验的浸入和审美错觉的构建具有显著的拉动效应。"③数字生成的图像和环境不是简单地在受众面前呈现,而是主动"邀请"他们参与视觉构建。这种由影像施加在受众身上的拉动效应会激发受众对艺术作品的主动参与与体

① 廖祥忠:《数字艺术论》(下),北京:中国广播电视出版社,2006 年,第 265 页。
② 江凌:《论 5G 时代数字技术场景中的沉浸式艺术》,载《山东大学学报(哲学社会科学版)》2019 年第 6 期,第 51 页。
③ 钟雅琴:《沉浸与距离:数字艺术中的审美错觉》,载《学术研究》2019 年第 8 期,第 173 页。

验。由此,艺术作品形态的最终呈现与受众的想象力和参与程度密切相关。数字艺术的受众成为作品的一部分,作品的形态和意义因观展人的参与和体验而不断生成并变化。

如意大利艺术家桑妮亚·希拉利(Sonia Cillari)的交互设计作品《如果你靠近我一点》(*Se Mi Sei Vicino*)(图 2-5)①是对"身体作为界面"的可能性的研究。作品以专业的建筑空间背景介入互动装置作为创作思维的源头,通过参与者对自我的边界的意识,触碰人类的遭遇,探讨人与人以及人与环境的关系。在这个作品中,核心元素是表演者站立的感应地板,它构成表演的舞台,起着人体天线的作用;当表演者接近观众或被观众触摸时,身体的运动被记录为电磁活动。地板周围是显示实时算法系统的大型投影,这个算法系统与音频合成相连接,音频合成随电磁场的波动而变化。作品依据观众互动和与艺术家的相对距离,将人与人之间微妙的关系变换转化为可见的投影,身体之间的相对距离决定了什么是被看到和听到的。这个作品使得我们重新思考传统的表演和装置艺术之间的关系,在这个作品中,艺术家可能会成为表演过程的一部分,而观众却成为作品的创作者,它模糊了原有的"积极的表演者"和"消极的观众"之间的区分,每个人都可能会成为潜在的表演者。

Programmierung der Umgebung: pix [aka Steven Pickles]
Klang-Design: Tobias Grewenig
Entwicklung des Electric Field Sensing Interface: STEIM Amsterdam, [Studio for Electro-Instrumental Music] [Jorgen Brinkman und René Wassenburg auf Graphiken von Kees Reedijk]

图 2-5 《如果你靠近我一点》,桑妮亚·希拉利,2006

① http://t-m-a.de/cynetart/archive/cynetart07/programmubersicht/e-mi-sei-vicino/, 2020-02-19.

总体而言,在当代艺术作品的表达中,诸如虚拟现实技术、增强现实技术、全息投影技术等等数字技术为艺术作品的呈现带来了新的生命力,也给观众带来了很多沉浸体验。数字技术的使用可以对艺术进行重塑,改变艺术的形式和内容。比如,数字艺术可以打破时空的界限,对时空进行重构,可以表达时间的停滞或者穿越,可以联结过去、现在和未来,拓展时空观;数字艺术可以模糊真实和虚假的界限,通过塑造一些虚拟现实场景,增加或者创造人们的交互体验,提升人们的感受力和想象力;数字艺术可以模糊艺术家和观众的界限,观众从曾经被动的欣赏者,变成参与者、创造者和分享者;数字艺术可以更加关照情感、体验和差异的表达,并能更好地体现技术与艺术、主观与客观、自我与世界、记住与遗忘等等跨界与融合的意义,丰富对作品的理解。总之,数字技术为艺术提供了新的形式与内容,有助于我们深入理解并重构人与世界的关联,也深化对人与技术的本质和关系的认识,更好地塑造人类未来。

　　当今时代,随着数字技术的发展,技术可以以有效的方式使我们获得对自己与世界的理解。数字技术在数字艺术中有效地调动了艺术家、艺术作品和受众间的关系,数字艺术在数字技术与现实之间构建了一个介于真实世界和虚拟世界之间的可能世界,它使受众从被动的角色转变为再现世界的实际参与者与重塑者,激发关于世界的更丰富的理解与想象。沉浸式数字艺术更是充分展示了数字技术所具有的强大的艺术功能,技术构建了一个区别于传统艺术形式的沉浸空间与参与平台,艺术作品的未完成性与开放性得以充分彰显。数字艺术需要将机器可翻译的符号转换成人类可体验的形式,数字艺术要为观众所接受,需要将身体作为界面。身体的知觉、体验、差异和行动构成数字艺术中审美体验的重要来源。现象学意义上的身体为探讨技术、艺术及其审美体验提供了丰富的理论资源。

第三章 身体:技术与艺术一体化的始基

技术和艺术都是经由身体产生的,无论是从技术和艺术的发展史,还是从两者未来发展的一体化趋势,都可以看出身体既是技术和艺术发展的源泉,又是技术和艺术发展的动力,还是技术和艺术的旨归。身体提供了整体性的知觉和体验,使得艺术多元性和丰富性的表达和理解成为可能。以身体作为界面或者视角,可以更深刻地理解技术与艺术的历史关联与当代交互。

第一节 身体转向与身体美学

20世纪80年代以来,在社会学、人类学、哲学、艺术学、美学、认知科学等领域,身体都成为一个重要的研究课题。身体在许多学科中的复归,并不只是对理论多元化和跨学科研究的反映,亦是与诸多社会和文化事件相结合的必然结果。在关于身体的研究中,有许多领域是交叉的。比如身体美学可能同时是哲学、文学和艺术的研究对象;身体伦理学可能是哲学和社会学的研究对象;身体在技术和艺术中的复归,则本身就是哲学、艺术学、设计学、神经科学、计算机科学等多学科交叉发展的产物。当今社会,技术的发展带来了身体的不确定性,很多社会、政治、伦理、技术和艺术问题都需要通过"身体"这一媒介来表达。

一、身体转向:从二元论到非二元论

技术和艺术都是经由身体产生的。身体是空间和体验的联结点。近现代哲学史上,对身体的认识可以分为几个主要阶段:一是以勒内·笛卡尔(René Descartes)①为代表的身心二元论,此后直接导致了生物学与文化的分离;二是弗里德里希·尼采(Friedrich Nietzsche)、米歇尔·福柯(Michel Foucault)等人对二元论的批判研究,认为身心是统一的;三是现象学、女性主义以及后现代主义的非二元论观点,尤其是梅洛-庞蒂的身体主体观,认为身体、心灵和世界构成不可分割的整体。20到21世纪,在社会学、人类学和哲学研究领域中,大部分关于身体的研究理论都试图逃脱身体的二元对立的观点,向非二元论的观点转化,并有很多学者做出了试图超越二元论的努力。

(一) 笛卡尔的身心二元论

"身心关系"这种关涉人类自身的问题千百年来一直被哲学家们所提及和论证。对于古希腊人来说,身心二元论并不陌生,他们早已把灵魂和肉体区别开来。伟大的古希腊哲人苏格拉底认为身体只是"圈养或囚禁灵魂的地方",灵魂对于身体具有绝对的支配作用。苏格拉底之后,柏拉图继续追随着他的导师探索身体与灵魂之间的关系。柏拉图认为身体阻碍了灵魂获得知识和真理,主张给灵魂以自由。

理解当代身体理论的重要性,并不需要还原整个身体理论的历史,但身体问题及其意义从何种意义上被唤起和关注却是绕不开的话题。在此意义上,笛卡尔的身心二元论毋庸置疑具有"唤起"的地位。之所以如此,"不仅是因为笛卡尔的哲学往往被视为是近代哲学的开端,其思想的独特面貌深刻地影响了其后的启蒙时代,其所倡导的科学的理性主义和主客体二元论的世界观为现代西方思想奠立了重要的基础;而且是因为在笛卡尔的哲学思想中,身心二元论充分地反映了其思想的独特面貌,对于当代

---

① 勒内·笛卡尔(René Descartes),也有学者写为笛卡儿。除引用中尊重原文外,皆用"笛卡尔"。

身体思想而言具有不可回避的唤起意义"。①

自现代性开端起,笛卡尔有关身心二元对立的看法就对后世产生了深刻的影响。首先,笛卡尔继承了早期西方哲学割裂身心关系,崇尚理性心灵,弃置感性肉体的传统,直接赋予两者(广延的身体和思维的心灵)以互相独立、互不相关的实体属性。简要地概括笛卡尔的身心二元论,可以归结为两点:第一,身体和心灵均为实体,且独立存在、互不依赖;第二,人或者主体属于心灵范畴,心灵的属性是思维,而身体的属性是广延,身体及感性经验只具有从属的意义。其基本主张是,"严格来说我只是一个在思维的东西,也就是说,一个精神,一个理智,或者一个理性"。②在笛卡尔那里,主体范畴限定在心灵或意识中,身体及其经验则被纳入客体范畴。心灵是认知主体,身体是认知对象,心灵和身体之间是表象者与被表象者的关系。他认为身体的统一是源于心灵的在场,身体没有内在价值和目的,只有通过心灵,才能在身体中建立各种关系,并赋予身体以意义和价值。由于心灵的判断和思维无处不在,身体的感受便消失了,这意味着身体被机械地看待。笛卡尔关于思维与想象、理性与感性的区分也都基于此展开。

然而,笛卡尔的身心二元论却面临一个矛盾和困境,那就是,笛卡尔认为心灵和身体两种实体之间没有什么实在的联系,且想极力摆脱身体,但是,它们之间的协调一致却不能否认。比如,人的疼痛、饥饿等自然本性,会让我们意识到我有一个身体。这种感受将身体和心灵密切结合在一起。无论心灵如何无视身体,身体都毫无疑问地存在于世。虽然笛卡尔对此做出了自己的解释,认为"所有这些饥、渴、疼等等感觉不过是思维的某些模糊方式,它们是来自并且取决于精神和肉体的联合,就像混合起来一样"。③但是这种说法其实否定了我思的纯粹性,且让笛卡尔陷入自我矛盾的境地。表面上看,心灵似乎发现了身体,但是实际上造成的是对身体的遮蔽和遗忘。于是,身体在笛卡尔那里并没有获得应有的地位。笛卡尔的身心二元论观点受到了许多学者的

---

① 郑震:《身体图景》,北京:中国大百科全书出版社,2009 年,第 26 页。
② [法]笛卡尔:《第一哲学沉思集》,庞景仁译,北京:商务印书馆,1986 年,第 26 页。
③ [法]笛卡尔:《第一哲学沉思集》,庞景仁译,北京:商务印书馆,1986 年,第 85 页。

强烈批判,比如二元论无法回答身体缺席的思考和意识如何可能,也无法解释这样一个现象,即身体如何预设了我们的意识和体验。笛卡尔在晚期也曾试图纠正这些二元论引起的错误,通过融入"激情"的概念,承认灵魂和身体在感知方面具有混合性的观点。不过他的努力是否得到后来哲学家的认可则意见不一。

尽管如此,笛卡尔的思想中始终包含着心灵与身体、理性和感性的张力,这些都被后来的法国现象学家如梅洛-庞蒂等充分利用,也为后来的身体理论提供了理论资源。

(二) 尼采与福柯的身心一元论

笛卡尔是身心二元论的发起者,但他在后期的研究中试图将身体与心灵结合,证明了他开始对身、心并非独立实体的观念的妥协。这些努力也激发了近代的哲学研究者试图摆脱二元论、解放身体的斗志。代表性人物及其理论包括尼采的"我就是我的身体"以及福柯的身体谱系学。

尼采是笛卡尔身心二元论的终结者,他对于二元论的质疑和反驳,拉开了19世纪后期哲学家重新审视身体的序幕。在尼采看来,身体是权力意志,是人存在的根本规定性,一切都应当从身体出发。他不但在《查拉斯图拉如是说》中申明"我完完全全是身体,此外无有,灵魂不过是身体上某物的称呼"。①还以极为激进的方式提出了"心灵是身体的工具"②,试图通过将身体同权力意志画上等号,建立心灵依附身体的身心一元论。尼采彻底恢复了身体的合法地位,认为灵魂(意识)不过是身体上的某物,并将身体与自我联系在一起。尼采在《权力意志》中拒绝了"灵魂假设",并从身体的维度重新开始研究哲学。在尼采哲学中,身体不只是生理学意义上的有机体,还具有大智慧,这样,身体就取代了理性形而上的位置。"尼采开辟了哲学的新方向,他开始将身体作为哲学的中心:既是哲学领域中的研究中心,也是真理领域中对世界做出估价的解释学的中心。"③尼采的身体理论对主体思想的强烈反击,推动了结构主义和后结构主义的哲学研究,但也存在着过于推崇身体、压抑理性的危险,仍然没有摆脱笛卡尔二元论

---

① [德]弗里德里希·尼采:《苏鲁支语录》,徐梵澄译,北京:商务印书馆,1997年,第27—28页。

② [德]弗里德里希·尼采:《权利意志》,张东念、凌素心译,北京:中央编译出版社,2000年,第22页。

③ 汪民安、陈永国:《后身体:文化、权力与生命政治学》,长春:吉林人民出版社,2003年,编者前言,第12页。

的阴影。

另一位身心一元论的支持者是福柯。与尼采不同的是,福柯在身体的主动性与被动性上具有不同见解。福柯认为要打破二元对立,不仅要从身体出发,还应该将身体置于历史进程中考察。福柯从身体与权力—知识的关系出发进行讨论,认为身体是被社会和文化建构的,身体在铭记历史,而历史也反过来对身体进行规训和改造。在福柯看来,"权力不是一种制度,不是一个结构,也不是某些人天生就有的某种力量,它是人们在既定社会中给予一个复杂的策略性处境的名称"。[1]他通过自己构建的社会理论和谱系学拒绝了主体假设,也根除了意识在历史中的支配地位。有别于尼采权力意志的主动反击,福柯对身心二元论的对抗表现在对身体和人口规范的研究上,是被动的。福柯将主体建立在有限的身体基础上,讨论话语产生身体的过程。在福柯看来,生物学的身体已经消失,而社会和文化建构的身体受到话语和权力的影响,具有高度的不确定性和可塑性。虽然福柯也谈到了身体对权力和支配话语的抵抗,但对做出抵抗的身体是什么,却语焉不详。并且,福柯对资本主义的批判逻辑是建立在牺牲人的主体价值为代价的基础上,其中,肉体变得消极而脆弱,这一定程度上也重演了二元分化的理论逻辑。

(三) 梅洛-庞蒂的身体主体与身体体验

真正对笛卡尔二元论进行有力反驳的,当属梅洛-庞蒂的身体现象学。梅洛-庞蒂不仅揭示了心灵对肉体体验的强烈需求,也重申了肉体在主体与他者、世界的接触以及体验的创造过程中所担任的至关重要的地位和作用。他虽然借用了海德格尔的在世存在,但是他与海德格尔的最大差异就体现在"身体性"的维度上。这个"身体性""不单单指支撑着我们行动的可见和可触的躯体,也包括我们的意识和心灵,甚至包括我们的身体置身其上的环境。因此,'身体性'是一个整体的概念,它对立于任何身体/心灵、身体/物体、身体/世界、内在/外在、自为/自在、经验/先验等等二元论的概念,而是把所有这些对立的二元全部综合起来了"。[2]而这个"身体性"也正是梅洛-庞蒂的哲

---

① [法]米歇尔·福柯:《性经验史》,佘碧平译,上海:上海人民出版社,2005 年,第 61 页。
② 张尧均:《隐喻的身体:梅洛-庞蒂身体现象学研究》,北京:中国美术学院出版社,2006 年,第 13—14 页。

学常被称作"含混的哲学"的最大缘由。

梅洛-庞蒂"看到了身体体验的暧昧性或模糊性,用'活着的身体'(lived body)取代了笛卡尔的客观的身体"。①梅洛-庞蒂的身体主体观将体验建立在知觉概念的基础之上,身体体验是知觉、意向和情境的融合统一。并且,他更加关注具体情境中个体的自我生成以及该过程中个体体验所蕴含的特殊性与差异性。"在现象学存在主义运动中,甚至在整个法国哲学中,只是由于梅洛-庞蒂,才真正确立了身体的主体地位。"②

1. 知觉:身体体验的核心

在梅洛-庞蒂的身体理论中,"知觉"占有首要的核心地位。人与世界的知觉关系构成了一切关系的基础。身体是身体——主体,即一种知觉主体。梅洛-庞蒂基于格式塔心理学的"背景"和"图形"的辩证关系,对知觉进行了分析。"知觉的'某物'总是在其他物体中间,它始终是一个'场'的一部分。"③我们所知觉的东西,只有在现象场域的背景中才能获得意义。尽管知觉本身并不具有立场,但它能够使我们以一种浑然一体的方式把握事物的整体,并允许我们亲临事物、价值、真理对我们呈现的那一刻。梅洛-庞蒂的身体不但是主体感知体验的现实基础,也是肉身化的知觉主体。知觉活动既不是感觉,也不是思辨,既不是科学,也不是行为,"知觉是一切行为得以展开的基础,是行为的前提"。④梅洛-庞蒂认为,知觉的首要性在于揭示人与世界的关联,并且这种联系是先于经验的,无法解除。

梅洛-庞蒂对知觉的描述起始于他对理性主义和经验主义的批判。他认为,"经验主义不知道意向在知觉中的重要性,而理智主义则没有注意到对象可能会有超出意料之外的地方"。⑤在梅洛-庞蒂看来,无论是心理学还是社会学,他们对体验的描述目的都在于将身体当作科学研究的对象,寻找蕴含其中的规律,具有边界明显的特征。而实

---

① 周丽昀:《唐·伊德的身体理论探析:涉身、知觉与行动》,《科学技术哲学研究》2010年第5期,第60页。
② 杨大春:《语言、身体与他者——当代法国哲学的三大主题》,北京:生活·读书·新知三联书店,2007年,第145页。
③ [法]莫里斯·梅洛-庞蒂:《知觉现象学》,姜志辉译,北京:商务印书馆,2012年,第24页。
④ [法]莫里斯·梅洛-庞蒂:《知觉现象学》,姜志辉译,北京:商务印书馆,2012年,第5页。
⑤ 佘碧平:《梅洛-庞蒂:历史现象学研究》,上海:复旦大学出版社,2007年,第82页。

际上,自我独特的感知与体验的形成,依赖于知觉以及主体和周遭一体互动的具体场域。身体成了一个不断生成的、有意义的纽结和发生场,是自我不断的生成过程。知觉不是间断的、单一的体验,而是对心灵、身体、他人和世界无间隔的呈现,"是作为每时每刻世界的一种再创造和一种再构成"①。知觉体验的形成不是盲目的,它总是与主体性交互、纠缠,身体在其所进入的生活世界中开放自身,被影响着,也影响着周遭的世界。

在梅洛-庞蒂看来,身体首先是物质的。身体的物质性体现在,我们就是我们的身体,身体—主体是生活意义的给予者。我们依赖于身体而存在,我们所有的意识、知识、意义、体验和身份存于身体的始终。这里谈到的身体即身体—主体,是梅洛-庞蒂意义上的身心交织的身体,是"活生生的身体",也可以称之为肉身化的主体。"'世界之肉'意味着:世界是'活'的,它是见者与可见者的统一,是观念性和物质性的结合。"②这里的肉身既不是物质的事实也不是精神的事实,而是超越了物质和精神的二元性的一种存在要素。"肉与肉的交流模糊了看与被看的界线,肉是超越这一界线的一种一般性的东西。"③肉身不但模糊了可见者与不可见者的界线,还意味着身体首先表现为自我不断的生成过程,在这个过程中个体才得以形成独特的体验。正是肉身这一普遍要素为知觉者和被知觉者的统一奠定了基础,也使得身体和世界之间具有某种内在关联。这种肉身化的主体也是一种知觉主体,是有意向的身体,既能够主动感知又能够被感知,同时又借助感知来形成我们身体的体验。这种对身体感知的重新发现是后现代思潮对现代性以理性为中心的拒斥。

梅洛-庞蒂认为,人既可以作为能触者、能看者,也可以作为被触者、被看者,体现了身体的"可逆转性"。"通过触摸与被触摸关系的逆转,梅洛-庞蒂表明,身体既是能触摸的,又是被触摸的,既是主动的,又是被动的,既是主体,又是客体,这种可逆性是身体的最基本特征。"④拿视觉来说,在传统认识论中,"视觉"是与对象之间有距离的一

① [法]梅洛-庞蒂:《知觉现象学》,姜志辉译,北京:商务印书馆,2012年,第266页。
② 杨大春:《身体的隐秘——20世纪法国哲学论丛》,北京:人民出版社,2013年,第73页。
③ 参见杨大春:《杨大春讲梅洛-庞蒂》,北京:北京大学出版社,2005年,第168页。
④ 张尧均:《隐喻的身体:梅洛-庞蒂身体现象学研究》,北京:中国美术学院出版社,2006年,第46—47页。

种感觉,它依赖感觉材料;而在身体知觉中,视觉直接触碰物体,而且被该物体凝视,这种可逆的视觉存在于一种"普遍的窥视症"中,即在视觉发生时,看的主体与被看的对象不是分离的,二者形成相互缠绕的动态关系。"当我看它时,我同样被拖入到这种相互缠绕的网络中,我的目光不像是投射到外面的对象上去,而像是陷在我所置身其中的事物整体中。这样,就不再是我在看,而像是我在经受着,也就是说,我被物体所观看。"①有画家曾经表示,在他漫游在森林取景时,他不仅在观看景色,也感受到景色在注视着他,在同他讲话。因而,身体不仅仅是被动的一方,也是融合这种被动性和主动性于一体的能触的被触者、能见的被见者、能感知的可感者,二者的转换是由身体所体验的,并且正是基于身体,这两种感知才得以可能。

2. 意向:身体体验的依据

知觉是体验的基础,除了知觉以外,体验的形成还在于身体具有意向性。身体是主体与世界无可解除的预先契约,而身体的意向性则确定了主体与主体、主体与世界之间的行为对应,解释了身体获得感知的过程,帮助体验构建自身和他人的面貌,并获得外界的认同。简而言之,身体意向是身体向世界和他人预先开放的证明。知觉主体的意识与肉体在知觉场中交织,知觉主体"内在地与世界、身体和他人建立联系,和它们在一起,而不是在它们的旁边"。②

在梅洛-庞蒂看来,自我的独特体验赖于知觉场的作用,而个体与另外的个体交流依赖于身体间性,并用"身体图式"这个概念来验证自我的物质性以及身体间性的形成。梅洛-庞蒂在《知觉现象学》中提到:"'身体图式'是一种表示我的身体在世界上存在的方式。"③身体图式具有空间性,这种身体的空间性是指一种处境的空间性,而不是通常意义上的空间性。"身体图式代表的是身体的整体结构,意味着身体器官之间的协调性和相互性。"④而且,这样的身体总是被它的任务所吸引,总是朝向它的任务而存

---

① 张尧均:《隐喻的身体:梅洛-庞蒂身体现象学研究》,北京:中国美术学院出版社,2006年,第180页。
② [法]梅洛-庞蒂:《知觉现象学》,姜志辉译,北京:商务印书馆,2012年,第134页。
③ [法]莫里斯·梅洛-庞蒂:《知觉现象学》,姜志辉译,北京:商务印书馆,2012年,第138页。
④ 杨大春:《身体的隐秘——20世纪法国哲学论丛》,北京:人民出版社,2013年,第67页。

在。这种特性就是身体的意向性(或身体间性)。

梅洛-庞蒂的身体是一个模棱两可的具有可逆性的存在,既能看,也能被看;既能触摸,也能被触摸;既是能感知的身体,也是被感知的身体;既具有物质性和普遍性,又具有文化性和差异性。这样一种身体图式可以对身体空间进行定向、定位与扩展,从而避免对空间的机械化与对象化的理解,使得"原本贫乏的空间概念变成了生动而有意义的场域"①,实现了从客观空间到现象空间的转换,对我们理解人的空间性存在具有奠基性的意义。

身体的定向能力源自身体的先天协调结构。"当我们谈论任何外界物体的空间性时,都已经不言而喻地假定了以我的身体作为基点的原始空间坐标系。"②也正是由于身体这种特有的形式与结构,我们才能理解世界。现象身体不仅具有定向能力,还具有将身体与外部事物的位置关系应用到外部事物之间的能力,即身体的投射能力,它可以建构定位的身体空间。身体把表示自身与外部事物之间关系的方位词"投射"到了纯事物之间,客观空间的位置关系是以身体空间的位置关系为基础的。在定向和定位的身体空间的基础之上,现象身体还可以通过身体的运动而扩展或延伸自己的生存空间。例如,身体可以借助键盘扩展自己的身体空间。在身体还不熟悉键盘的时候,键盘和身体空间是异在的。当身体能够自如地使用键盘时,身体空间就与键盘融为一体了。盲人的手杖和妇人的羽饰也是表达习惯空间的经典例子。"手杖不再是盲人能感知到的一个物体,而是盲人用它进行感知的工具。手杖成了身体的一个附件,身体综合的一种延伸。"③"一位妇女不需要计算就能在其帽子上的羽饰和可能碰到的物体之间保持一段安全距离,也能感觉出羽饰的位置,就像我们能感觉出我们的手的位置。"④会打字并不意味着能准确地指出各个字母键在键盘上的位置;自如地使用手杖的盲人并不需要丈量手杖的长度和外部空间;穿着羽饰的妇女也并不需要算出身体与

---

① Koukal, D.R. Here I Stand: Mediated Bodies in Dissent, *Media Tropese Journal*, 2010, Vol.2, No.2, p.114.
② 张尧均:《隐喻的身体:梅洛-庞蒂身体现象学研究》,杭州:中国美术学院出版社,2006 年,第 64 页。
③ [法]莫里斯·梅洛-庞蒂:《知觉现象学》,姜志辉译,北京:商务印书馆,2012 年,第 201 页。
④ [法]莫里斯·梅洛-庞蒂:《知觉现象学》,姜志辉译,北京:商务印书馆,2012 年,第 189 页。

障碍物的距离。习惯空间的形成不在于物质身体的刺激感应,也不在于理智理解和掌握了所有的行动步骤。因为习惯既不代表一种知识,也不是一种自动性,而是"表达了我们扩大我们在世界上存在,或者我们占有新工具时改变生存的能力"。①

由是观之,梅洛-庞蒂的身体是身心交织的,身体通过感知获得空间性的存在,自我在这种空间性的存在中不断生成。这种生成的环境不是封闭的场域,而是直接与世界性的存在纠缠在一起,或者说,自我是在与世界互动的过程中形成的。

3. 情境:身体体验的条件

知觉场域的不同和个体体验的差异,形成了多元情境中的身体。海德格尔最早把"在世界之中存在"当作一个整体的生存论结构来加以描述,而梅洛-庞蒂则更进一步把这种统一性落实到身体和世界的蕴涵结构中。"梅洛-庞蒂之所以强调身体,显然是为了突出主体概念的情境或处境意义。主体和客体之间的关系不再是认识关系,而是一种存在关系。"②在梅洛-庞蒂看来,"在世之中"的人不单是抽象的意识,无肉身的灵魂,而是与世界之间有了一种自然而然的联系。我、他人、物等等都成了世界的肉身。世界展现在"我"之前,"我"陷入其中,参与到普遍的肉体性和可见性之中,而这种世界的肉体性在我、他人、物和境遇之间起支配作用,并体现在我们日常生活的习惯性行为中,直达体验的最深处。比如说,一个学会游泳的人即使多年没下水,一到水里还是会舒畅自如地游弋;一个熟练的驾驶员无须比较道路和车身的宽度,就能判断出自己是否能安全通过。通过身体与环境、身体与世界之间的相互蕴涵,身体已经把某种行为模式作为身体图式烙在其中了。

梅洛-庞蒂认为,经验主义和理智主义的缺陷在于它们都把空间视为均质的、连续的、与人的身体无关的"客观空间"。而实际上,身体对于空间性的存在具有原初性的意义,"我的身体在我看来不但不是空间的一部分,而且如果我没有身体的话,在我看来也就没有空间"。③为了批判传统"客观空间"的错误观点,梅洛-庞蒂通过大量的心理

---

① [法]莫里斯·梅洛-庞蒂:《知觉现象学》,姜志辉译,北京:商务印书馆,2012年,第190页。
② 杨大春:《语言、身体与他者——当代法国哲学的三大主题》,北京:生活·读书·新知三联书店,2007年,第151页。
③ [法]莫里斯·梅洛-庞蒂:《知觉现象学》,姜志辉译,北京:商务印书馆,2012年,第140页。

学和生理学的例子,证明了空间性既不是经验主义所理解的纯粹客观空间,也并非理智主义所理解的理智的直观。"这种空间性既不是物体在空间的空间性,也不是空间化空间的空间性。"①它是第三维的空间性,存在于身体与世界的关联之中。其中,身体处在变化的环境中,并对周遭的一切做出回应。在梅洛-庞蒂看来,身体与情境之间的交互包含两个层次:其一是身体对外部世界的开放互通;其二是身体主体意识的差异性和可变性。

　　世界是一个从过去、现在到未来的开放系统,囊括了一切不断变化的知识、价值和真理。主体要建立一个完整的自我,就必须时刻向世界开放自我,保持交流。由于人具有各种感觉功能,比如视觉场、听觉场、触觉场,所以自我可以被当作心理—物理主体,也即身体主体,从而与他人建立联系,获得对他人的感知和体验,并由此获得对外界事物的观点。也就是说,"我的世界是一个他者所使用的工具,是被引入到我的生活中的一般生活的一个维度"。②梅洛-庞蒂认为,自我和他人的看法都会汇合于我们对世界的认识之中,这个过程是通过身体主体间的互动形成的,即"我的身体在感知他人的身体,在他人的身体中看到自己的意向的奇妙延伸,看到一种看待世界的熟悉方式"。③也正是在这个意义上,梅洛-庞蒂认为"在一般的生存和个人的生存之间,有着交流,每一种生存既接受也给予"。④主体意识的差异性和可变性,使身体被持续地投放到多元变动的情境中。

　　在这个互相交流的开放世界之中,我与外部环境时刻都在进行着信息的交流和能量的交换,自我和他者也凭借身体间性完成有效的交流。身体对于自身力量或缺陷的感知、对事物的控制能力、对有意义的事物的理解水平、对情感的敏锐程度以及对于与其他主体身体接触时的积极反应,都凸显出主体的含混与身体生成的不确定性。梅洛-庞蒂对主体和他者对于情感的投射进行分析,并指出,"由于我们各自的处境,我们

---

① 张祥龙:《朝向事物本身:现象学导论七讲》,北京:团结出版社,2003 年,第 316 页。
② [法]莫里斯·梅洛-庞蒂:《可见的与不可见的》,罗国祥译,北京:商务印书馆,2008 年,第 21 页。
③ [法]莫里斯·梅洛-庞蒂:《知觉现象学》,姜志辉译,北京:商务印书馆,2012 年,第 445 页。
④ [法]莫里斯·梅洛-庞蒂:《知觉现象学》,姜志辉译,北京:商务印书馆,2012 年,第 562 页。

不可能构造一个我们两个意识得以沟通的共同处境,每一个人都根据自己的主体性背景投射这个'唯一的世界'"。①因此,外部世界的多元化与身体主体的差异性,都会造成不同的体验。

从"现象场""身体图式"和"身体间性"等关键词中,我们不难捕捉到梅洛-庞蒂对身体的理解:身体是感知的、体验的、开放的、情境化的"在世之中"的存在,是身—心—世界的统一。在《眼与心》中,他进一步反驳了身体与心灵、主体与客体之间存在的二元性,身体既是可见者,又是能见者,身体在注视着他物的时候,也在注视自身。身体不但富含情感,处于特定的情境之中,并且时刻与周遭的一切产生互动。因此,梅洛-庞蒂的身体是"一个自发的力量综合、一个身体空间性、一个身体整体和一个身体意向性,这样,它就根本不再像传统的思想学派认为的那样是一个科学对象"。②

更进一步地探讨,我们会发现,这个身体的理论基础是一种"涉身自我"(embodied self),这样的"涉身自我"具有两个基本含义。首先,涉身自我强调身体的物质性与普遍性,或者说自我与躯体可分。涉身性不只是拥有身体的问题,或者是把身体作为一种工具,而是身体成为自我的条件。自我永远不会与自我的物质性分离。我们都拥有身体,"自我在本质上是特定情境中与他物相关联的共生性自我"③,这使我们有能力彼此沟通,体验共同的需要、欲望、满足和挫败感。自我与躯体的不可分离性使得涉身自我具有普遍性。其次,涉身自我强调身体的含混性和可变性,也即特殊性和文化差异性。对梅洛-庞蒂来说,身体的含混性是建立在身体间性的基础上的,即建立在被他者接触、观察和感觉的基础上。身体的含混性点燃了知觉的火花,世界的意义通过身体表达出来,反之亦然。涉身自我因此具有文化差异性,这种差异会因历史、种族、民族和群体而有所不同。

综上所述,梅洛-庞蒂将身体建立在知觉之上,提出了主体是一种感知的、体验的、多元的身体主体。在现代身体理论的发展流变中,梅洛-庞蒂对身体的"身—心—世

---

① [法]梅洛-庞蒂:《知觉现象学》,姜志辉译,北京:商务印书馆,2012 年,第 448—449 页。
② 汪民安、陈永国:《后身体:文化、权利与生命政治学》,长春:吉林人民出版社,2003 年,第 16 页。
③ [美]理查德·舒斯特曼:《身体意识与身体美学》,程相占译,北京:商务印书馆,2011 年,第 21 页。

界"三重蕴涵结构的理解是具有开创性的里程碑意义的。梅洛-庞蒂真正做到了身体、心灵与世界的融合与统一,其独特贡献在于"把人的存在确立为身体的存在"。①梅洛-庞蒂开启的知觉现象学具有承上启下的作用,技术现象学、现象学美学等流派的发展也无不借鉴了他的理论资源。因此,梅洛-庞蒂的身体主体不仅为我们理解技术与艺术的关系提供了丰富的理论根基,也为我们进行现象学研究提供了独特的视角和方法。

（四）技术的内化与身体的不确定性

如今,随着科学技术的迅猛发展,科学技术与身体之间的矛盾也愈发剧烈。一方面,科学技术似乎在试图摆脱身体的羁绊,另一方面,科学技术似乎又在努力效仿身体的功能。科学技术不断挑战身体的极限,又不断重建与身体的秩序。技术对身体的侵入所引发的关于身体不确定性的讨论,也是身体的非二元论的表现。

一直以来,技术也被理解为是对当代的身体意义造成威胁的主要力量之一,对社会关系的形成具有至关重要的作用。"技术在科学所描述的物质世界和生活经验领域之间搭建了一座桥梁。"②换句话说,我们与技术的互动开辟了一块经验的领域。在当今时代,技术与身体的联结随处可见。基因工程、整形和修复手术、影视传媒,在现代技术所及之处,身体所面对的选择的可能性越来越大。这些趋势一方面增进了人们控制自己身体的潜力,另一方面也加剧了身体受他人控制,或者被异化和伤害的可能性;一方面使人们更加清楚技术对身体的重要性,另一方面也瓦解着身体与身体之间、技术与技术之间以及身体与技术之间的传统界限,从而加剧了人们对于身体的不确定感。"我们面临一些新的制造身体或者再造身体的方式。单一的、有界限的、碳基材料的身体被技术和实践的增殖和进化所代替,这使得新的身体的增加、改变和发明成为可能。"③20 世纪 80 年代,由信息技术和生物工程结合而成的新技术不断与身体结合,

---

① Macann, E. C. *Four Phenomenological Philosophers*: *Husserl*, *Heidegger*, *Sartre*, *Merleau-Ponty*, London and New York: Routledge, 1993, p.200.

② Hansen, M. *Embodying Technesis*: *Technology Beyond Writing*, Michigan: The University of Michigan Press, 2000, p.60.

③ Blackman, L. *The Body*: *The Key Concepts*, New York: Berg. 2008, p.2.

导致"技术化的身体"的出现,迫使人们对稳定的、有界限的身体进行再一次的审视。克里斯·席林(Chris Shilling)①在《文化、技术和社会中的身体》一书中,将身体放到了技术、社会和文化之中考察,用"技术化的身体"这一概念深刻阐述了技术与身体的相互作用,并提出了身体是社会建制的多维媒介。②"技术化的身体"不仅表明技术已经全面控制了我们的工作和生活,还意味着技术和知识已经内化了,开始侵犯、重建并不断地控制身体的内容,成为身体的一部分,甚至是全部。

基因编辑技术与人工智能技术对身体的"模仿"与"替换",将身体抛向边界模糊的论战中。在许多方面,"人"变成了一种混合体,一种复杂的实体,唐娜·哈拉维(Donna Haraway)将其称为"赛博格"(Cyborg),即"机器和有机体的混合体"③。赛博格带来了人类生活的巨大改变:一方面,赛博技术的扩展为个人提供了前所未有的机会来突破肉身的束缚,追求自己的目标,实现个性的发展;另一方面,赛博技术可以重构主体的社会性与身份认同。实际上,赛博格作为一个隐喻概念,还不仅仅是"人类"和"技术"的混合体,而是代表着人类的"不同"境遇,与西方父权制下有着固定的界限和掌控感的人类主体不同,这种主体具有局部的视角或者情境化的知识,对建立在主客二元对立的西方现代性进行了挑战。

在如上所述的这些技术的发展中,身体逐渐变成"技术化的身体"。"技术化的身体"不仅表明技术已经全面控制了我们的工作和生活,还意味着技术和知识已经内化了,开始侵犯、重建并不断地控制身体的内容,成为身体的一部分,这在某种程度上改变了身体的传统认知观,身体的自我认知和身份认同都面临巨大挑战。正如席林所指出的:"尽管理性化让我们有可能以前所未有的程度控制自己的身体,同时也使身体受到别人的控制,这种双刃剑的性质使我们不再那么确定,究竟是什么构成了身体,一副

---

① 也有学者将 Chris Shilling 译为"克里斯·希林"。在本书中,除尊重引用原文的考虑,一律用"克里斯·席林"。

② Shilling, C. *The Body in Culture, Technology and Society*, London: Sage Publications, 2005.

③ [美]史蒂文·塞德曼:《后现代转向:社会理论的新视角》,陈明达、王峰译,沈阳:辽宁教育出版社,2001 年,第111 页。

身体结束、另一副身体开始的具体边界何在。"①因此,虽然现在我们具备了技术手段,能够对身体实施控制,但我们有关身体是什么,应当如何去控制身体的知识,却遭到了彻底的质疑。

对后现代主义者来说,身体变得充满可塑性和不确定性。"身体被当作可以书写文化影响的'黑屏';当作身份认同的建构者;当作不可还原的差异的标志;当作支配性的微观权力的感受器;当作一种工具,借此身体/心灵、文化/自然以及其他代表传统社会思潮的二元对立可以得到解决;并且被当作所有体验的身体场所。"②显然,主体的去中心化已经完成。通过把"不确定的身体"放进社会和身体的参照系中,身体导向模糊性、多元性和丰富性。在这个意义上说,"身体已经不仅仅是传统的生物学意义上的事实,不仅仅是一副由生理组织构成的血肉之躯,而是呈现出确定性与不确定性、稳定性与流动性、普遍性与差异性的统一"。③也只有在这样基础上,才能更好地把握身体体验的丰富性、生成性与可能性。

二、舒斯特曼的身体美学:感性与身体训练

随着 20 世纪初大机器工业的发展,科技理性与工具理性不断高扬,而人们的精神生活却日益贫乏。尤其随着"文化产业"的出现,艺术越来越成为科技的附庸,不断丧失自己的自主性、独特性与神秘性。对此,本雅明认为,在机械复制时代,艺术品的"灵韵"消失,这种观点更是为当时的艺术终结论做了注脚。在美学中,如何处理感性和理性的问题,是一个至关重要的问题。同时,我们发现,"'身体'(通常以'感性'的形式)是美学中的一个核心词汇,并且在批判理论那里,成为抵抗异化的重要据点。这些思想资源无疑是'身体美学'出场的逻辑前提"。④

① [英]克里斯·希林:《身体与社会理论》,李康译,北京:北京大学出版社,2010 年,第 36 页。
② Shilling, C. *The Body in Culture*, *Technology and Society*, London: Sage Publications, 2005, p.8.
③ 周丽昀:《现代技术与身体伦理研究》,上海:上海大学出版社,2014 年,第 7 页。
④ 廖述务:《身体美学与消费语境》,上海:上海三联书店,2011 年,第 67 页。

理查德·舒斯特曼(Richard Shusterman)在对这些命题进行梳理的基础上进行身体美学的理论和实践探索,对审美体验进行了复兴。舒斯特曼指出,我们要调和传统的那种审美静观与现象学的审美体验之间的关系。为此,要恢复审美体验与日常生活的连续性,让美学回归到人们的身体体验之中。舒斯特曼引入了"soma"(表示身体的希腊语)一词来建立"身体美学"(Somaesthetics)的范畴,强调他关注的不仅是一个肉体组成的身体对象,还是人感知世界的过程中形成的活生生的、有意识的、能思维的身体。舒斯特曼用"soma"这一古希腊词汇而不是用"body"这一英语词汇,是因为"它包含了与物质身体相关的观念、精神维度。正是在这个意义上,身体美学与人体美学之类有着一定的距离和区别,前者在内涵上要更加丰富,也更加富有哲学意味"。①舒斯特曼所指的身体既是具有肉身的客体又是感知着世界的主体。在这个意义上,作为身体,我在拥有一个身体的同时,又是一个感知着的身体。身体并非世界中的一个对象,而是"我"在世界中进行感知和行动的身体主体。从这一点上来说,舒斯特曼对"身体"的理解与梅洛-庞蒂相似,但是不同的是,舒斯特曼认为,身体既是感性知识不可或缺的来源,但同时也构成了感性知识难以避免的限制。因此,舒斯特曼提出了"身体美学"的理论,并进行一些实践探索与指导,以提升人们对身体的理解与训练,并将身体置于知觉和创造性的中心。"身体美学的前半是身体,指活的身体,包括头脑思想在内的身体。后半是美学,在古希腊的意思是'感知',并没有中文里'美'的意思。它跟'美'的联系约略是:你用感知欣赏美,离开感知就不可能欣赏美。"②他希望通过"身体训练",来提升身体的感知能力,提高身体的审美价值,从而更加充分地感受美。

舒斯特曼对鲍姆嘉通的美学思想进行了深刻反省,认可感性认识对逻辑的必要补充,但是也对鲍姆嘉通对身体向度的忽视进行了纠正,力图通过身体美学实现生活的艺术化。"身体美学可以先暂时定义为:对一个人的身体——作为感觉审美欣赏及创造性的自我塑造场所——经验和作用的批判的、改善的研究。因此,它也致力于构成

---

① 廖述务:《身体美学与消费语境》,上海:上海三联书店,2011年,第6页。

② 潘公凯:《现代艺术的边界》,北京:生活·读书·新知三联书店,2013年,第180页。

身体关怀或对身体的改善的知识、谈论、实践以及身体上的训练。"①舒斯特曼指出,自古希腊以来,有两种艺术,一种是"做"的艺术,显示的是"作为艺术品"的艺术;另一种是对艺术的理解,就是不用特别制作什么,而是让生活本身成为艺术。而在西方传统中,"做"的艺术占据了统治地位,而基于人的体验的艺术却被忽视。他认为,"我的哲学都是关于体验而不是关于作品的,但是作品对于塑造体验很重要。即便作品没完成,不存在,也是如此"。②他以摄影为例,说有时我们可能拍摄完了发现没装胶卷,这可能使我们无法得到照片,但是拍摄过程中的愉悦并不会因此减少,而且,事后回想起来,可能没装胶卷却依然投入地拍照这个过程本身,也给人一种美好的体验。

舒斯特曼认为,尽管审美体验可能已经不是艺术本质的核心要素,但这并不代表审美体验没有意义,审美体验依然是有效的,它并非通过理性和逻辑的角度去衡量和计算审美,而是引导人们感知和品味艺术的特性和意义。舒斯特曼利用现象学的方法概括出了审美体验的四个重要特征:"第一,审美体验是有内在价值且令人愉悦的,可以将其称为价值评价维度。第二,审美体验是可以被鲜活、生动地感知并且可以被主观体验到的,它可以捕捉我们的情感,并使我们聚焦于它的此时此地,进而使其从平凡的日常体验中跳脱出来,可以将其称为现象学维度。第三,审美体验是有意义的,不仅仅是感官上的知觉,可以将其称为语义学维度。第四,审美体验是独特的,它与艺术之美的独特性和根本目的密切相关,可以将其称为区分—定义的维度③。"总之,舒斯特曼认为审美体验含义丰富,意义多元,审美体验是主动的、内在的、有意义的、独特的体验,我们对审美经验的阐释和探索不是为了给艺术寻求一个正确的定义(实际上也不存在绝对的正确),而是帮助人们去寻找哪些东西才是我们在艺术和生活中值得去追求的。舒斯特曼以建筑为例,讨论了身体体验和环境对于建筑设计的重要性。他认为,建筑与其他艺术设计一样,是有表现力的,而身体为建筑设计提供了基础样式和核

① [美]理查德·舒斯特曼:《实用主义美学——生活之美,艺术之思》,彭锋译,北京:商务印书馆,2002年,第354页。
② 潘公凯:《现代艺术的边界》,北京:生活·读书·新知三联书店,2013年,第176页。
③ Shusterman, R. "The End of Aesthetic Experience", *The Journal of Aesthetics and Art Criticism*, 1997, Vol.55. No.1, p.30.

心参照。成功的建筑设计总是既能跟所处的自然和环境保持协调和融合,又有独特的个性,以唤起人们不同的审美体验。比如在中国的园林式建筑与西方的教堂中,人对建筑的感知、体验和产生的情绪都是截然不同的。只有从身体体验出发去理解建筑与人和环境的关系,才能从根本上提升建筑师的设计能力及人们的感受能力,从而丰富和优化我们的建筑体验。

舒斯特曼不但提出了身体美学的理论,还从身体训练的角度,进行实践操作和修炼,不断提高身体的综合能力。身体训练既包括工具的选择和使用,也包括对社会形态和价值观的塑造和体验。"在为更好的身体控制而开发不断增强的身体灵敏性时,我们应该发展对身体的环境条件、关系和周围能量的更大灵敏性。"①他提出的实践身体美学就包括很多以身体的自我改善为目的的训练项目。舒斯特曼还通过日常审美扩展了美学的定义,通过身体训练,可以使人在最普通的客体中体验到超凡的美。舒斯特曼认为,涉身的日常概念为重新思考美学提供了重要的视角。"深刻的审美体验可以在任何时候,通过最普通的对象得到滋养,并且不断增加的身体意识及其环境可以丰富和深化日常体验。"②他号召艺术和生活实践的整合,在日常活动中有伦理学和美学的交织。美学不只是一种学术事业,它的实践意义在于它还是一种关切自我提升的生活方式,通过身体训练进行感性认识的回归,可以有效丰富身体的审美价值,并获得更好的审美体验。

三、马克思的实践美学:感官的历史维度

马克思和恩格斯并没有从美学或者艺术哲学的角度专门论述过艺术的本质问题,而主要是从经济学和哲学的角度来谈论艺术。在《1844 年经济学哲学手稿》中,马克思对艺术的本质作了一些经典性的论述:"宗教、家庭、国家、法、道德、科学、艺术等等,都

---

① [美]理查德·舒斯特曼:《身体意识与身体美学》,程相占译,北京:商务印书馆,2011 年,第 298 页。
② Bhatt, R.(ed.) *Rethinking Aesthetics:The Role of Body in Design*, Routledge, 2013, p.4.

不过是生产的一些特殊的方式,并且受生产的普遍规律的支配。"①在一般的美术史中,都把这部手稿看作是马克思主义美学的奠基之作。在《〈政治经济学批判〉导言》中,马克思又从认识论的角度进一步阐述了艺术的本质:"整体,当它在头脑中作为思维的整体而出现时,是思维着的头脑的产物,这个头脑用它所专有的方式掌握世界,而这种方式是不同于对世界的艺术的、宗教的、实践—精神的掌握的。"②更为系统的观点是,马克思从社会存在和社会意识的关系出发,把艺术当作意识形态的形式。马克思认为,艺术是一种按照美的规律来进行的精神生产,也是一种社会的意识形态,因此,艺术的发展既要受物质生产的制约,又有自身内部的规律。

马克思和恩格斯把社会生产划分为物质生产与精神生产两大领域,艺术生产又是精神生产的一个特殊部分。艺术生产的目的在于满足人类特定的精神生活需要,也即审美需要,艺术产品具有与物质产品不同的社会价值,也即审美价值。艺术是物质生产发展到一定历史阶段的产物。按照马克思的观点,人类的生产与动物的生产具有很大的不同,人类的生产是一种自由自觉的感性对象化活动,它超越了直接的功利目的,体现了合规律性和合目的性、个体性和社会性的统一。因此,人的一切生产本质上都是按照美的规律来进行的实践活动。"从理论领域来说,植物、动物、石头、空气、光等等,一方面作为自然科学的对象,一方面作为艺术的对象,都是人的意识的一部分,是人的精神的无机界,是人必须事先进行加工以便享用和消化的精神食粮;同样,从实践领域来说,这些东西也是人的生活和人的活动的一部分。"③人作为一种具有实践能力的类存在物,不仅要依靠无机物生活,还要把自身当作有生命的类来对待,不断扩大赖以生活的范围。

马克思和恩格斯最早将人性理论建立这样一种观点之上,即把身体看作是对自然和社会环境进行改造的来源。首先,马克思认为,人的身体是一种肉体存在。在《德意

---

① 《马克思恩格斯文集》(第1卷),北京:人民出版社,2009年,第186页。

② 《马克思恩格斯全集》(第42卷),北京:人民出版社,1979年,第125—126页。

③ 《马克思恩格斯文集》(第1卷),北京:人民出版社,2009年,第161页。

志意识形态》中，马克思指出："全部人类历史的第一个前提无疑是有生命的个人的存在。因此，第一个需要确认的事实就是这些个人的肉体组织以及由此产生的个人对其他自然的关系。"①人为了生存和延续自己的生命，首先要解决的就是吃穿住行等生活需要，这是人类生存的物质前提。人类只有通过不断进行实践，才能使外部世界转变成属人的世界，使自然界转变成人的无机的身体。自然并非为了人才存在，只有从事实践活动的有血有肉的人，才能以自己的行动实现自己的物质和精神需求。"我们的出发点是从事实际活动的人，而且从他们的现实生活过程中还可以描绘出这一生活过程在意识形态上的反射和反响的发展。"②

其次，在马克思看来，人的身体不仅仅是一种"肉体存在"，还是社会历史的产物。马克思认为，人类始终用一种具体的、感性的、积极的方式改造和实现自身。身体的肉身存在是依赖于自然的，但是身体要通过一定的社会实践和社会关系才能实现自身。"人的本质不是单个人所固有的抽象物，在其现实性上，它是一切社会关系的总和。"③在由人与环境构成的社会关系中，身体与社会和文化环境都是相互联系，密不可分的。马克思的观点为我们理解身体和人性的本质提供了理论基础，任何人都不是孤立地存在于自然界中，而是生活在现实的社会关系里的。但是，我们同时也应该看到，"虽然马克思使身体隐隐约约地浮现出来，但是身体并没有获得其自主性，它只是一个必需的基础，是一个吃饭的经济学工具，而不是哲学和伦理学的中心"。④

马克思是从身体出发，将其置于物质性和历史性中，去看待人的感性认识与美的创造之间的关系的。马克思认为人的身体具有生成性，身体是实践的前提、目的和归宿。"身体不仅是认识主体和实践主体，而且是价值主体和审美主体，因此，现实人的认识活动、实践活动、价值选择和审美追求，都是在身体驱动下的生活过程。"⑤马克思

---

① 《马克思恩格斯选集》(第1卷)，北京：人民出版社，1995年，第67页。
② 《马克思恩格斯选集》(第1卷)，北京：人民出版社，1995年，第73页。
③ 《马克思恩格斯选集》(第1卷)，北京：人民出版社，1995年，第60页。
④ 汪民安：《尼采与身体》，北京：北京大学出版社，2008年，第259页。
⑤ 崔永和、程爱民：《身体哲学：马克思颠覆传统形而上学的生活旨归》，载《河南师范大学学报》(哲学社会科学版) 2013年第5期，第3页。

曾指出:"五官感觉的形成是迄今为止全部世界历史的产物。"①个体的人总是历史性的,物质生产活动是人类生活的第一个历史前提,这些历史条件既制约着我们感知的方式,也赋予我们感知的可能性:"只有音乐才激起人的音乐感;对于没有音乐感的耳朵来说,最美的音乐也毫无意义"。②人能看到什么,听到什么,理解什么和相信什么,并不只是取决于生理意义上的感官,而取决于被历史和实践所塑造的属人的感知方式。人的感官不同于动物之处在于,人的感官中包含着这种历史化的内容,是习得的产物。人性只有在实践中才能不断展开和丰富自身,只有在历史的敞开性中,人才能获得感觉的可能性与现实性。人的眼睛、耳朵与动物的眼睛、耳朵之所以不同,就在于人的感官是人的对象化活动和人的本质展开的结果,"不仅是五官感觉,而且连所谓的精神感觉、实践感觉(意志、爱等等),一句话,人的感觉、感觉的人性,都是由于它的对象的存在,由于人化的自然界,才产生出来的"。③人的感知能力是自我本质力量对象化的结果,是在观照自然和改造自然的过程中实现的,对"自然"的改造就意味着人性的萌芽和展开。人与动物的不同就在于人类具有有意识的生命活动,这也是人类成为类存在物的原因。人类实践的多样性与丰富性意味着不同的人、不同的文化会用不同的方式来感知世界。由此看来,人的技艺就是通过人的属人的劳动,促使自然物朝向它自身的完美形式转换的过程。

人的感知的历史化,是人在人的感性丰富性的展开过程中,从"肉体存在"向"社会存在"转化的必然逻辑。人的感知方式并非完全自由,而是受制于各种历史条件,从而呈现出某种发展的不均衡性。在马克思那里,人的"看的方式"是历史生成的,是一种习得的结果,这里面包含了历史的、文化的、阶级的差异,也因此构成了技术和艺术史本身的丰富性和复杂性。人性的展开并非感官的技术化,而是在不同文化的传统中展开的。因此,要在具体的历史的境遇中,去完成的人的本质力量的对象化,实现历史性的创造和转化。某种情况下,人也会被异化,从而失去审美能力与审美感觉:"忧心忡忡的、贫穷的人对最美丽的景色都没有什么感觉;经营矿物的商人只看到矿物的商业

---

① ② ③①②③ 《马克思恩格斯文集》(第1卷),北京:人民出版社,2009年,第191页。

价值,而看不到矿物的美和独特性;他没有矿物学的感觉"。①在马克思看来,工业的历史和成就以及政治和艺术等,都是人的本质力量对象化的确证,这种对象化既体现在人类现实性活动的表现中,也体现在感性的、异己的形式中。"只有当对象对人来说成为人的对象或者说成为对象性的时候,人才不致在自己的对象中丧失自身。"②人性正是在改造世界和改造自我的否定之否定的过程中不断展开的。

由上面的论述可见,马克思美学是从劳动和实践出发,立足人的感性身体的异化与解放,来谈论美、艺术及其与身体的关系的。美就是人的感性的对象性活动,美感是体现在人的物质生产活动与精神生产活动之中的自由体验,艺术是由艺术家、艺术生产、艺术品和艺术消费构成的,艺术家的本性从主体角度来看就是创作和劳动,"劳动的本质在于它必须按某种自由的思想来进行,它是一种按照普遍概念铸造事物的力量,因此它是技艺、科学、艺术和一切知性能力的真正来源"。③建立在实践基础上的世界并不是一个脱离了现实的虚幻的世界,而是对现实世界具有批判与改变功能的审美世界。从马克思主义出发,艺术也成为一种植根于社会生活、表现审美意识的精神生产的形式。马克思关于人性、人的感知方式、技术与身体等的相关论述为我们思考艺术和美学问题提供了巨大的启发。

如今,技术不仅塑造了新的感知方式,而且与其他因素交互作用构成了新的主体。我们的感觉不断被技术所重塑,与之相伴随的理性的僭越可能会带来技术的异化。在全球化时代,技术的跨文化流动使得人的知觉体验面临更多宏大叙事的威胁,导致了我们在微观层面的理解和感知能力降低。这些不仅仅存在于艺术再现的领域,而且更广泛和深刻地作用于我们的日常生活。我们有必要从审美体验出发,对马克思提出的技术、身体与"感官的历史化"问题进行重新思考,这不仅关涉到技术和艺术的交互,也关涉到我们如何以自身的实践和参与,生发出新的生活的可能性。

---

① 《马克思恩格斯文集》(第1卷),北京:人民出版社,2009年,第192页。

② 《马克思恩格斯文集》(第1卷),北京:人民出版社,2009年,第190页。

③ 张盾:《超越审美现代性:从文艺美学到政治美学》,南京:南京大学出版社,2017年,第11页。

第二节　身体是技术的创新来源

　　梅洛-庞蒂提出"肉"这个概念,揭示了技术和艺术统一的基础,"肉"不仅可以描述诸如我们的身体和可见的外部事物等物质性的存在,还包括诸如语言、历史、文化等精神性的存在。"肉"是最一般之物,是"一种具体化的原则",是"最初的基质或母体",也是世界万物得以产生的根源。肉身化的主体具有多重需求,技术和艺术根源于身体,都是"由同样的材料,同一种肉构成的"①。因而技术和艺术作为人的活动,发端于同一个整体。

　　针对身体与技术的联系,传统观念认为,身体是肉体性的存在,具有可腐朽性和有限性,因而是脆弱无助的;技术是人类思想观念的外化和具体化,人类可以借助技术这种工具性的存在展现其本质力量,从而弥补作为肉体性存在的身体的缺陷和不足。但是,随着虚拟现实、人工智能等现代技术的发展,技术与身体之间的联系愈来愈密切,甚至某种程度上界限模糊,出现了"身体技术化"和"技术身体化"的趋势,这使得原来建立在身心二分基础上的主客二元对立思想受到严重挑战。"身体"与"技术"这些似乎原本概念清晰、界限明确的概念也开始变得不确定起来。

一、身体是技术的来源和动力

　　身体本质上是物质与精神的交织。身体总是存在着各种各样的需求和欲望,而身体作为技术的来源首先体现在人为了满足衣食住行的需要在劳动实践过程中发展一些工具,开始根据自己的设计改变自然环境,也就是说技术源于身体的需求。马克思指出,"全部人类历史的第一个前提无疑是有生命的个人的存在。……任何历史记载都应当从这些自然基础以及它们在历史进程中由于人们的活动而发生的变更出发"②。

---

① 张尧均:《隐喻的身体:梅洛-庞蒂身体现象学研究》,北京:中国美术学院出版社,2006年,第176页。
② 《马克思恩格斯选集》(第1卷),北京:人民出版社,1995年,第67页。

从远古时代的手工工具到当今高科技产品的发展,都是为了满足人的身体的物质需求及审美需求诞生的。身体是技术活动和技术发展的目的和归宿。

身体有着各种各样的欲求,然而人的身体是有限的,技术的发展正是为了弥补身体的局限性。望远镜弥补了身体在视觉上的局限,满足了人类对外太空的渴望;多媒体技术的发展满足了身体对感官刺激的渴求;可穿戴虚拟仪器弥补了使身体超越空间的限制,满足了人类对虚拟空间的好奇。在这个过程中,技术工具已经成为身体的一部分或一种延伸,技术和身体已经成为统一的整体。

德国哲学家格奥尔格·齐美尔(Georg Simmel)也提出身体是技术的重要来源,但他是从身体本身作为超验性的存在来探讨的。他首先预设了身体的界限和局限,也就是说人的身体总是处在环境的约束和限制中的。他指出,技术的发展并不是外在强加的,而是身体本身的超验性引导技术不断突破身体的界限。齐美尔对望远镜和显微镜进行了考察,认为这些技术大大扩展了人类对世界的认识,并得出结论:"身体是其自身超越的源泉,'超出自身'的过程是'生命的首要现象'"。① 齐美尔认为,身体对自身的超越能力是在实践中展现出来的,这是一个有计划的、有方向的过程,人们对事物的想象、规划和设计,引导着人们对身体界限的超越。克里斯·席林从火和修复术的实例探讨了身体作为技术的来源及超越自身的具体呈现,火在生存竞争中是重要的资源,人们可以通过对火的控制和使用,来御寒、烧烤食物、驱赶野兽,以及获得温暖和光明。总之,火在维系人的生存竞争优势上体现了人对身体及环境的突破,人类对火的发明正是基于身体对自身的超越,这种超越的动因内在于身体之中。

人类一旦开始运用技术改变环境,接下来就是改变自身的身体能力。修复术和基因技术的发展已经取得了令人瞩目的成就。如今,生物技术和信息技术的结合为人类改变自身带来了前所未有的可能。"身体之所以可被视为构成修复术的源泉,不仅是因为我们有能力制造出这些产品,而且是因为身体的外观和功能运作为这种技术设定了标准:义肢之所以被视为成功的技术,只是因为它们复现了有机体业已丧失的功能

---

① [英]克里斯·希林:《文化、技术与社会中的身体》,李康译,北京:北京大学出版社,2011 年,第 192 页。

和/或美感。"①修复术可以使受损害的机体实现与环境的良好配合,但修复术是恢复而不是扩展人的能力,义肢即使合身也不会超越身体。网络技术的发展看似使得身体可以"缺席",但实际上身体在此是一种"遥现"的"在场",这是对现实的肉体的延伸。人工智能体和人类有机体之间的界限虽然日渐模糊,但是人与机器是否应该结合,能否真正结合,无论在技术还是伦理领域都是悬而未决的问题。技术总是和身体的结构和功能相匹配的。当今数字技术的发展是受身体的引导,根据身体的结构、特性来创造发展的。可以预见到的是,"不论是针对技术的发展,还是针对技术的局限,身体或许都依然扮演着其生产性的角色"。②

二、技术化的身体与身体化的技术

如果从古希腊以来的理性传统看,身体长期被贬损为对象化的客体,技术被认为是工具主义和本质主义的方法、手段、技巧等也就不足为奇了。通过"面向事物本身"的现象学方法,技术现象学"悬置"了人们对技术的各种非事实性成见,面向技术人工物本身。通过现象学的还原可以看出,技术人工物之所以能够成为人工物,关键在于技术物所体现出来的结构和功能意向。"结构和功能—意向的二重性是人造物之为人造物最根本和最重要的东西。"③缺少结构意向的人工物,就失去了人工物存在的基础和载体;缺少功能意向的人工物,就失去了人工物存在的目的和意义。

梅洛-庞蒂开启了身体现象学的先河,对身体给予了空前的关照。在梅洛-庞蒂看来,我们的身体是感知的身体,并且既是能感知的身体,也是被感知的身体。这种感知的身体不是单向的或有着明确边界的,不只是生理的、对象化的客体,而是躯体和心灵的结合,是"活生生"的身体。身体与世界不是外在的包含关系,而是身体知觉与世界相互关联地交融在一起,形成一个整体性的存在。

---

① [英]克里斯·希林:《文化、技术与社会中的身体》,李康译,北京:北京大学出版社,2011年,第193页。
② [英]克里斯·希林:《文化、技术与社会中的身体》,李康译,北京:北京大学出版社,2011年,第213—214页。
③ 舒红跃:《技术与生活世界》,北京:中国社会科学出版社,2006年,第27页。

伊德以梅洛-庞蒂的身体现象学为理论切入点,通过"人—技术—世界"的意向性关系,凸显了技术的居间调节作用,发展了自己的技术现象学。他认为技术人工物在人和世界之间架起了一座桥梁,技术实际上是处于观察者和被观察对象之间,起到了居间调节的作用。对有技术的居间调节和没有技术的居间调节作用的知觉结构的分析,是伊德技术现象学研究的重点。"对于通常所说的感觉知觉(在实际的看、听等感觉中直接获得的和通过身体关注的),我将称为微观知觉(microperception)。但是,也可能存在着一种所谓的文化的或诠释的知觉,我将称之为宏观知觉(macroperception)。两者同样都属于生活世界。这两个维度的知觉密切相关,密不可分。"①伊德认为梅洛-庞蒂分析的主要属于"微观知觉"层面,而他主要分析的则是"宏观知觉"层面。

伊德在不同的场合中,对身体与技术物的关系分别进行过阐述。概括起来,他把身体与技术人工物的知觉结构分为四类:涉身关系(embodiment relations)、诠释学关系(hermeneutic relations)、他异关系(alterity relations)、背景关系(background relations)②。在身体与技术的关系中,这几种关系往往都是相互叠加的,而不只是属于其中某一种关系。在涉身关系中,技术人工物常常隐蔽起来,或者用海德尔格的话说,就是技术的"抽身而去"。戴着近视镜的人很少注意到眼镜的存在,而只有当镜片模糊、开裂或者丢失时眼镜才会被关注。这种情况下,技术人工物成了身体的一部分,伊德将这种知觉结构表示为:(身体—技术)—世界。伊德以驾驶的汽车为例,分析身体与技术的现象学关系。熟练的驾驶员与汽车能达到合二为一的境界。身体不仅可以借助汽车来感知路况,还可以在狭窄的空间中自由地穿梭。汽车犹如驾驶者身体的一部分,任由驾驶者掌控。另外,汽车在速度上的优势还开显了空间拉近和时间压缩的知觉体验,这也是技术人工物对身体知觉的延伸。

从现象学的角度看,无论是梅洛-庞蒂所说的"盲人的手杖",还是伊德经常引用的"驾驶的汽车",都是以其不可再被还原的结构和功能意向,与同样具有结构和功能意

---

① [美]唐·伊德:《技术与生活世界:从伊甸园到尘世》,韩连庆译,北京:北京大学出版社,2012年,第32页。

② Ihde, D. *Technology and the Lifeworld*: *From Garden to Earth*, Bloomington: Indiana University Press, 1990, p.89.

向的现象身体建立了内在的关联。技术物作为身体的延伸，可以"在结构和功能意向方面弥补、提升甚至超越身体自身在脆弱性、可腐朽性等方面的不足，从而表现出'技术化的身体'。"[①]汽车等代步工具与身体相结合，弥补了身体在速度上的局限；望远镜、显微镜等光学仪器提升了身体在视觉方面的感知能力；电话、助听器等人工物延伸了身体在听觉方面的不足。尤其是随着现代技术的不断发展，技术人工物在结构和功能方面越来越深入地内化到身体之中，因而区分出何为身体、何为技术人工物也变得越来越难。

与此同时，技术人工物也不是独立自存的，而是相对于身体的特征而被创造并不断发展的，从而表现出"身体化的技术"。技术从来不是外在地强加给我们的"非人的"因素，而是与人的意图、框架和脚本有关的。技术人工物的结构和功能的设计总是与身体在结构和功能方面的特征相匹配的。键盘按键的设计，手持产品的发明以及各类座椅的规划，都不能偏离身体的特殊构造和功能。技术人工物的美学意义上的结构和功能也是由身体决定的。甚至在人们认为肉身经常"缺席"的赛博空间中，我们也可以发现，互联网技术的发展和使用并非超越个人的肉体，而是根植于人的肉身存在的需要，并受身体引导的。因为每一个"在线"行为都与一个"离线"的身体相关。

在现象学意义上，一方面，技术人工物与身体的关系构成了伊德所言的涉身关系，技术人工物在这种关系中被隐匿起来，不再是经验主义的对象性的客体。技术人工物不再是外在的存在物，而是与身体成为一个整体性的存在，成为身体的一部分，构成身体的第二自然。另一方面，由于身体和技术之间不再是二元对立的主客关系，而是平等的交互关系，因此身体也可被认为是技术的有机构成。这样，身体与技术形成了相互交融、相互塑造的一体化进程。

通过对身体和技术关系的现象学分析，可以看出身体与技术实际上处于一种身体意向与技术意向双向塑造，相互建构的动态的、整体化的过程之中。身体意向给技术提出要求，从而形成身体化的技术；反过来，技术也以其特有的结构和功能意向影响着

---

① 周丽昀、庞西院：《技术现象学视阈下的身体与技术》，载《上海理工大学学报(社会科学版)》2015 年第 4 期，第 357 页。

身体,从而形成技术化的身体。在身体的技术化和技术的身体化进程中,技术人工物对于身体来说,不再是异己的存在物,技术与身体作为整体性的存在,共同构成了我们体验世界的新的主体,扩展了我们知觉世界的范围。

与此同时,我们也要注意到,身体与技术的交互关系并不是决定论意义上的,也不是完美的。有技术介入的身体虽然可以弥补、加强甚至超越身体的局限和不足,但也不可避免地使得身体失去了原本生动的多样性,并且可能沦为技术的场域。因此,我们也要在技术的遮蔽和解蔽之间保持一种必要的张力。一方面,在理论上,要摈弃关于技术人工物的工具主义或者本质主义的思维模式;另一方面,在现实中,要避免过度沉浸在技术理性至上世界之中,从而遗忘了多彩的生活世界。

三、身体与技术关系带来的思维转换

从现象学的视角看,身体和技术是一种相互关联的整体性的存在。技术是身体的第二自然,身体是技术的有机构成,身体与技术相互交融,相互塑造,这是通过对身体和具体的技术人工物的关系分析而得到的结果。那么,用技术现象学对身体和技术进行分析,需要进行哪些思维转换呢?

一是从实体思维转变为关系思维。西方哲学影响广泛的二元论传统也延续到了技术哲学之中。工程主义的技术哲学与人文主义的技术哲学分别从客体和主体的视角来解释技术,二者的对立由此产生,这也使得两种立场具有不同的特点。工程主义的技术哲学更注重经验论的观点,专注技术的细节和自然属性,强调描述性的方法;而人文主义的技术哲学则更多强调规范性的传统,具有理性思辨和人文色彩。实际上这两种实体性思维的模式都是有失偏颇的。在梅洛-庞蒂看来,我们的身体是"躯体和心灵的结合",世界是现象身体的展开。在伊德看来,技术也不能是脱离身体的纯粹实体,而是存在于具体使用的情境之中的。梅洛-庞蒂的手杖和羽饰,伊德的汽车和电话都具体地说明了身体和技术之间的关联。由此可见,只有运用关系性的思维,才能更加明晰地认清事物的本真状态。身体和技术的关系,既关系到身体化的技术,也关系到技术化的身体。技术总是与具体的使用情境相关。

二是从概念思维转变到实践思维。传统哲学中,对世界的解释往往建立在抽象的概念基础上。从抽象的思辨到对具体的技术人工物和身体的知觉分析,从对身体和技术的形而上学的本体论预设,到对不同情境中的技术人工物和现象身体进行实践层面的探索,是我们需要进行的又一思维转换。身体与技术的关系并非铁板一块,是不能脱离具体的历史情境的,必须放在不同的历史时期和地域中去考量。譬如,在农业文明时期、工业文明时期以及现代社会之中,分别出现的简易工具、大机器以及智能化的技术人工物,相对于身体的关系就有不同的表现。即使在同一历史时期,对于不同国家和文化传统、不同年龄段以及不同健康状态的身体而言,技术人工物与身体的关系也表现出多元性和情境性。因此,探究技术与身体的关系,只有直面活生生的身体以及具体的技术人工物,深入到具体的技术实践之中,才会更有助于理解身体与技术的关系。从技术现象学的视角看,身体与技术的关系既涉及身体的意向性,也涉及技术人工物的意向性。只有在对身体意向与技术意向的相关性的实践情境中,身体与技术才能得到更好的理解。

基于身体视角和关系性思维,可以理解当今很多艺术和技术实践。以文物保护为例。通过关系性、实践性和动态性思维,可以避免一些文物保护的误区。从目前文物保护研究和实践的情况看,大多数文物保护研究属于"技术性"研究,比如研究文物的"病变"机理以及如何"防病"。在这方面,材料学、化学、力学、考古学等学科发挥了非常重要的作用。但是,在一些文物保护实践中,可能会走入"保护性破坏"的误区。究其原因,是因为在技术性的问题背后,还有深刻的理念和价值问题值得考量。历史地来看,任何物都有成为文物的可能性,但物之所以成为文物,往往是在一定的空间、地域以及一定的历史和文化中建构出来的,而不是处于价值真空中的客观对象。如果从这样的前提出发,我们会发现文物保护中的一些误区——实体性思维和对象化思维在文物保护中的片面应用。

《中华人民共和国文物保护法》第二章第 21 条规定:"对不可移动文物进行修缮、保养、迁移,必须遵守不改变文物原状的原则。"但是关于"不改变文物原状",却众说纷绎。有学者认为,不改变文物原状的原则可以包括保存现状和恢复原状;有学者提出了坚持"原材料、原形制、原工艺、原做法"的"四原"原则;还有学者提出了以《威尼斯宪章》为基础的现代文物保护的基本原则:可逆性原则、可识别原则和最小干预原则。这些原则看上去似乎没什么问题,但在实践中,其有效性却常常受到挑战。比如某个佛像的"金装"因为风雨侵蚀或者人为偷窃而脱落或者丢失,修复金装之后是"原状"还是尊重历史形成的样貌是"原状"? 又比如对古建筑等某些不可移动文物的盲目修复,即便是"修旧如旧",也可能构成对文物的历史进程的干预和破坏。文物保护与文物修复之间并非一一对应的关系,对在历史中破损和毁坏的文物,修复未必一定是正确合理的,因为在修复的同时很可能隔断了历史发展的脉络,影响了文物的历史延续性和传承性。

在文物保护中,通过关系性思维而不是实体性思维,可以更好地考虑到不同文物的特质,把文物的历史、艺术和科学价值体现出来。主体和客体之间的关系不再是认识关系,而是一种存在关系,由此,人与世界之间形成一种自然而然的密切的关联,这种关联使得情境性、差异性、过程性以及"此时此地的在场性"成为关系思维的重要特征。具体到文物保护上,有以下几方面。

首先,要历史性、情境性地看待文物保护的价值评判和方法选择。文物保护理念会随着社会发展、科技进步和人类意识的发展而不断发生嬗变。文物在最初作为用品时,其修复仅仅为了能继续使用;成为收藏品后,其修复往往是为了鉴赏,较多考虑艺术上的审美性;作为对文物的保护和修复,则是为了保护文物价值的完整性与科学性。但完整性指的是历史进程的完整,还是文物实体本身的完整,却是需要慎重判断与思考的;科学性意味着我们要区别对待文物保护的重点与方法。比如,关于代表性建筑的价值,有的胜在外形,有的长于构造,有的精于内饰,需要在分析评价后确定不同的保护重点。而涉及名人故居、历史事件发生地,就要从历史情境和意义的角度来判定保护部位,是保护反映历史背景的周边环境,还是保护反映人物人格和日常生活的室内陈设,等等。因此,要在对文物的普遍性和特殊性认知的基础上进行价值评判,更多地认识到文物保护是个"过程",要在关系中针对性地思考和确定文物保护的重点和方法,而不是千篇一律。

其次,深入研究影响文物保护的因素和机制。文物保护并非是客观中立的科学技术问题,还受到诸如知识、权力、市场、资本等因素的控制和影响。在文物保护中,有一个非常重要的理念,就是对"原真性"的保护,而对什么是原真性,如何保持文物的原真性,中西方文物保护的理念却很不相同。"原真性"本义是表示真的、原本的、忠实的,而不是假的、复制的、虚伪的。原真性所涉及的对象不仅是文物、古建筑等的真假问题,还扩展到自然、艺术、技术与宗教的关系。现代西方的修复理念更加注重艺术品的原真性,而中国修复理念则更加注重文物外形的完整性,所以常常"修旧如旧",以达到外在的完整统一。另外,在"原真性"和"复制品"或者赝品的理解上,也会有一些争论。比如,曾经有一幅作品《红马》被鉴定为假文物,但是假以时日,这幅作品却也有成为文物的可能。2006 年,德国科隆的 Lempertz 拍卖行以 290 万欧元的价格拍出了一幅名为《红马》的画作,当时这幅作品号称出自德国著名表现主义画家坎本东克之手。后来,技术鉴定证明这幅作品用了某种原作时代所没有的颜料,这才被发现是赝品。某种程度上,这个赝品构成了一个"事件"(event)。从历史进程来看,也许这个赝品有成为文物的可能,因为它体现了技术和艺术的突破性的成就和进展。如今,在这个数字时代,机械复制盛行,赝品的形式和内容也越发丰富,必将对文物的原真性理解造成新的冲击。

再次,关系思维可以使我们打破虚实的界限,必要时通过虚拟现实技术辅助文物保护。在不确定的情境下,我们要慎重对待文物修复。为了对文物进行"最小干预",或者防止其不可复原,我们可以充分运用虚拟现实技术作为支持手段。对有些需要复现原始完整性的不可移动文物,可以通过虚拟现实技术建构出文物的原貌,如通过"圆明园复原 3D 全景图"体现损毁前的圆明园样貌。如此,可以最大限度地减少对文物"原状"的损害,又不妨碍文物在历史传承中的"实际"变化,以满足人们对"原作"的欣赏需求。又比如,有些可移动文物一般只能停留在博物馆中,因为空间的限制以及陈列手段的单一和落后,不能有效展示文物内涵。还有些纸质类、漆器类等易损文物,运用传统的人工修复手段耗财费力,也难以用于长期的展出与研究。运用虚拟现实技术或者其他数字化手段对可移动文物进行"复制"（如建设网上博物馆和展览馆等），可以拓展文物的欣赏空间，提高文物的展出率和效果，最大限度地发挥文物的价值，增强人们保护文物的自觉性。

通过技术手段对文物的病变进行诊治是十分必要的，但实体性思维范式下的文物保护有点像西医的标准化、对象化诊疗方式，容易陷入"头疼医头、脚痛医脚"的误区；而从关系性思维出发对文物保护的前提进行批判和反思，在此基础上进行系统性、差异性、选择性兼具的文物保护，则有点像中医的辨证施治，可以有效避免实体性思维带来的"保护性破坏"。也许只有在历史的、具体的情境中，我们才能分析和确定哪些文物需要保护、该不该保护以及能不能保护的问题。在文物保护领域，既需要科技工作者的开拓，也需要人文学者进行一些前提性和基础性的反思工作，来为文物保护引领方向和保驾护航，使得文物保护不只在事实层面，也能在价值层面走得更深更远。

第三节　身体是艺术创造的始基

在西方艺术发展进程中，身体有着不可动摇的地位，有时甚至被认为是最为重要的"母题"。在尼采、马克思、梅洛-庞蒂、杜夫海纳、舒斯特曼等人的理论中，艺术与身体都是难解难分的关系。无论历史还是逻辑地来看，身体都可以说是艺术创造的始基。身体是艺术发展的来源、媒介和表达。甚至某种意义上，身体是"世界上最精致、最完美、最脆弱的艺术品"，身体"在不同的时代、不同的社会、不同的地域、不同的族群和性别呈现出不同的样态，述说着不同的故事。身体，既是这个世界精彩奇迹的基因，又是这个世界苦难悲愤的动因"。①正是源于身体的知觉、体验和行动，使得艺术的内容、形式和表达多姿多彩，不断处于生成与敞开之中，具有了举足轻重的意义。

---

① 参见［法］乔治·维加埃罗：《身体的历史：从文艺复兴到启蒙运动》（卷一），张竝、赵济鸿译，上海：华东师范大学出版社，2013 年，第 8 页。

一、身体艺术的价值与形态

身体与技术的关系离不开身体技术,身体与艺术的关系也同样离不开身体艺术。"美不仅源自身体,是身体产生的一种快感,也是身体的表演和创造。它既是人自身的一种美化行为的自我释放、自我陶醉、自我宣泄,也是内在灵魂自发的积极性表露。"[①]身体艺术更多是以身体为直接载体和对象的艺术,与其他艺术形式相比,身体艺术具有具体性、感官性和创造性等特征。身体艺术的相关发展主要集中在身体艺术的价值和形态两方面。

身体艺术的价值主要表现在功能性维度和审美性维度。从功能性维度来说,身体艺术体现了人类自我发展、自我欣赏以及反映社会现实的需要。最原初的身体艺术表现为人体艺术。人体艺术一般指艺术家以人体为审美对象和媒介,表达相应思想和情感的艺术形式。人体艺术既包括以人体为对象的艺术,也包含以人体为载体和媒介的艺术。到目前为止,人体艺术大致经历了原始人体艺术、古希腊人体艺术、近代人体艺术等几个阶段。最初,人体艺术的出现是为了满足人类生存发展和自我欣赏的需要。原始人体艺术源于祈求人丁兴旺;到了古希腊时代,人体艺术中的人本思想萌发;文艺复兴时期,人体艺术开始关注人体艺术中所蕴含的人体意识、审美观念、技法和写实主义等。不同时代艺术中的身体呈现反映了不同价值观,它既可以是自然的人体,也可能意指被救赎的对象,或者具有某种神圣的象征意义。近代的一些身体艺术作品,则通过绘画、装置和行为艺术形式展开了一个基于身体的美学、政治学的叙事框架,艺术家们为建构社会价值而展开切实的艺术行动,深刻揭示山身体艺术在当代文化建构中的重要意义。从审美性维度来说,身体艺术具有哲学和美学的价值。身体艺术是对自我进行反思的一种方法和路径,而身体艺术创作就是人类进行自我反思的动态过程。身体也是美学价值实现、表达的实际载体。美学离不开人的感官知觉,身体是人类一

---

① 张之沧、张皛:《身体认知论》,北京:人民出版社,2014年,第390页。

切感官知觉的物质载体。身体表达是艺术表现的重要内容,其表现形式、蕴含意义与所处的文化息息相关。

身体艺术的形态既是身体的实际表现形式,也是身体艺术的内涵延伸,不同时代的身体艺术形态是不同的,同一时代下不同时期的身体艺术形态也会存在差异。身体的表达历来是艺术表达中的主要内容和形式,各种艺术媒介无不如是,戏剧、雕塑、绘画,摄影也不例外。不同的文化传统、艺术语境以及媒介生态中的身体有着不同的呈现方式和表达方式,不同的身体艺术形态给人带来不同的审美感受,同时也传递着复杂的认知价值。

一是身体艺术的绘画形态。绘画形态是西方身体艺术创作中不得不提的,在绘画领域中对身体展开的研究与解剖学几乎保持同步发展。著名画家达·芬奇不仅研究绘画艺术,而且对于人体解剖学也有十分扎实的功底,为了达到更好的创作效果,他甚至会偷偷解剖尸体以了解人体构造。丰富的实践经验使得他绘制并积累了大量的人体解剖草图,在此基础上,他还根据人体结构及鸟类飞行的分析试图让人体双臂插上翅膀,实现带翼飞行。在 16 世纪,生物学家安德烈·维萨里(Andreas Vesalius)的著作《人体的构造》出版,该书对人体血管和肌肉等微观组织进行了描述,它的出现既是解剖学领域的重大突破,也为身体艺术发展奠定了生理基础。

抽象表现主义的灵魂人物之一,荷兰籍美国画家威廉·德·库宁(Willem de Kooning)对人的"解剖式"绘画就是极具代表性的身体艺术绘画形态之一,他在绘画中对人体进行分解并形成大量抽象图解,创造性地将这些被抽象后的"身体"散落在画面中。《坐着的女人》这幅油画摆脱了人们所熟悉的图像的任何痕迹,有人认为作品中的女人是扭曲的,有人认为是性感的,但是仅仅从线条和色彩似乎还不足以表达作者的深意。有评论说:"我们在这儿看到的不是具体的事物,而是事件——投射、擦过、回避、重叠、碰撞。"①或许,自由的想象空间正是这种身体绘画艺术的感染力所在。

二是身体艺术的视像形态。这主要是指身体照片或视频等。身体一直是视像艺

---

① [美]列奥·施坦伯格:《另类准则:直面 20 世纪艺术》,沈语冰、刘凡、谷光曙译,南京:江苏美术出版社,2013 年,第 294 页。

术创作的主要对象之一,身体艺术是人类社会文明不断进化的积极探索。当代艺术中身体艺术的表现方式更加多元化,身体艺术之美通过视觉传达,获得了扩展和延伸。在人体视像创作早期,身体的"真实性"是人们最关注的,强调视图在与身体结合时给人带来的真实感。但在进入80年代后,随着操纵技术和视像合成技术不断完善,"真实性"不再是人体视图艺术所追求的核心,人体成为"具有象征意义和隐喻性质的图案"。比如,当代摄影中的身体符号担当了诸多的历史使命与社会责任。身体成为负载了社会历史和文化等内容的容器。诸多身体与其行为一道成为被观看的对象,成为景观的一部分,承载了社会变迁的信息、细节与证据。"摄影作为一种记录手段,身体不仅进入到观看者的视野中去,而且也在摄影这个记录行为中被呈现,被察知,被赋予某种意义。"①比摄影更加丰富的传播手段是视频。在视频方式的情感传达中,身体沟通打破了视觉的范围,向听觉、嗅觉、味觉、触觉拓展,直至打动人们的情感。当代,大众传媒突破了"以视觉为中心""以媒介为核心"的身体表达,提供了视像表达的多维视野和跨呈现表达。

如今,随着各种数字技术的发展和新媒体的广泛传播和应用,摄影已经成为家喻户晓的必备技能。人们可以随时随地拍摄、记录、剪辑、上传和分享。在这个层面,普通人和艺术家、生活和艺术之间的界限日益模糊。其中一个饶有意味的转变是,"自拍"的出现使得创作者同时也成为作品的客体。人们既在观看,又在被观看,既在创作,又成为创作的对象,既在识别,又在投射,由此在这种相互转换中建立了一种新的自我与图像的关系。"摄影肖像给了我们一个身体,它努力想让我们读懂这个身体,它(尤其是在它是我们自己的肖像时)鼓励我们通过我们自己超越自然的过去关注它;为了在我们自己的世界观之内赋予这个'新的'主体意义,它大声呼唤我们从我们自己的过去中拿出具体化的经验(无论是被压抑的,还是'被遗忘的'或者轻而易举就可以想起来的)与之进行对话。"②正是身体(有时是技术化的身体)定格了我们观看世界,理解世界的方式。

---

① 顾铮:《呈现、定义与重构——中国当代摄影中的身体》,载《美术馆》2010年第2期,第236页。
② [美]艾美利亚·琼斯:《自我与图像》,刘凡、谷光曙译,南京:江苏美术出版社,2013年,第89页。

三是身体艺术的雕塑形态。身体雕塑既是对人体的一种延展,也是人体的象征性再造。与绘画相比,具有三维造型的雕塑更加具有立体感和真实感,具有独特的艺术魅力。当代雕塑作品中有着大量与人身体相关的作品,这些身体雕塑作品能够映射出其创作背景,因此人体雕塑也被视作是解读不同时期艺术和文化的一个特殊角度。有人指出,雕塑是永恒的身体,而身体是有生命的雕塑。在雕塑中,身体既是必不可少的来源与表现主题,也是雕塑制造过程中的必要元素。在身体雕塑中,身体既可能是雕塑的媒介,也可能是雕塑表达的本质,身体的公共性和个体性一同在雕塑中得到表达。雕塑的姿态和体量,更多是经由我们体验自己的身体及遭遇他人身体的方式来理解的。

英国雕塑家、画家亨利·摩尔(Henry Moore)指出,有生命力的雕塑才是美的。摩尔以创作大型抽象雕塑而著名,这些雕像作为公共艺术作品遍布世界各地。人体形象,特别是"母与子"或"斜倚的人形"是摩尔的创作中最常见的主题。尽管有时他的作品可能会比较抽象,并非是事物的再现和对外在视觉的模仿,但是富有生命力的人本主义精神永远是他雕刻中最根本的东西,使他的雕塑充满活力。"我每做一件雕刻时,脑海里总要出现人的、偶尔是动物的特点和个性,而正是这种个性制约着雕塑的构思和形式的特征,同时它也是我对这件作品在发展过程中满意与否的标准。"①

四是身体艺术的体验形态。比较有代表性的是行为艺术。行为艺术是最具有先锋姿态的当代艺术形式。行为艺术通常以艺术家本人的身体为创作媒介,强调个人身体与周围生活环境的真实关系,用直接、高效的手段来表现社会、政治及文化等因素对"身体"带来的烙印与影响。作为身体艺术的具体形态之一,行为艺术与绘画、摄影、雕塑等身体艺术形态有着较大区别,其中最突出的在于强调"体验",无论是对于创作者而言还是对于欣赏者而言,这种"体验感"都极为强烈。身体行为成为艺术创作的元素,行为艺术的本质更多来自以身体作为媒介所进行的自我反思,并使作品表达出深刻的文化意义与内涵。行为艺术使得艺术创作与日常行为的边界变得模糊甚至消失

---

① [西]毕加索等:《现代艺术大师论艺术》,常宁生编译,北京:中国人民大学出版社,2003年,第285页。

了,身体的日常行为化身为艺术作品,给人带来更为直观的美学体验。

当代行为艺术家玛丽娜·阿布拉莫维奇从 20 世纪 70 年代开始其行为艺术实践。在四十年的职业生涯中,她以自己的身体作为媒介,创作了许多令人难忘的行为艺术作品,打破了长期以来传统的视觉艺术的边界,被称为"行为艺术之母"。她的创作主要包括两个部分,一个阶段是自我对身体和精神的极限的挑战;另一个阶段是和她的情侣乌维·赖斯潘(Uwe Laysiepen,简称 Ulay,即乌雷)的合作表演。1974 年,她尝试和现场观众进行互动,让观众成为她作品的一部分。阿布拉莫维奇手无寸铁面向观众,站在有七十二种道具的桌子前面。这些道具里包括带刺的玫瑰、枪、菜刀、鞭子等危险物品,观众可以使用其中任何一件物品对她进行任何操作。在整个表演过程中,阿布拉莫维奇把自己麻醉后静坐,观众有权掌握所有的节奏和行动。开始观众还试着看她的反应,当发现阿布拉莫维奇真的对任何举动都毫无抵抗时,便逐渐放肆行使自己被赋予的权力,有人剪碎了她的衣服,有人在她身上划下伤口,有人将玫瑰刺向她的身体,甚至还有人拿着带有子弹的手枪对准她的喉咙,意欲扣动扳机,直到另一位观众惊恐不已地将手枪夺走……阿布拉莫维奇以此来与观众互动,探索人与人之间的可能关系,在行为艺术领域产生了深远的影响。

1976 年,阿布拉莫维奇和她的情侣乌雷开始合作,创作了一系列与性别意义和时空观念有关的双人表演作品。1980 年,《潜能》中的他们面对面站立,专心地注视着对方,手里还同时拉着一个紧绷的弓,在乌雷的手里紧拉着一支带毒的箭,正对着阿布拉莫维奇的心脏。由于弓箭的张力使他们的身体略微向后倾斜,彼此稍不留神,那支毒箭可能就会离弦射出,同时,通过扩音器还能听到他们心脏的急速跳动的声音。整个作品持续 4 分 10 秒,在欧洲引起了轰动。在这个行为艺术作品中,可以感受到与人与人之间的对立、配合、信任、平衡、和谐等状态,同时也反映了人与人、人与物之间的关联。每一个个体都是生活在关系之中的存在,而他人也可能成为自我的身份认同与实践方式的一部分,自我通过他者存在。2010 年,他们在纽约现代艺术博物馆表演了一场名为《艺术家在场》的展览。从博物馆开门起,阿布拉莫维奇静坐了 716 个小时,接受了 1 500 个陌生人的对视,但没有任何人能激起她的情绪。直至昔日恋人乌雷出现,阿布拉莫维奇突然潸然泪下,这对曾经同生共死的恋人伸出双手宣告和解,这几乎成了纽约现代艺术博物馆有史以来最轰动的艺术盛事。"阿布拉莫维奇的行为是体验身体的极限——对自己的身体控制的极限,以及观众与艺术家之间的关系,与艺术的关系,与社会规律的关系。"①

身体艺术的发展与作为符号的身体密切相关。日常语言中,如果一个事物可以代表其他事物,那么这个事物就会被称作是符号。"根据日常语言及其实践内涵,符号意义的关系可以用下面的范式加以形式化:在语境 M 中,符号 A 对于主体 X 来说代表所指 B。符号和意符是泛指任何一个代表自身以外的其他事物的总称。"②根据罗兰·巴特的符号学原理,身体具有音形义等方面的稳定性,因此常被用来指代事物的引申意义。例如在古希腊时代,身体塑像代表着人们对美的崇尚与追求,在当代,绘画中的身体则代表着人类对自我认识的一种发展。20 世纪 80 年代后,身体在当代艺术世界里也成为许多艺术家通过不同材质创作表达的"审美符号","当代行为艺术就是将身体理解成了一种自然符号而进行表现与言说"③。身体与艺术间的关系处在持续、多元而无定式的变化中。这样的大背景促使更多的艺术家着迷于身体艺术的探索,身体艺术也随之不断取得了新的成就:一方面是以绘画和雕塑为代表的传统艺术形式的求新;另一方面,随着行为艺术、装置艺术、影像和视像等诸多新艺术形态的出现,对人们的传统审美思维产生了冲击,甚至还因为某些身体艺术作品的"另类""异构"等,使身体艺术被过度阐释,造成了某种误读,人们开始对身体与艺术的关系进行重新审视。

二、身体是艺术的媒介和表达

身体既是人性的一个根本维度,也是人类生活的基本媒介和手段,更是一切知觉

---

① 刘淳、申冠群:《超越:世界现代与后现代艺术代表作品赏评》,北京:中国青年出版社,2010 年,第 170 页。

② [美]雅克·马凯:《审美经验:一位人类学家眼中的视觉艺术》,吕捷译,北京:商务印书馆,2016 年,第 115 页。

③ 黄荣:《梅洛-庞蒂的"身体"与绘画艺术的表现性》,载《贵州民族大学学报(哲学社会科学版)》2005 年第 1 期,第 127—130 页。

和行动产生的前提。身体既是艺术家进行创作的工具,也是其艺术表达的目的,更是欣赏者感受艺术价值的重要载体。"艺术的人性位于艺术家之中,而不是简单地位于他所再现的东西中。"①正是艺术家将其情感和思想加在其作品之上的能力,使得人性可以在各种艺术主题和形式中体现出来。

关于身体与艺术的联系,最基本的认识是,身体是艺术发展的工具性资源。现代美学的奠基人鲍姆嘉通从希腊文"aisthesis"(感官知觉)引申出"美学"一词,将美学定义为关于感官知觉的科学,在他看来,美学既包括关于感官知识的理论,也包括艺术知识。鲍姆嘉通最初的美学目标比涵盖自然美和艺术要远大,他的美学是对逻辑的补充,希望通过两者的综合,对感性认识进行完善,实现感官知觉的认知价值,为艺术提供良好的基础。

我们也可以从黑格尔的美学中看到身体的作用。黑格尔认为雕刻体现出身体形式的重要性,雕刻的任务就是"不再只是用对称的形式,而是用心灵本身的无限形式,把相应的身体性相集中起来而且表现出来"。②在黑格尔那里,物质性的雕刻必须通过非物质性的观念来表达。雕刻的物质性是对观念力量的局限,而观念最有力的表达必须是非物质的。"在雕刻里感性因素本身所有的表现都同时是心灵因素的表现,反之,任何心灵性的内容如果不是完全可以用身体形状呈现于知觉的,也就不能在雕刻里得到完满的表现。雕刻应该把心灵表现于它的身体形状,使心灵与身体形状直接统一起来,安静地幸福地站在那里。"③在雕刻中,身体因素与心灵因素是直接统一的,感性因素既是身体知觉的体现,也是心灵内容的注满。黑格尔认为,在绘画中也是如此。虽然绘画不但要与可见的三维空间中的人或者物打交道,也要与"可见性本身"打交道,并且通过对物质的观念化,将事物的"可见性"揭示出来,但是,这绝不意味着身体对于绘画可有可无。一个显而易见的道理是,人的身体既是绘画表达的对象,又是画家表现的工具,还提供了对于作品的形式和意义的理解和体验。没有身体的触觉、运动和体验,就无法进行合理的绘画和有效的理解。另外,从身体空间来看,音乐的表现也是

---

① [美]迈耶·夏皮罗:《现代艺术:19 与 20 世纪》,沈语冰、何海译,南京:江苏凤凰美术出版社,2015 年,第 270 页。
②③ [德]黑格尔:《美学》(第 1 卷),朱光潜译,北京:商务印书馆,2015 年,第 106 页。

如此。音乐可能比绘画更加具有非物质性和主体性。我们对音乐的创作、演奏以及随着音乐产生的摇摆、律动、情绪变化等身体反应，无不说明音乐是涉身性的现象。几乎找不到一个艺术形式是可以脱离身体而存在的。

中国传统美学中的身体也很有借鉴意义。中国传统美学与西方美学不同，它注重的不是认识和模仿，而首先是情感，是对生命及其运动，尤其是其意味、韵味、品味等的体验和领悟。这种感受在视觉、听觉、味觉、嗅觉和触觉等五感中均有发生，而味觉又在其中占有重要地位。东汉许慎在《说文解字》中就将"美"解释为"美，甘也，从羊从大"。同样地还有触觉，如人们"以玉比德"，赞美宋瓷"温润如玉"，显然是与触觉相关。当然，这些又并非是仅仅依靠感官或者其某一部分进行感知，而是全身心的投入，是身体感觉与心灵鉴赏的协调融合；不是单纯追求感官的满足，而是要从中获得心灵的诗意享受，进而实现对当下的超脱和对个体生命的超越，从而达于精神的自由。因此，在中国传统美学中，美是在世的，与日常生活相联系，又不滞于物，由生活上升到"生命本身"，从中获取心灵的解放。①

身体艺术的符号功能源于身体图式和身体意象的重要性。在梅洛-庞蒂看来，"身体图式"意味着，身体感官的统一性不是偶然的结构，而是先于现实内容，先验地具有内在的统一性，"我不是在我的身体前面，我在我的身体中，更确切地说，我是我的身体"。②感官的统一并不只是体现在客观空间中的移动和变化，而是面向任务和意义的，是有计划的。"身体图式根据它们对机体计划(projects)的价值主动地把存在着的身体各部分联合在一起。"③通过身体图式，身体在人与世界的关联之中通过对空间的定向、定位和扩展，建构着现象空间，并赋予了身体主体不同的知觉和体验。感官统一性是身体空间的基础，它自身携带方位，通过内容的"意义"区分空间，并将其投射到外部空间，产生相对确定的空间形式，反过来，外部空间赋予身体空间一种明证性。因此，身体规定了我们看待和理解世界的方式，通过在空间以及社会互动场域中的位置，为

① 朱葆伟：《中国古代工艺中的美》，载《哲学动态》2019年第5期，第110页。
② ［法］莫里斯·梅洛-庞蒂：《知觉现象学》，姜志辉译，北京：商务印书馆，2012年，第198页。
③ ［法］莫里斯·梅洛-庞蒂：《知觉现象学》，姜志辉译，北京：商务印书馆，2012年，第137页。

我们提供了一个原始视角。我们所有的艺术创作,都是以身体为原点和中心展开的。我们对艺术的理解和表现离不开身体。

第四节　通过身体重新思考设计

身体学(somatics)是一个相对新的领域,建立在对肉体感受、情感知觉和文化概念相互混合的基础上。托马斯·汉娜(Thomas Hanna)认为,在身体学中关于体验的物质的、情感的、智力的和文化的因素是不能彼此分开的。[①] 因此,从身体的视角看,美学体验部分是物质的,部分是情感的,部分是文化的。如同梅洛-庞蒂所言,身心统一最终实现于身体中,而不是精神中。这种统一是通过"肉"这一本体要素实现的。"'世界之肉'意味着:世界是'活'的,它是见者与可见者的统一,是观念性和物质性的结合。"[②]按照梅洛-庞蒂的界定,肉不是物质,不是精神,也不是实体,而是某种造成世界的多样性的东西。"我的自由,我作为我的所有体验的主体具有的基本能力,就是我在世界中的介入。"[③]与之相关的身体间性和身体图式,为设计提供了灵感的来源,也为人的审美体验提供了基础。

一、身体体验是设计的来源

设计与技术和艺术的发展密切相关,也与身体的需求密切相关。身体需求首先表现为一种观念的设计。在设计史上,优良设计作为较早应用人体工学的设计思潮之一,受到了现代设计理念和美学的影响。比如,雷蒙·罗维设计出了符合人体工学的门把手的冰箱,而亨利·德雷夫斯则将人性因素视为产品设计的核心。尤其是亨利·

---

① Hanna, T. *The Body of Life*: *Creating New Pathways for Sensory Awareness and Fluid Movement*, Vermont: Healing Arts Press, 1979.
② 杨大春:《身体的隐秘——20世纪法国哲学论丛》,北京:人民出版社,2013年,第73页。
③ [法]莫里斯·梅洛-庞蒂:《知觉现象学》,姜志辉译,北京:商务印书馆,2012年,第453页。

德雷夫斯,不但在产品设计中引入人体数据,同时还超越了人体测量学专注于统计和分析方法的局限,适当地将人性要素与美学结合。优良设计在空间设计过程中,已经初步体现了设计物与用户之间情境性和差异性的体验生成模式。以房屋的设计为例,优良设计不是过度追求设计的机械化,而是让居住者自在地领悟"居家生活"的内涵,营造"家"的氛围,体验"家"的意义。

20世纪初,杜尚将日常现成物作为一种素材搬上艺术舞台,提出了"反艺术"观念,观念设计从中得到重要启示。这可以说是设计观念转变的开始,那就是艺术问题开始从"外观"转向"概念"。在设计观念的转变中,有一些重要特征:一是设计的适用性和实用性得到提升,设计观念、社会现象、社会责任成为其关注重点;二是设计打破了艺术与生活之间的界限,艺术设计走下神坛,与大众生活实现了高度融合,改善了公众审美观及精神面貌;三是设计观念的转变丰富了艺术设计创作理论,有利于创新活动的开展;最后,观念设计为现代艺术理论研究活动的推进奠定了理论基础,也为创作实践活动提供了可行性发展思路。

身体学提出的最重要的观点是,人的心灵,包括情感的和文化的观念,都是体现在人的身体之中的。自从包豪斯学派出现之后,涉身认知的概念成为设计教育的一部分。通常来说,设计的过程不是自发的和天然的,而是需要通过一定的方法训练的。身体是设计的基础,设计师可以以自己的身体体验为基础,来为想象中的用户进行设计。人的自我体验并不总是可靠地导向行动,因此设计师也要密切观察他者在环境中的生理行为,这是一种人种志的方法。对他者与世界关系的观察可以挑战我们的体验,并且激发我们的设计。"他们发展出一种权威的本真性的基础——自我的体验。"[①]设计师的意图为空间的运用和体验设立了意向性,因此,客体是意向负载的。设计师越是能明晰身体的全貌,就越是能准确透彻地把握身体的本质,越接近人的需求,从而也越容易创造出人性化的作品。

---

① Bhatt, R.(ed.) *Rethinking Aesthetics: The Role of Body in Design*, Routledge, 2013, p.15.

享誉盛名的日本设计师原研哉先生在其代表作《设计中的设计》一书中提到,作为一名优秀的视觉传达设计师,并不会将自我认知局限于视觉领域内,而是在实践活动中将触觉等其他感官作为新的切入点,设计各种与感觉相关的媒介,进而实现信息传达。在视觉传达设计活动中,其沟通方法开始由"视觉"延伸至"触觉"领域,"视觉"原有的界限将会逐渐被打破,开始向"触觉、听觉、嗅觉、味觉"等整体知觉领域拓展,直至唤醒人们的内在情感。人类本能是设计的基石,具有物理特征的视觉、听觉等处于被支配地位,而设计外形与思想成为关键因素。这些元素能够通过人的感官对人类情感产生影响。

哲学家特里·伊格尔顿(Terry Eagleton)将情感看作审美的基础,情感是纯粹感知和行动之间的向导。建筑师也认为建筑体验的基础在于身体,有的建筑师将建筑界定为"铭刻进建筑形态中的身体状态"。亚历山大技巧(Alexander Technique)[①]的老师和其他身体实践者持有身心关系的非二元论视角,认为审美不能与日常的感知体验分开。[②]人类的想象力和理解力都是在身体、物质材料与世界的相遇中产生的,而设计的意义也是从身体、材料和思想之间的对话之上建构出来的。

交互设计的提出与现代计算机的普及以及信息系统产品的大量出现有关,但也是为了满足人的更加丰富多样的体验。信息系统产品大量依托软件程序,与传统的工业制造产品有着极大的区别:一方面,产品的效果和效用的产生,取决于人与信息系统,或者是以信息系统为界面的人与人之间无形且持续的交互体验;另一方面,对产品的体验超越了单纯的器官感受,转向了以身体为物质基础,身体、意识和情绪共同参与和作用的活动过程。身体成了一个不断生成的意义的纽结和发生场,知觉不是间断的、单一的,而是对身体、心灵以及他人和世界关系的呈现,是对当下世界的一种再创造和再构成。身体视角为设计中的审美体验提供了基础和日常审美的模型,对传统的美学观念进行了重构。

---

① 亚历山大技巧(Alexander Technique)指通过纠正不良的姿势,保持身体各部位的平衡,以增进健康的方法。

② Bhatt, R.(ed.) *Rethinking Aesthetics: The Role of Body in Design*, Routledge, 2013, p.145.

二、身体为设计提供了日常审美的模型

关于美学的重新思考是随着认知科学、身体学和哲学的发展而发展的。通过把身体置于设计的核心,我们可以清晰地看到,在设计相关的学科中,美学、身体学和认知科学之间的界限变得模糊起来。最近,随着神经图像方法的发展,一些神经科学家开始探讨与美学体验的神经关联。对美学进程的理解可以提供关于人的大脑与身体的功能性的考察。哲学家、社会理论家、心理学家、身体学家等的研究与实践消解了传统的主体与客体的界限,并迫切需要将作为主体的身体进行概念重建,从内部而不是外部进行体验,它使我们重新认识到这个事实——人的身体是体验的基础。

设计(而不是艺术和手工艺)是在技术与艺术的结合中形成的,设计哲学应该将设计史考虑在内。设计理论提供了一个丰富的日常美学的模型,这个模型对人类生活来说有直接的意义,为美学提供了重大挑战。但是,因为设计的简单性和熟悉性,设计的美学价值被忽略了,并从理论视域中隐退。当我们对事物熟视无睹,我们就无法抓住物的那些重要意义。关于身体与设计的重新反思和争论,消解了科学技术与艺术之间的界限。通过美学的身体解释(即把美学理解为感觉、情感和知识的混合),我们可以成为积极的主体,可以选择与创造什么对我们来说才是最好的。

1998 年召开的第 14 届国际美学大会聚焦于"虚拟美学",针对电子人、虚拟现实及相关现象进行讨论,尤其是针对如何利用新技术来改变技术和艺术的体验方式进行了重点探讨。虚拟美学是技术美学的重要组成部分,以此为基础进行的体验设计充分体现了交互性、差异性与整合性。体验设计包含了有形商品、无形服务、理念以及组织等相关集合要素,是一个交互性的过程。体验设计的突出特征集中在消费和生产两大环节出现的规模化量身定制层面,消费者成为整个消费过程中的"产品",当整个消费环节完成后,个体记忆将这一过程中的体验进行长期保存。在这样的设计情境下,消费者所体验的实质上是对自身的认知和理解,充分反映了人体对世界形成的感知、情感以及积累的经验。当自身的体验转化为产品,消费者在对这一产品的使用过程中,不

仅仅是操作产品的主体，同样也是自身行为所影响的对象，由于实践中不存在拥有完全相同生活经历的个体，因此这一产品所反映的审美体验具有唯一性和不可复制性。

身体是个体对外界世界进行感知的媒介形式，人们对外界世界的体验来自自身的身体，可以说身体是世界的中心，也是个体行为和兴趣的中心。人的身体通常是在无意识的形态下对人的行为习惯、兴趣爱好以及实现目的的各项能力进行塑造，身体自身所具备的感知和意识能力创造了整个体验的实质性内容，并且身体所具备的感官能力为体验提供了重要的载体和场所。身体是个体与其他个体以及其他物体之间进行有效交流的平台，身体美学为用户构建和维护自我认同和自我意识奠定了理论基础和行为依据。其中，身体既是审美主体，又是审美对象，还是审美活动身体化的产物。身体美学所倡导的审美身体化，重点关注身体感知在整个体验设计过程中所能发挥的互动作用，体验设计的目标是如何实现自我与产品自身的有效融合，并且在融合过程中实现自我意识的不断强化。

由于主体自身的独特性和主观性，导致体验设计具有未知性。一方面，个体对同一物体产生的体验具有差异性，每个个体对事件的参与和体验都是个人化的、独特的；另一方面，即便是同一主体，在不同的时间地点针对同一客体产生的情感体验也有不同，这样的差异性必然对整个体验活动带来影响。个体对体验形成的认知总是依赖于特定的物质环境。这些作为整体构成了设计美学的重要内容。

设计美学可以使我们对传统美学的狭窄定义进行扩展，把审美考察从抽象领域转换到生活体验，进而思考这样的问题："人会在平凡的对象中体验到超凡的美吗？""设计在功能之外，还会让用户产生审美体验吗？""身体实践能进一步提升设计能力吗？""日常美学中还有规范性可言吗？"等等。这些问题可以刺激、扩展和挑战我们的思考，让我们重新理解美学的相关问题，以及美学与人的生活方式之间的关联。

第四章　审美体验与身体体验的哲学阐释①

　　如今,美学正在成为哲学中的一股强大的力量。中国现代美学的开拓者和奠基人朱光潜先生认为:"美的本质问题不是孤立的。它不但牵涉到美学领域以内的一切问题,而且也要牵涉到每个时期的艺术创作实践情况以及一般文化思想情况,特别是哲学思想情况,这一切到最后都要牵涉到社会基础。"②不过在传统哲学中,美学这一主题是边缘性的,因为它处理的是那些最不易归类的体验,如艺术、美、情感和不断变化的感官愉悦。然而,现代技术对体验的影响使我们有必要重新思考主体、个人与世界的关系。认为个体可以独立于世界的思想已经站不住脚了,取而代之的是这样的观点:"人的主体性和现实是相互联系的。这种转变的一个后果是,审美体验要被重新界定。审美体验不仅是日常知觉的附属物,而且对理解人与世界的关系至关重要。"③现代美学和审美体验将感性作为中心议题,我们可以在其中寻求新的认知、伦理以及政治的可能性。

　　技术与艺术的关系问题,在当代越来越集中在审美体验的重构这个问题上。对审

---

① 审美体验英文为 aesthetic experience,有学者译为"审美经验"。本文除尊重原文外,统一用"审美体验"。

② 朱光潜:《西方美学史》(下册),南京:江苏人民出版社,2015年,第583页。

③ Cazeaux, C.(ed). *The Continental Aesthetics Reader* (Second edition), London and New York: Routledge, 2011, p.viii.

美体验的理解，也内在地揭示着技术、艺术的本质以及两者之间越来越相互交织、密不可分的关系。只有切入审美体验的构成要素，我们才能更好地理解，技术与艺术的当代交互中，到底发生了什么新现象，有什么样的新特点。从 19 世纪末、20 世纪初开始，随着科技的发展和文化多元性的推进，审美体验的内涵遭到诸多挑战，审美体验理论得到了空前丰富。对这些理论的进一步厘清，有助于我们更好地理解当代技术和艺术的本质。技术、艺术与身体的交互，使得审美体验的理论和实践意义都更加凸显。关于审美体验的观点和流派甚多，如果要理出一些线索的话，实用主义美学、分析美学和现象学美学对审美体验的阐释非常具有代表性。

第一节　实用主义与审美体验的建构

"审美经验，即把艺术之美当作鉴赏活动而产生的纯粹主观体验，是近代主体性哲学与近代艺术自主性过程交互作用的产物。"[1]在 18 世纪之前的西方美学思想中，审美体验一直附属在"美的本质"这一问题之下，只是被当作美的衍生物，对审美体验的讨论更多停留在"什么是美"以及"如何获得美"等问题上，并未得到充分深入。18 世纪以来，审美体验一直被看作美学领域中的重要概念之一。伴随着近代以来对人和主体的重新发现以及哲学上的认识论转向，审美体验的对象、内涵、机制和特征成了美学研究的核心问题。康德在《判断力批判》中通过对审美判断的分析确立了现代美学的基本范畴，并因此在现代美学领域占据了统治性的地位。审美体验作为个人原则与主观性观点的统一，要求美学专注于经验世界的可见之美，并悬置了不可见之美的形而上维度。康德的先验美学在主观性的基础上保留了感性与理性、经验世界与自在之物的联系，美是自然与自由、合规律性与合目的性的统一。古典美学强调美来自自在之物的光辉，近代美学则强调艺术与社会隔绝的自主性。资本主义打破了艺术的自主性幻觉，使艺术在一种异化的意义上重新回归了它的社会性。

---

① 张盾：《超越审美现代性：从文艺美学到政治美学》，南京：南京大学出版社，2017 年，第 5 页。

受到科学主义和人文主义两大思潮的影响,19世纪的美学研究要么诉诸经验事实的验证和实验研究的科学方法,要么基于主体的心理结构分析审美的情感特质,但从根本上说,19世纪的美学思想并未摆脱康德美学的影响,主要呈现出两个突出的特征:具有实证性的实用主义和分析哲学倾向以及强调情感性和差异性的现象学倾向。杜威的美学思想是实用主义哲学的代表。杜威立足于一元论的自然主义,对审美体验这一问题进行了实用主义式的阐发,他在《艺术即体验》一书中重新阐释了"体验"的特性和内涵,从而为建构审美体验提供了新的理论和方法。

一、杜威的"审美即体验"

随着实用主义和分析哲学的逐步发展与兴盛,哲学分析的方法也深刻影响到美学领域。在实用主义美学中,杜威的哲学贡献不可忽视。对"体验"概念的批判和改造是杜威哲学的理论基点。杜威力图发展出一套尽可能具体而丰富的体验理论,来回应哲学史上曾被忽略的一些基本问题,而艺术和美学则是其体验理论得以展开、深化和改造的主要领域。因为在杜威看来,在保存体验的原初面貌、个性和深度等方面,艺术比哲学和科学更加有效。艺术是对体验的一种创造性的运用与转换,并且借由艺术,人们可以最为充分地领会体验及相关问题。

杜威在对艺术进行定义时,极力避免传统的二元对立的思维模式。在看待体验问题时,杜威不同于经验主义和理性主义的认知方式,而是把体验放在"自然"之中进行"全景式"的考察,以突出体验的情境性和交互性。在杜威的实用主义哲学中,"体验"指的是有机体与环境之间相互作用的过程与结果,是一个包括"活的生物"与环境以及两者之间的相互作用在内的有机整体,它既蕴含体验的过程和内容这两个方面,同时也强调了体验过程中的"做"(有机体对环境的作用)和"经受"(环境对有机体的作用)这两个维度的统一。杜威从体验这一概念出发,阐释了艺术的定义以及与其密切相关的艺术分类等问题。在杜威看来,此前的艺术定义主要围绕艺术自身的性质及其界限进行界定,是建立在传统的本质主义和形而上学的预设基础上的。因此,它要么为了显示出艺术的区分性,对艺术进行严格的分类;要么为了显示出艺术的本质性,从而对艺术进行抽象的概括。杜威认为,这种严格的定义对于理解艺术的具体体验来说并没有任何实质意义,而只有当艺术的定义指向一个方向,并且使我们获得体验时,这个定义才是好的。

在杜威看来,艺术是一种"做"与"所做之物"的结合。然而,此前的艺术定义往往都聚焦于"所做之物"本身的性质,而忽略了艺术的"做"的维度,从而否定了作为活动和过程的艺术。因此,他区分了物质性的"艺术产品"和体验性的"艺术作品"。前者是物质性的和潜在的;后者是能动的和可以体验到的。由此,杜威把艺术作品看作一个动态的、互动的体验过程,而不是静态的、外在的艺术产品。因而,艺术定义的目的不应指向本质性或区分性的诉求,而应指向体验的维度,艺术的定义就不再是形而上的诉求或目的本身,而是具体的、体验性的,艺术只是构成了体验的一部分,是我们指向并获得体验的一个工具。

二、杜威审美体验的理论特征

杜威的美学理论是其哲学改造工程的重要组成部分,经他改造后的"体验"概念为审美体验的重构提供了新的立足点,因而使得审美体验概念呈现出新的内涵、特征并体现出实用主义的诉求。

一是审美体验的交互性。此前的哲学受二元论思维影响较大,它们往往将主体与对象看作是相互对立的,而审美体验把体验看作是有机体与环境之间的相互作用,是作为一个统一的整体来展现其自身的特性,弥合了原来那种人为的分离和对立。"其中没有自我与对象的区分,之所以说它是审美的,是因为有机体与环境相互结合并构成了一种体验,其中,自我与对象分别消失,两者完全结合在一起。"①同时,审美体验的区分性还可以在情感上表现出来,这种情感是通过把日常体验中的所有要素整合进一

---

① Dewey, J. *Art As Experience*, New York: Perigee Books, 1980, p.249.

个整体之中,而非通过某一元素展现出来的。也就是说,审美体验既不是纯客观的,也不是纯主观的,而是一种主体与客体交互作用的结果。

二是审美体验的连续性。杜威的美学理论旨在恢复审美体验和日常生活之间的连续性。这种连续性主要源自审美的普遍性基础,审美不仅体现在审美体验之中,还体现在其他日常体验、思维体验等活动中。他认为那种将审美体验从现实生活中分离出来的做法是一种审美"个人主义"的表现。审美体验源于日常生活,存在于活生生的体验之中,杜威对审美体验的改造和运用不是为了将审美或艺术从生活中分离出来,也不只是限制在美的艺术或者是"博物馆艺术"之中,而恰恰是为了恢复审美体验的连续性和鲜活性。

第二节　分析美学与审美体验的消解

自从 18 世纪以来,审美体验一直被看作美学领域中的重要概念之一,尤其是在康德美学对它进行了系统的阐释之后,审美体验更是成为美学所关注的核心问题。20 世纪的诸多美学流派,大多都是在此哲学思想和哲学方法基础上进行理论建构。然而,伴随着分析哲学的逐步发展与兴盛,哲学分析的方法也深刻影响到美学领域,与之相应,对审美体验的理论研究在 20 世纪中后期发生了戏剧性的转变。与以往美学流派对审美体验的重视和深入阐释不同,分析美学主要把批判的矛头指向了美学的基本概念,对传统美学采取批判、质疑甚至是消解的态度,尤其是彻底地质疑了审美体验在美学中的价值与意义。

一、分析美学对本质主义美学观的批判

分析哲学主要在英美地区得到繁荣和发展,且目前在西方哲学界依然处于主导地位。分析哲学致力于推翻和消除传统哲学中的形而上学思维、本质主义诉求及其预设主义倾向。这种分析方法最初是由 G·E·摩尔(George Edward Moore)和伯特兰·

A·W·罗素(Bertrand Arthur William Russell)创立的,之后被路德维希·维特根斯坦(Ludwig Wittgenstein)等人所继承和发展。一般来说,分析哲学主要被划分为两个彼此联系的阵营,即逻辑实证主义与日常语言哲学。逻辑实证主义通过还原性的分析将统一的整体分解为更为基本的属性或成分,日常语言哲学则是对概念或术语的一种澄清性的语言分析。

分析哲学的理论和方法影响广泛,分析美学也是在这种理论框架下发展起来的。分析美学采用“语言分析”的方法,批判和澄清美学或艺术领域中所存在的概念、术语及其运用上的模糊用法与混淆现象,尤其对传统美学的本质主义谬误进行批判。

从分析美学的方法和模式来看,维特根斯坦的哲学思想为其提供了最为根本的理论基础。早期的维特根斯坦将哲学看作是一种方法,关注的问题是“为语言划定界限”,语言的结构和语言分析的功能是其哲学分析的主题,概念分析则是其基本研究方法。维特根斯坦曾指出,“一切哲学都是一种‘语言批判’”①,因而哲学不是一种理论,而是一种澄清思想和前提、划定界限,促使思想更加明晰的活动。“这也是维特根斯坦整个哲学的旨趣,他认为真正的哲学是一种治疗,是治疗以往哲学所犯下的原则性错误,放在美学上也同样如此。”②受到这种思想的影响,早期的分析美学把美学看作是对美学概念的澄清和明晰化,严格地按照维特根斯坦语言分析的方法进行运作。后期维特根斯坦所关注的则是“语言使用”这一基本问题,从对理想语言的关注转向对日常语言的描述,他将语言恢复到日常语境的实际使用之中。与此相应,分析美学开始关注语词在具体的生活形式和文化语境中的运用问题。后期分析美学家更进一步基于维特根斯坦所提出来的“语言游戏”和“家族相似”等概念,发展出了分析美学中的“建构主义”因素,由此也标志着分析美学的新的发展阶段。

在分析美学看来,传统美学的最大问题在于本质主义和预设主义的错误,即假定了一个共同的艺术本质,并将其作为评判艺术和审美判断的重要标准。“不管一切艺

---

① [奥]维特根斯坦:《逻辑哲学论》,韩林合译,北京:商务印书馆,2013年,第31页。

② 王峰:《美学语法——后期维特根斯坦的美学旨趣》,载《中国人民大学学报》2013年第6期,第121页。

术品之间有多大差别,人们都认为它们存在着一种共性,正是这一显著的特征保证了艺术有别于其他任何事物,同时它也是艺术品之为艺术品的充分必要条件。"①传统美学的本质主义诉求企图用空洞的、含混不清的术语来包容所有艺术,模糊了艺术之间的重要差别。

分析美学的目的就在于通过语言分析澄清这些概念上的混淆和误用,进而摒弃不恰当的美学概念,打破本质主义的谬误在美学中的统治。分析美学还致力于对美学的本质主义诉求的批判,主张把美学拉回到具体的实践活动中来,分析各种艺术之间的差异性和特殊性。力图用唯一的本质或普遍的标准来理解艺术是不明智的。在分析美学对本质主义的批判中,"艺术定义"问题成了焦点。莫里斯·维茨(Morris Weitz)通过分析形式主义、直觉主义、浪漫主义等理论中的艺术定义,指出了其中所存在的逻辑错误:它们都企图去寻找关于艺术的充分必要条件。然而,"艺术作为一个逻辑的概念表明了,它没有必要和充分的特性,因此关于它的理论不仅具有一种事实上的困难,而且在逻辑上也是不可能的"②。维茨还把艺术看作一个"开放的概念",认为艺术的发展和不断创新使其不存在一个不变的定义。因而,他通过对艺术的逻辑分析和事实分析消解了定义艺术的可能性,最终得出了"艺术不可定义"这一著名的论调。此外,威廉·肯尼克(William Kennick)通过批判传统美学的"共同假设"质疑了其存在的合法性,仅仅用一个词语或概念去指称丰富多元而又有差异性的事物,是一种荒谬的做法,也是传统美学中的最为基本的错误。

早期分析美学的概念分析是在逻辑分析的框架中进行的,概念分析在澄清概念意义的同时,也划定了"可说的"与"不可说的"之间的界限。尽管维特根斯坦最初将美学看作是不可言说的神秘之物,但这并不意味着他否定美学问题的存在与价值,他只是反对作为一门学科的美学。后期维特根斯坦试图从语言的日常使用去表达美学,将美学基本概念的分析拉回到实际生活的语境之中进行具体描述,"美学所应该

---

① Kennick, W.E. "Does Traditional Aesthetics Rest on a Mistake?", *Mind*, 1958, Vol.67, p.319.

② Weitz, M. "The Role of Theory in Aesthetics", *The Journal of Aesthetics and Art Criticism*, 1956, Vol.15, No. 1, p.28.

做的事情就是给出理由,例如,在一首诗歌中某一特别的地方为何用这个词而不是别的词,或者在一段音乐之中为何选用这一素材而不是其他素材"①。受到这一转向的影响,"语言使用"的问题成了分析美学家的共识,瓦解了传统美学对美学的理解方式。

二、分析美学对审美体验的消解

自从黑格尔将美学看作艺术哲学以来,哲学界很长时间一直在延续着这种看法。"艺术"和"审美"始终是分析美学关注的两个重要方面。但是,相对而言,艺术问题占据了分析美学的核心地位,而对审美问题的讨论则日渐衰微。

在分析美学家看来,传统美学对审美体验概念的界定如同对艺术的定义一样蕴含着一种本质主义的诉求,它们企图寻求一个关于审美体验的共有的、本质性的特征或原则。然而,正是这种追求一致性、普遍性和概括性的冲动促使美学家犯下了一个根本的错误——假设所有的审美体验中都存在一种共性,这种共性保证了它的独特性,并使其与一般的经验类型有根本区别。从分析美学的视角来看,对"审美体验"概念进行界定之所以会如此艰难,并不是因为审美体验这一概念中包含某些神秘的因素或未知的因素,而在于审美体验概念本身的复杂性以及其使用上的多样性、广泛性。从"审美体验"(Aesthetic Experience)这一概念的构成来看,"Aesthetic"既可以作为形容词来表达主体的某种能力或者事物的性质,也可以作为名词表示一种观念或者意识,而"Experience"一词则更为复杂,既可以指主体的意识或体验活动,也可以指客观对象,还可以表示一种体验事物的方式或者过程。正是基于这些用法的多样性和模糊性,伽达默尔将其看作是最含混的概念之一。如果将这两个单词组合到一起,其中的复杂性和多义性自然会让这一概念的内涵显得更加复杂和含混。其中,争议最多的问题主要是,"审美体验"是作为一种独特的体验类型而存在,还是指体验的一种特殊性质? 如

① Moore, G.E. "Wittgenstein's Lectures in 1930—1933", *Mind*, 1954, Vol.63, p.306.

果审美体验是一种独特的体验类型,那其独特性在于其本身所内含的某种要素,还是在于要素和系统之间的特定联系方式? 如果它只是体验的一种性质,那这种性质为何呈现在某些体验而不是其他的体验之中呢? 影响审美体验的因素有哪些? 分析美学家认为,审美体验的概念及其用法是充满歧义、含混不清的,如何在明晰的层面上使用这个概念,成为分析美学的主要工作。

分析美学通过语言分析的方法指出审美体验概念的复杂性和含混性,批判了传统美学中存在的本质主义、预设主义和基础主义诉求,由此产生了两种相反的理论倾向:一种趋向于消解审美体验这一概念,这在分析美学中占据了主流;另一种则对审美体验进行"改造"或"建构",从而保证能够在清晰的意义上使用这个概念。

分析美学对审美体验的批判最初指向的是"审美态度"这一概念。在当时的主流美学理论如"移情说""心理距离说"和"审美观照"中,审美体验的产生及其独特性来源于主体的审美态度。"他们都认为存在一种无利害的、独特的审美态度,正是这种特殊的态度或感知方式导致了审美体验的产生,因而主体的态度或感知方式才是审美体验的根源。"①从其本质来看,这些理论无外乎是对由康德所确立的"审美静观"与"审美无利害"等审美体验内涵的进一步阐释与具体化。"康德的所谓美感完全是基于主体内部的活动,即理智活动与想象力的谐和、协调,不是走出主观以外来把握客观世界里的美。这和康德的物自体不可知论,和他的主观唯心论是一致的。"②这种审美态度将某种感知方式看作是形成审美体验的必要条件。分析美学家对审美体验的批判大都以门罗·C·比厄兹利(Monroe C. Beardsley)的审美体验理论作为靶子。比厄兹利被看作是分析美学的真正起点和代表性人物。乔治·迪基(George Dickie)与之进行了论辩,指出"比厄兹利描述了审美体验的三个共同特征:牢牢固定在一个对象上的关注,一种强烈的强度以及统一性——体验的连贯性和完整性"。③迪基批判了审美体验的

---

① Dickie, G. "Beardsley's Phantom Aesthetic Experience", *The Journal of Philosophy*, 1965, Vol. 62, No. 5, p.129.

② 宗白华:《美学散步》,上海:上海人民出版社,1981 年,第 260 页。

③ Dickie, G. "Beardsley's Phantom Aesthetic Experience", *The Journal of Philosophy*, 1965, Vol. 62, No. 5, p.130.

"统一性"特质,他认为比厄兹利看似在论述审美体验的统一性,实则是论述了审美对象的统一性,从而又将审美对象的特性转移到了体验之上。迪基还消解了"统一性"概念对体验描述所起的作用,他认为将统一性作为一般体验和审美体验的区分要素,是没有任何意义的。

在后期分析美学家那里,艺术定义问题成了分析美学关注的根本问题,审美体验问题不仅被边缘化了,而且分析哲学家们大都将审美体验概念弃而不用。当代艺术的发展对审美理论提出了新的挑战,传统美学所推崇的"审美体验"概念似乎无力解释艺术中所谓的"杜尚难题",因为这些艺术作品似乎没有什么传统意义上的审美特性或产生任何与审美相关的体验,审美体验概念在这种理论中日趋衰落。丹托认为,审美体验对艺术的描述过于表面化和感性化,毫无益处,只是使得艺术看起来更令人愉悦,却远离意义和真理之域。

有学者也指出了分析美学的问题,如舒斯特曼认为,审美体验这一概念在分析哲学中的式微和衰败可能是一种错误的推论,不仅如此,审美体验概念本身的多元性作用尚没有得到充分认识。有的学者则通过进一步完善理论为审美体验进行辩护。如比厄兹利运用心理学理论为体验的统一性进行辩护,在晚期的文章中进一步阐释了审美体验的五个特征:一是"对象的引导性",指的是人们的意识由对象所导引的状态和特性,"知觉或意向层面现象的客观属性(如性质和关系)对人的注意力的持续吸引,促使主体集中于此且欣然接受这种导引,最终产生出一种恰如其分的感觉"[1];二是"感受自由",就是"主体摆脱了那种对过去和将来的忧虑情绪的支配,由此而感受到一种轻松、自由,进而产生了一种自由选择的感觉"[2];三是"距离效应",兴趣所关注的对象在情感上被置于一定范围之内,从而使得主体可以强烈地感知它,但又不会产生一种强烈的压迫感;四是"积极主动地发现",它指的是"主体对心灵的建构能力的积极、主动的运用,是一种对潜在的多种冲突和刺激因素的整合与融合,从而产生一种激昂的振

---

[1][2] Beardsley. M.C. "In Defense of Aesthetic Value", *Proceedings and addresses of The American Philosophical Association*, 1979, Vol.52, No.6, p.741.

奋感或理性的成就感"①;五是"完整性",就是主体感受并领会到人之为人的完整性,从而逃离分离和破坏性的冲动,生成一种自我肯定的满足感。他将这五个特征称为体验的审美特征,并把"对象的引导性"看作是必要的条件,"当体验具有审美特征时,意味着它至少拥有了这五个特征中的四个,而且其中一个必须是对象的引导性"②。比厄兹利希望借此来解释审美体验的模糊性和含混性,可以说是对审美体验的积极的建构。当今的一些技术审美和设计审美学者,都对这个"对象的引导性"有所阐述,如在技术现象学中,这种"引导性"则可能是技术或者技术物发出的,或者说是人与技术之间关系的一种联结和呈现。

分析美学强调的是对艺术定义和艺术批评的概念分析,从而倾向于将具体的美学和艺术问题转化为语言问题,但它可能迫使艺术背离了它的源泉,从而走向了艺术自身的丰富性的反面。"体验"曾是杜威建立的实用主义美学的核心,如今它再次成了美国分析美学家的重要理论资源。从"语言"回归到"体验"与"生活"成为当代美学发展的方向之一。从 20 世纪末开始,审美体验所面临的困境得到了极大的转变,许多当代美学家纷纷转向审美体验概念并为其做出积极的理论辩护,如诺埃尔·卡罗尔、舒斯特曼等人;有的则通过对这一概念的重构来建构新的美学理论,如日常美学、身体美学和生态美学等。审美体验在当代美学中正在经历着一场前所未有的复兴,其中,现象学方法极大地丰富了审美体验,为审美体验增加了新的理解维度。

第三节　现象学与审美体验的丰富

在西方哲学中,有两种公认的哲学传统——欧洲大陆哲学与英美分析哲学。前者更加注重研究人与世界之间的关系和人的精神状况,而后者则更加注重分析概念、语言以及逻辑的清晰性,在美学中也是如此。欧洲大陆美学传统为当代艺术和审美体验

---

①② Beardsley. M.C. "In Defense of Aesthetic Value", *Proceedings and addresses of The American Philosophical Association*, 1979, Vol.52, No.6, p.741.

提供了一些最具启发性和创新性的思考。从笛卡尔开始的二元论思想把身体和心灵划分为孤立的实体,把主观体验与客观世界分开,认为主观体验要从属于客观世界。与此相反,"欧洲大陆美学要求我们考虑我们置身其中的世界的现象的、历史的和社会的结构,因为在这些结构中,我们发现了产生新的存在和理解模式的知觉的可能性和解释的动力"。①

作为一种哲学方法,现象学对美学研究产生了重要影响:一方面表现在方法论的革新,主观与客观、身体与心灵等二元对立的思维模式被现象学的本源性诉求所打破。以往的美学研究方法大都遵循形而上学的二元论思维模式,因而,认识论美学中也就形成了两种截然相反的美学观点:客观论认为美在于客体本身的属性,因而审美活动就被看作是主体对于客体的模仿或反映;主观论则认为美来源于主体自身,因而审美活动就是主体的投射。德国古典美学用辩证思维的方法从更高的层次上将审美主体与审美客体统一了起来,但主客体之间的分裂、对立设置并没有得到消除。然而,现象学则提供了不同的解决方案,"本质直观"和"意向性"等概念促使美学研究方法和审美理论发生了本质性的改变;另一方面许多现象学家运用现象学方法对审美问题和艺术问题进行了具体而详细的讨论,丰富并深化了对美学和艺术问题的考察。现象学在美学中的开拓性工作始于莫里茨·盖格尔(Moritz Geiger),经由罗曼·英伽登(Roman Ingarden),最终在杜夫海纳那里完成了现象学美学体系的建构。

在现象学的反思中,关于美学体验的哲学思考涉及体验的主体,也涉及对艺术作品的体验。它始于对体验的反思,也致力于澄清体验的关联性。在这一点上,艺术并不是像所有其他事物一样,可以作为一种现象而不是事实存在来观察。相反,"艺术品本质上是现象学的;艺术品是一种显现(appearance),它不应被视为某种事物的显现,而应纯粹被视为显现。因此,美学本质上是现象学的,如果美学想把握可被审美体验

---

① Cazeaux, C.(ed). *The Continental Aesthetics Reader*(Second edition), London and New York: Routledge, 2011, p.xviii.

的事物,并以最清晰、最鲜明的艺术形式来把握,就必须是现象学的"。①因此,美学不仅具有现象学性质,而且是现象学的一种可能形式。同时,美学也改变了现象学,因为能够在美学上体验的现象不是意识的纯粹关联,而是物。艺术品是一种特殊的物,因此,人们的审美知觉也与作为物的艺术品的实在性有关。对于审美来说,不应该从艺术作品的界定开始,而应该从审美体验开始。艺术作品的美只有在审美体验中才能获得。

一、知觉活动与审美体验的发生

与实用主义追求实证和分析的传统不同,现象学视野中的审美体验更加注重情感诉求、意向性以及差异性。尽管胡塞尔没有明确地提出现象学美学理论,也没有集中论述美学问题,但他在哲学分析中零星地涉及艺术和审美等问题,为现象学美学勾勒出了大致的研究方向。在胡塞尔看来,审美对象是对实在对象进行审美判断后的特殊产物,既非完全主观,也非完全客观。盖格尔以审美对象为中心提出了审美价值理论,他所说的审美对象并不是作为真实物体的客体,"而是属于它们作为现象被给定的范围"。②审美对象并不是作为自在之物而存在的,只有在主体的构造中,它们才是现象,主体因为一些事实和功能才构成了审美世界,这显然是对胡塞尔的意向性理论的运用。英伽登利用现象学方法来解读文学作品的基本结构和存在方式,将意向性理论进一步具体化。杜夫海纳更是从审美对象入手来讨论审美体验问题的。值得一提的是,前两者做的只是对现象学美学的解释工作,他们提出了一些美学观点,但并没有建立现象学美学体系,而杜夫海纳的美学思想则具有代表性意义,他的《审美体验现象学》一书把前人关于艺术的现象学研究推到了顶峰,建立了比较完备的现象学美学体系。

---

① Figal, G. *Aesthetics as Phenomenology*: *The Appearance of Things*, trans. by Veith, J. Bloomington & Indian-apolis: Indiana University Press, 2010, p.3.

② [德]莫里茨·盖格尔:《艺术的意味》,艾彦译,北京:华夏出版社,1998 年,第4—5 页。

(一) 知觉对象与审美对象

在现象学的视角看来,"回到事情本身"是一种还原,在某种程度上也是回到生活世界,只是不同的哲学家有不同的理论路向。"胡塞尔把生活世界归结为先验意识的构造,海德格尔认为是在人与事物与它们打交道的过程中出现的,梅洛-庞蒂把海德格尔的'打交道'具体化为人的知觉。"①海德格尔和梅洛-庞蒂的观点更加符合当代哲学的走向。梅洛-庞蒂的身体—主体的存在方式决定了身体具有一种模糊性或暧昧性。因而,作为知觉对象的审美对象的存在方式也就表现出一种暧昧性——既是"为我们的"又是"自在的"。基于此,杜夫海纳对审美对象的特性又做了进一步的推进和发挥,他认为"审美对象并非为我们存在,而是我们为审美对象所存在"②。他指出,在表演艺术活动中,往往并不是我们操纵审美对象,而是审美对象向我们发出召唤,因而"我不能说我构成了审美对象,而是审美对象在我身上通过我朝向它的行为自我构成的。因为我不是把它放在我之外朝向它的,而是把我自己奉献给它"③。乍一看,杜夫海纳对审美对象的"自在—为我们"特性的论述是对梅洛-庞蒂观点的直接挪用,其实并非如此。梅洛-庞蒂认为,只有深刻地理解知觉,我们才能重建知觉对象从"自在的存在"到"为我们而存在"的意义;而杜夫海纳认为,如果我们从审美对象的意义上去看待知觉对象,知觉对象就已经完成了从自在到"为我们"的意义转换了。从"意向对象"到"知觉对象"的发展是审美对象理论的进一步深化,也是对胡塞尔意向性理论的修正,更加具有彻底性和本源性。

作为知觉对象的审美对象既不是实在的又不是观念性的,因此,单纯的艺术品只是构成了审美对象的基础,具有诱发审美体验的可能性,还不是审美对象。艺术作品只有被以审美的方式进行知觉,才能成为审美对象。尽管审美知觉构成了审美对象的基础和前提,但它自身并不构成审美对象,而只是以某种方式来完善或实现审美对象。

---

① 张永清:《现象学与西方现代美学问题》,北京:人民出版社,2011 年,第 60 页。

② Dufrenne, M. *The Phenomenology of Aesthetic Experience*, trans. by Casey, E. S., Evanston: Northwestern University Press, 1973, p.224.

③ Dufrenne, M. *The Phenomenology of Aesthetic Experience*, trans. by Casey, E. S., Evanston: Northwestern University Press, 1973, p.232.

在杜夫海纳那里,审美对象的世界是一个特殊的世界,是一种由情感唤醒的氛围,是解决人与世界关系的途径。艺术作品的审美价值是由审美对象与审美体验共同决定的。

由此可见,艺术作品必须与审美知觉相结合才能转化为审美对象,但这一转化过程是如何发生的,艺术作品在这一过程中又发生了变化,人与世界的关系如何体现,这些才是现象学美学所要考察的。杜夫海纳在这一转化过程中强调了"感性"和"表演"的积极作用,并且,感性是审美对象的首要因素,这一见解不仅极为深刻且具有开创性意义。在对艺术作品的审美知觉活动中,我们所感知到的不再是物质性的材料而是"感性"要素,审美对象的构成首先由于感性要素的扩展和激发,"艺术作品的本质仅仅随着艺术作品的感性呈现才呈现出来。感性呈现使我们能把艺术作品当作审美对象来理解"[1]。在杜夫海纳看来,所有艺术作品都必须被表演出来,并且要有人欣赏才算完成。表演活动被看作是一切艺术作品得以存在并向审美对象转化的重要条件,审美对象只有通过表演活动才能转化为感性的对象,进而为观众的欣赏活动提供基础。"如果表演成功,表演就在作品面前消失,本质和现象真正合二为一,从而完全成为审美对象。"[2]

总之,现象学对艺术作品和审美对象进行了区分,并对其转化过程进行了分析,具有重要的开创性意义,此前的审美理论大都把审美对象作为客观实在之物来看待,但现象学美学却将审美对象看成是意向对象,否定了艺术作品作为审美对象的实在性,艺术作品因此成了潜在的、可能的审美对象,从而具有了开放性和未完成性等特征。只有在人的意向性活动和知觉活动范围中,通过一定的转化过程,艺术作品才能从意向对象成为审美对象,并引发人们的审美体验。杜夫海纳将审美对象建立在知觉对象的基础上,审美对象是由感性、意义和形式共同构成的,其中离不开主体与世界的密切关联,并且只有在这种主客统一的关系中,真正的审美体验才能发生。

---

① Dufrenne, M. *The Phenomenology of Aesthetic Experience*, trans. by Casey, E. S., Evanston: Northwestern University Press, 1973, p.44.

② Dufrenne, M. *The Phenomenology of Aesthetic Experience*, trans. by Casey, E. S., Evanston: Northwestern University Press, 1973, p.26.

（二）知觉活动与审美体验

有了意向活动和审美对象,就会发生审美体验吗?在审美体验中,起点以及核心要素又是什么?关于这一点,现象学美学家也有不同看法。英伽登把情感看作是审美体验的起点和核心要素,而感知和想象是诱发情感的东西。审美对象是纯粹意识构成活动的产物,因而,我们只有在一种特殊的情感关照中才能领略到审美对象的魅力;而杜夫海纳则借鉴了梅洛-庞蒂的身体现象学,并且进行了改造。

在梅洛-庞蒂的知觉现象学中,梅洛-庞蒂用“身体—主体”代替了“我思主体”作为知觉的主体和知觉活动的起点,用身体意向性代替了纯粹意识的意向性。身体不再是被动的接受者而是具有意向性的行动者,知觉主体不再是先验的自我,知觉活动不再是先验自我的构成活动,而是身体—主体与世界的相互交织,是人与世界打交道的最为基本的方式,人类的知识与人类共在的形式也都是在知觉基础上获得的。杜夫海纳在此基础上,将“知觉第一性”作为基本的美学原则,把审美体验看作是一种审美知觉活动。杜夫海纳认为,无论是“快乐”“情感”或“想象”都不是审美体验的核心要素,因为它们都不具有基础性和本源性,而作为本源性的“知觉”才是审美体验的核心要素。杜夫海纳认为审美体验的动态发展是与审美知觉活动密切联系在一起的,他在知觉活动的基础上分析了审美对象的生成、艺术作品的结构以及审美体验的发展阶段,从而建构出一套完整的现象学美学体系。

杜夫海纳对审美知觉活动的分析是立足于艺术作品的基本结构的。审美对象是审美知觉中建构出来的,艺术作品的基本结构也是伴随着审美知觉的动态发展而呈现出来的,这两者之间是一种相互映射、相互生成的关系。杜夫海纳认为各门艺术存在着共性,审美对象都同时既包含时间也包含空间。他通过对时间艺术的代表音乐和空间艺术的代表绘画进行分析,将音乐中的“和声”“节奏”和“旋律”看作所有艺术的共同的要素,如在绘画里“和声”指的是材料、色彩的和谐,“节奏”则指的是色彩的强弱变化、线条的变化等,“旋律”指的则是其所表现出来的世界。正是基于这些共同的因素,杜夫海纳将艺术品的基本结构归纳为“艺术质料”“再现对象”和“表现世界”三层,这三个层次并不是孤立存在的,而是在审美知觉中呈现出来并趋于统一的。首先,艺术作品是凭借物质材料如画布、音符、乐器、人体等而存在的,但这充其量只是构成艺术品的基础,在身体知觉的作用下,艺术质料摆脱物质材料的束缚,首先呈现为感性的艺术质料,然后在再现层次上通过有意义的智力活动,从经验走向理性,进而通过再现和想象等方式把感性材料统合成了一个意向对象,此即审美体验的构成阶段。之后,审美体验达到最后一个阶段,也即反思和情感阶段,审美判断以及审美情感由此产生,并构成对世界的认识和反映。

在美学史上,美学的基本研究路径有两条:一是柏拉图开启的本体论路径,认为美的事物之所以美是因为含有美的成分和要素;二是康德开启的认识论路径,认为当人以反思判断去鉴赏事物时,才能形成审美判断。如今,当代美学的研究和发展越来越呈现出多元化和系统化的趋向。从最初的"实用主义"美学到"审美体验"的复兴,当代美学越来越重视美学的"感性"和"体验"维度。分析美学进一步强化了艺术与生活之间的不同,掩盖了美学与日常生活之间的密切联系。当代美学试图打破分析美学中所残存的"区分"倾向和"二元对立"模式,纷纷转向日常生活领域并以此来重构美学思想。现象学美学把审美体验从实体性思维转换到关系性思维,并立足身体—主体这一视域,在人与世界的关系中,从知觉活动出发对审美体验进行重新阐释。另外,随着脑科学和认知科学的发展,越来越多的神经生物学家和美学家还将脑神经的研究方法应用到美学研究领域,关注审美过程与大脑神经的关系,探讨审美活动的生物学机制,以证实审美活动和审美体验的认知基础,由此也诞生了认知神经美学。更为重要的是,技术现象学通过技术意向性对知觉的调节,扩展了审美体验。这些都使得当代美学有了更加丰富的理论资源,审美体验也得到了推进与深化。

二、技术意向性与审美体验的扩展

在现象学美学中,主体和客体之间的分裂、对立被替换成了意向活动和意向对象之间的相互依赖与相互生成,主体和对象之间的关系以及对这种关系的分析成为了现象学美学的主要内容,它不仅是界定种种美学概念的基础和前提,还是生成审美体验以及与其相关的审美对象的基础和源泉。另外,将技术现实还原到意识层面进行经验描述,是典型的现象学方法,这也是技术哲学经验转向后研究技术物的重要手段。伊德成功将胡塞尔的意识还原论用于分析技术调节,其中的技术意向性分析对现象学和技术哲学的方法论建构都具有重要意义。

(一) 意向活动与意向对象

现象学不仅是关于意识的哲学理论,也是关于意向性的理论。意向性是描述人类生存状态的一个重要范畴。意向性理论不仅是现象学的重要理论资源,还是现象学美学的理论基石,尤其为讨论审美体验问题提供了一个全新的视角和独特的方法。"意向性概念是用来描述人是什么样的。因为意向性是一种生活存在的方式,表明一个人感觉到自己与某物有关,并且这种情境对于人类来说并不罕见。因为有意识的存在也是关系中的存在,就像感觉一样,也是一种存在方式。"[1]现象学从实体性思维到关系性思维的转变,使得意向性在关系中对自我意识进行反思,并进而思考与在世之中的人相关的现象。

作为哲学概念的"意向性"来源于中世纪哲学,德国哲学家、心理学家弗朗兹·布伦塔诺(Franz Clemens Brentano)使用这个概念之后,埃德蒙德·胡塞尔(Edmund Gustav Albrecht Husserl)对之进行了继承和发展。在布伦塔诺看来,意向性是心理现象的总特征,胡塞尔则认为意向性是一切意识活动的根本特征,是"一个体验的特性,即'作为对某物的意识'"[2]。意识具有一种对象——指向性,这个属性就是"意向性"。意识活动总是指向某些对象,这是由体验自身的结构所决定的,而且这种指向性是直接的。"对意向性的分析'仅仅'表明,存在一种意识活动——它因其自身的本性而指向超越的对象。这个证明足以克服这样一个传统的认识论问题,即如何使主体和客体相互关联。"[3]胡塞尔将体验现象还原为意识时,曾对意向活动和意向性概念进行过描

---

[1] Wiesing, L. *The Philosophy of Perception*: *Phenomenology and Image Theory*, trans. by Roth, N.A., New York: Bloomsbury, 2014, p.53.

[2] [德]胡塞尔:《纯粹现象学通论:纯粹现象学和现象学哲学的观念》(第1卷),李幼蒸译,北京:商务印书馆,1997年,第210页。

[3] Zahavi, D. *Husserl's Phenomenology*. California: Stanford University Press, 2003, p.14.

述与界定,他认为人的意识总是以某个对象为目标的,并从主体、内容、对象和手段四个方面阐释了意向活动的构成要素。意向性所指向的对象既可以是实在的,也可以是非实在的。在胡塞尔那里,作为意识的纯粹本质,意向性具有先验的结构,体现了体验的本质特性。

现象学的基本精神是"回到事情本身",其方法是"还原"。从人与世界的关系看,还原既表现在同一维度的不同事物之间的归约,也表现为意识从经验维度向先验维度的追溯。"在经过了本质还原和先验还原之后所剩余的纯粹意识所具有的一个本质特性便是意向性。"①意向性是意识的内在特征,不仅包括我们对实在对象的意识,还包括幻想、预测和回忆等。意向性的重要特征在于它的存在具有一种独立性。胡塞尔还进一步指出了意向性的构造作用。"'每个意识都是意向的'这个说法有两重含义:一个含义在于:意识构造对象;另一个含义是:意识指向对象。"②意向性的这种主动构成的作用被胡塞尔称之为"意向活动",它包括两个因素:感觉材料和意向作用。意向作用通过对感觉材料的激活和把握产生"意向对象"。

在现象学美学家的理解框架中,意向性对象大都是由纯粹意向对象和纯粹知觉对象构成的,但是,彼此的理解和解释又有诸多不同。比如英伽登认为意向对象既是意向活动的指向者,也是意向活动的构成者;梅洛-庞蒂则是通过可见之物和不可见之物来构建知觉对象。在《眼与心》中,梅洛-庞蒂指出错觉也是视觉赋予我们的一种洞察力,构成了观看的本质和可见事物的本质的一部分。"阴影、对比或者反光绝不是可见事物的变形或者增加物:它们是使这些事物可见的事物。"③就像我我们可以透过窗前摇曳的树枝看到对面建筑的轮廓,这些树枝并没有减少建筑的可见度,而是可能使得眼睛对建筑和树的物质性有了更多的感受。观看者和被观看者相互纠缠。"可见世界对我来说永远也不会是透明的;但是这种不透明性,可见事物的这种不可见性的残余,

---

① 张云鹏、胡艺珊:《审美对象存在论——杜夫海纳审美对象现象学之现象学阐释》,北京:中国社会科学出版社,2011年,第7页。

② 倪梁康:《现象学的始基——胡塞尔〈逻辑研究〉释要》,北京:中国人民大学出版社,2009年,第116页。

③ [英]卡罗琳·冯·艾克、爱德华·温特斯:《视觉的探讨》,李本正译,南京:江苏美术出版社,2010年,第39页。

也使得可见事物具有了不可穷竭性和物质深度。"①杜夫海纳更多受梅洛-庞蒂的影响，认为知觉对象首先是一个感性对象，并把意向对象看作是意向活动的指向者，而否认意向对象对意向活动的构成作用。虽然英伽登力图通过文学作品的构成分析纯粹意向对象存在的物理基础，但是在杜夫海纳眼中，这种语言文字的"物"的符号之所以成为审美对象的一部分，不仅在于其现实性，还在于其感性特质。因此，审美对象不是意向对象，而是知觉对象，只有在知觉活动中才能达成审美体验。

（二）技术意向性与技术调节理论

"在现象学传统中，意向性是理解人与其世界的核心观念，此概念不是将人与世界割裂开来，而是将人与世界之间密不可分的关联予以呈现。"②因为人类总是具有结构和功能的意向性，所以对人类的理解也不能脱离其生存的现实，包括我们面临的技术世界。当今世界，随着技术的发展，技术成为理解人与世界关系的重要维度。技术现象学的发展体现了现象学在技术哲学中的应用。美国技术哲学家伊德的意向性理论在胡塞尔的理论之上又重新发展出了新的内涵，转向了对技术物的研究。伊德在人与世界之间，强调了技术的居间调节作用，在对意向性的指向性和目的性进行描述的基础上，为意向性概念延伸出了实践维度。

20 世纪 70 到 80 年代，伊德一直关注知觉、身体和技术等方面的研究。20 世纪 90 年代，伊德开始对科学的作用感兴趣，并对涉身存在和周遭世界的相互关系进行了研究。在他看来，发生在界面上的东西才是最重要的东西，而"工具的涉身正是科学哲学和技术哲学联系的界面"。③在《技术中的身体》一书中，除了对世界进行数学化、模型化和形式化之外，科学还可以通过工具感知这个世界，身体和工具之间的综合可以克服生活世界和科学世界之间的区分。"对工具化的考察就是对物质的技术考察以及人与物质存在的互动和相互关系的考察。"④这样一种关系考虑了人与技术的关系、人与非

---

① ［英］卡罗琳·冯·艾克、爱德华·温特斯：《视觉的探讨》，李本正译，南京：江苏美术出版社，2010 年，第 39 页。

② ［荷］彼得·保罗·维贝克：《将技术道德化：理解与设计物的道德》，闫宏秀、杨庆峰译，上海：上海交通大学出版社，2016 年，第 69 页。

③ Ihde, D. *Instrumental Realism*, Bloomington and Indianapolis: Indiana University Press, 1991, p.114.

④ Ihde, D. *Bodies in Technology*, Minneapolis·London: University of Minnesota Press, 2002, p.xviii.

人的关系,这种方式就是理解技术的涉身性。正是从涉身关系出发,对涉身、知觉和行动的内在联系进行了挖掘,使伊德的身体理论更加丰富,并对科学哲学和技术哲学的许多理论进行了创新和推进。

技术调节理论的探索大致可划分为四种路径,分别为胡塞尔和海德格尔为代表的先验路径、布鲁诺·拉图尔(Bruno Latour)和阿尔伯特·伯格曼(Albert Borgmann)等为代表的经验路径、伊德和维贝克为代表的后现象学路径以及其他超越路径等等。有些路径之间是相互交叉的,比如伊德和维贝克就既是经验路径,又是后现象学路径。其中有个很重要的思想,就是技术意向性理论。在谈论海德格尔锤子事例的过程中,伊德提到工具的意向性,指出"'用具'总是为了作……的东西。在这种'为了作'的结构中,有着从某种东西指向某种东西的指派或指引"①。我们总是在对世界的不断把握中,才使自我世界变成了为我的世界。某种程度上,技术可以对人与世界的关系进行调节。

拉图尔和伯格曼等人基于社会学理论提出技术调节的经验路径,将其分为两个层面:其一是认为技术既非中性的也非决定性的,而是与人共同处于"行动者网络"之中,是网络上不同的节点,这些节点相互作用完成"书写过程"②。在"行动者网络"中,技术作为一个交叉的节点,在参与社会构建的同时,也为这个巨大的网络提供了一种调节形式,并通过这种方式塑形社会整体。行动者网络理论所强调的是人与技术的对称性,即技术一方面塑造着社会网络,另一方面也受到社会网络的限制。伊德的后现象学创新地发展出关于技术意向性的研究。这种观点填补了拉图尔理论中关于人与技术关系的另一个侧面,即物作为技术因素参与到人的知觉和行为塑造当中。伊德认为,人们可以通过技术来对知觉进行调节,完成知觉的放大或者缩小,伊德将技术的这种转化知觉的能力称为"技术的意向性",他认为技术是非中性的,并在人与世界的关系中发挥着积极的作用。技术总是不停地被使用者解释,因而在不同的情境中出现了

---

① [美]唐·伊德:《技术与生活世界——从伊甸园到尘世》,韩连庆译,北京:北京大学出版社,2012年,第35页。

② Latour, B. *Reassembling the Social:An Introduction to Actor-Network-Theory*, Oxford: Oxford University Press, 2007, p.290.

新的用途和使用方法,伊德称这一现象为技术的"多重稳定性"(Multistability),"技术意向性"也正是随着人与技术的这种关系构成的变化而发生改变的。

那么人是如何通过技术获得知觉上的调节的呢? 或者说技术是如何为人类获得新知觉提供条件的呢? 为了解决人与技术的关系在微观以及宏观知觉上的多变性和含混性问题,伊德对体验的特征进行了结构性分析,从而探索出了人与技术的四种关系模型。在讨论涉身关系的技术调节时,伊德引用早期伽利略运用望远镜进行月球观测的实例,指出望远镜让知觉转变成为可能。伊德认为这是视觉中显著的范式转变,但这种转变既是知觉上的,又涉及技术,伽利略塑造了一种科学视觉能够涉身的新方式。伊德还提出,技术在涉身关系中具有极大程度的"透明性",好的技术可以从正常的知觉体验之中隐去。比如佩戴眼镜的人群已将眼镜视为了对周围环境日常经验的一部分,它们总是"抽身而去"。因此,在涉身关系的设计中,努力优化技术的"涉身效果"①是技术设计应当完成的目标,那就是使呈现的效果简单化和直观化,努力使之近似于人类知觉上的亲身体验,这也成为设计领域的前进方向。相应地,如果设计违背了涉身性,也就会在使用中失去"透明感",从而影响到知觉体验。

对于意向性概念,维贝克在后现象学意向性概念之上更加深入了一步。维贝克在《物何为》中指出,我们需要重新认识技术物在人类生活中的重要作用。"传统的技术哲学提出的问题需要一套新的答案,它需要公正地对待技术人工物在我们的文化中的具体呈现。"②为此,他对伊德、拉图尔和伯格曼的理论进行了系统研究,进一步探讨了工业设计中的技术物如何形塑了人们的生活,并探究了技术人工物与人之间的关系。维贝克指出,技术的调节作用来自技术与设计者之间复杂的相互作用。因为人类的体验具有意向性结构,因此对人类的理解永远都不能脱离其生存的现实,为了在意向性中行动,就需要明晰意向性的具体结构模型。为了更好地解释技术的塑形作用,维贝

---

① Elo, M. & M. Luoto(ed.), *Senses of Embodiment*: *Art*, *Technics*, *Media*, Berlin: Peter Lang AG, Internationaler Verlag der Wissenschaften, 2014, p.19.

② Verbeek, P.P., *What Things Do*: *Philosophical Reflections on Technology*, *Agency and Design*, Pennsylvania: Pennsylvania State University Press, 2005, p.3.

克对伊德和拉图尔有关技术的调节理论进行了进一步的发展。依照伊德的观点,知觉的改变总是放大和缩小。人类总是利用技术"邀请"某些行动或"抑制"某些行动的特性来完成行动和塑形自身存在。维贝克认为,技术物不是中立的媒介,而是通过知觉、行动和体验等积极主动地共塑着人在世界之中的方式。这种调节哲学的核心就是技术人工物如何在使用的语境中被界定,以及如何积极地调节人类对现实的经验和解释。在对技术物的使用中,使用者的意向往往受到人工物的结构和功能的牵制。当使用者的意向指向人工物时,人工物会在与人构成的关系中"塑造其自身使用方式的指向性。这种意向性是技术角度的意向性,不同于人的意向性"①,它是在知觉过程中的一种"指向"。

维贝克认为,"技术意向性"始终是在人与人工物的关系中获得的,并且这一形式还要依赖特定的稳定性。技术嵌入情境方式的多样性以及情境的多变性是技术多重稳定性形成的原因。技术的"多重稳定性"交织了"特定情境""人""技术的物质规定性""文化"等变项,在这些变项的交织纠缠下产生出了"技术意向性"。"在大多数情况下,人的意向性是被技术装置调节的。人类不是直接体验世界,而是通过一种调节技术来体验的,这种技术促进着人与世界之间关系的形成。"②比如我们对显微镜、空调、飞机等的设计和使用,如果没有这些装置,人类就没有这种体验。技术调节是意向性的一种特殊形式,其中,人工物也起到了类似道德主体的作用,对人的行动和体验进行调节。又比如现在流行的 Vlog,是人们通过手机、相机或者无人机等数字装置进行摄影和摄像并在社交网络中呈现出来的视频记录。这种技术和记录方式就与技术的涉身性和技术的意向性密切相关,其制作过程体现了日常生活中人通过媒介技术展开的涉身化的行动和实践。一些人经常在旅行中通过无人机拍摄 Vlog,无人机拓展了人的身体感知范围,重塑了人的知觉体验和行动方式,而高空俯瞰式的记录方式又增强了观看者的整体知觉体验。在这种方式中,体现了可见的与能见的事物之间的统一,突

① 张春峰:《技术意向性浅析》,载《自然辩证法研究》2011 年第 11 期,第 38 页。
② [荷]彼得·保罗·维贝克:《将技术道德化:理解与设计物的道德》,闫宏秀、杨庆峰译,上海:上海交通大学出版社,2016 年,第 70 页。

破了传统的拍摄主体和拍摄对象的局限,在丰富人们的知觉体验的同时,也建构出新的交往空间。

但是,我们同时也要认识到,使用者虽然要以技术人工物作为行动的基础,但却掌握着使用方式上的自由。技术人工物的意向性如果没有人的意向性支撑,也是不可能实现的,只有在与人类与现实的关联中,技术人工物才能发挥调节作用。因此,技术作为人类行动的参与者,在人与世界建立联系的过程中以"行动者"的姿态出现,构成帮助人完成行动和决策的行动主体的一部分。人的行动是在技术人工物帮助下完成的复合行动,其"技术意向性是最终导致'复合行动者'意向性的一个要素,复合行动者是人与技术元素的杂交"①。"技术意向性"依赖于技术使用的情境和指向技术装置的使用意向,这样技术就会依据使用者的意向来提供知觉的内容。当使用者以独有的使用意向"指向"人工物时,技术意向性就会对相应知觉进行转化。比如,我们只有有了高倍望远镜,我们才能看到以前看不到的星空图片;有了纳米显微镜,才使得艺术家的纳米摄影创作成为可能;有了 3D 打印技术,才能就 3D 打印的作品究竟是技术人工物还是艺术品进行讨论……这些新的技术和艺术形式,都是人与人工物共同的"意向性"的结果。人创造并运用技术,技术"召唤"人,技术不再以一种对象化、异化的力量来影响"存在者",而是作为"行动者"参与到关系网络的构筑当中,成为人的生活世界的一部分。

2020 年 4 月,中国 3D 打印文化博物馆在上海宝山智慧湾科创园区内正式落成,这是中国乃至全球范围内首家以增材制造(3D 打印)和三维文化为主题的博物馆。馆内收藏了 3D 打印技术在各领域的创新设计和应用成果,每一件都是技术和艺术的完美结合;形似月亮、莲花座等的金属艺术品,是利用金属 3D 打印技术 SLM(选择性激光熔化)制成的;尼龙材质的超现代茶几、灯具,利用 3D 打印革新技术制造而成;奇妙的莫比乌斯环,利用 3D 打印黏结成型工艺制成……②其中,镇馆之宝《星际传奇》是全

---

① [荷]彼得·保罗·维贝克:《将技术道德化:理解与设计物的道德》,闫宏秀、杨庆峰译,上海:上海交通大学出版社,2016 年,第 73 页。
② 《中国首家 3D 打印文化博物馆在上海宝山开馆》,https://www.jfdaily.com/news/detail?id=59757,2020-04-12。

球第一件采用 3D 打印技术制作的大型艺术装置,它利用了数字化设计来创造仿生物结构形态,表达建筑设计灵感,它的诞生借助了电影动画形态和 3D 渲染,使用高度的数字化运算,将"数字化"神奇地变成了发挥实效的模型化物质世界和建筑空间。对于这样的 3D 打印作品,相信不同的观众在观看的时候,会有关于技术物还是艺术品的不同的预设和理解。对于数字技术人员和工程师来说,可能更多地将这个作品意向为"技术物",更多关注其结构、模型和制作工艺等;而对于有艺术背景的人来说,可能更多地将其意向为"艺术品",更多关注其造型、形式和意义等;当然也有人是在技术与艺术的融合和交互中去理解作品带来的审美体验的,就如同设计者的初衷想要表达的那样。因此,从现象学的角度看,在作品的构思、设计、制作、完成到被观众欣赏和接受的整个过程中,任何人都没有独立的价值无涉的理解,有的只是情境性和局部性的知识,所有的意向性都是建立在人与世界的关联基础上的。

技术哲学领域的意向性研究主要集中在理论的跨学科应用上。其中以现象学与技术、艺术的交叉研究最为突出,技术哲学向设计领域的扩展为技术调节理论增添了新的发展思路。在技术调节理论看来,由于技术多重稳定性的存在,人的行为和决策受到技术的调节,需要技术的参与来共同完成关系网络的构建。现代技术并不都是"促逼入那种订造的疯狂中"①,而是通过技术意向性和技术脚本来构建人类的知觉和行动,进而定义人的存在方式,并塑形人在世界中的行动。这对技术异化的观点构成了正面的回答,也将探索的方向转移到了经验层面。海德格尔也曾点明技术的异化本质,他从未否认技术"解蔽"的作用,相反,他认为"存在者的无蔽状态总是走上一条解蔽的道路。解蔽之命运总是贯通并且支配着人类"②。不过,技术虽然构成了我们时代的命运,具有某种不可回避性,但是,这种命运并非强制性的,当技术之本质开启自身时,我们就会为一种开放式的要求所占有,而进入自由的开放之域。海德格尔提出存在者无须依赖"解蔽"就可达到澄明之境,主张从形而上的角度回归"真理之域",这违背了人类社会的发展趋向,也忽视了技术的实际功用,与技术调节理论的理论旨趣略

---

① [德]马丁·海德格尔:《演讲与论文集》,孙周兴译,北京:三联书店,2005 年,第 34 页。
② [德]马丁·海德格尔:《演讲与论文集》,孙周兴译,北京:三联书店,2005 年,第 24 页。

有不同。通过技术调节理论,技术现象学的探索方向从讨论技术的异化本质,变成主动积极地把握和运用技术调节的方式,从而防止现代技术将人带入"订造"的"伪装"之中,使技术变为帮助人类走入真理之域的共同"行动者",以构建更为自由的人与技术、人与世界的关系。

三、现象学视野中的身体体验:图像、想象与记忆

当代技术背景下,技术和艺术更多通过身体体验进行交互。在身体现象学和身体美学中,身体已不仅仅是生物学意义上的身体,也是人与世界联系的桥梁,是一种具有历史性和文化性的存在。从现象学的视野来看,技术和艺术的交互很大程度上源于身体体验的几个重要功能:图像、想象与记忆。

(一)从部分到整体:身体的传达功能

在现象学理论与身体理论中,身体的视觉功能在身体体验中处于非常核心的地位。研究表明,身体和外部环境接触而得到的讯息,87%都是从视觉中获得的。在身体的各种感觉当中,视觉是最基本的。视觉能够获得正在开展的活动的各种相关讯息,听觉、视觉、嗅觉均是远距离的感知,因而图像在艺术史和艺术研究中一直具有中心地位。尤其当今时代更是进入了一个图像时代或者读图时代。"电影、电视、摄影、绘画、雕塑、建筑、广告、设计、动漫、游戏、多媒体等正在互为激荡汇流。这个以图像为中心的时代也就是我们所称的图像时代或视觉文化的时代。"①尤其摄影术和电影技术都是视觉艺术史上标志性的事件,图像表达的逼真效果是对现实场景和时间的切片保存,摄影术从观念到表达都刷新了人们对图像的理解。图像是符号和隐喻的表达,也是存在的见证。如今的虚拟现实技术也受到透视画、全景画等早期图像艺术的影响。虚拟现实与传统艺术史有着非常密切的联系,这种关系显现在不连续的探寻幻觉图像的活动中。如今,从360°投影、宽银幕电影、三维电影到 IMAX 电影,再到各种虚拟动

---

① [英]卡罗琳·冯·艾克、爱德华·温特斯:《视觉的探讨》,李本正译,南京:江苏美术出版社,2010年,第2页。

画和游戏,新媒介技术的发展构成通向虚拟现实体验的大道,体现了人们对视觉艺术的执着追求,也对传统的图像技术带来挑战。

视觉反应是在光线刺激之后作用到视觉器官而出现在大脑中的一种反应,是人们从外部环境获得体验的根源。"使视觉艺术与知觉密不可分的是,经验尽管被个别个体所经受,却是社会的,因为它们属于维特根斯坦所称的一种生活形式。只有我能用我的眼睛看东西,但是我所看到的景象是以另一个人可以分有我所具有的经验的方式构建的。但是,如果去掉知觉,经验就缺少了它的一个本质方面而悬浮着。"[1]在对形式的感知方面,与其他需要视觉的动物相比,人类具有在大脑中再现这种印象与自己创造印象的能力。透过身体能够感知的是作为对象的整体,并不是对象的部分的组合。身体在创作时能够感知自身正处于和世界的交互之中,并将其发展至全新的精神和社会层面。

法国哲学家亨利·柏格森(Henri Bergson)在其知觉理论中特别强调身体的重要性,他称身体为"一个不确定的宇宙中的不确定的中心"。[2]就柏格森而言,身体的功能就像一种过滤器,根据自身的能力,从围绕它的图像世界中,选择那些与之相关的图像。这种对身体的强调在柏格森的《物质和记忆》一书的开头就占据了重要位置,他重点解释了身体作为图像中的特权图像的功能。他说:"有一种不同于其他任何图像的图像,因为我不是从外在的感知,而是从内在的情感来认识他的:这就是我的身体。……我的身体也是一种图像,可以像其他图像一样接收和回馈动作,大概区别仅仅在于,我的身体会在一定限度内,选择某种可以恢复它所接收的动作的方式。"[3]某种程度上,柏格森是一个涉身认知理论家,他将认知与身体的具体生活实践联系起来。他通过对物质的知觉,来克服理念论和实在论的对称性错误。根据柏格森的说法,世界是由一系列图像组成的,知觉通过"不确定性的中心"成为图像集合的一个构成部

---

① [英]卡罗琳·冯·艾克、爱德华·温特斯:《视觉的探讨》,李本正译,南京:江苏美术出版社,2010 年,第 16—17 页。

② Hansen, M.B.N. *New Philosophy for New Media*, Cambridge: The MIT Press, 2004, p.2.

③ Bergson, H. *Matter and Memory*, trans. by Paul, N. M. & W. S. Palmer, New York: Zone Books, 1988, pp.17—19.

分。更重要的是,柏格森强调身体是行动的源泉;正是身体的行动从普遍的图像流中删减了相关的图像:"我们对物质的表征是我们对身体可能的行动的衡量。"①

柏格森的知觉理论,特别是他将身体理解为"不确定的中心",为图像媒介提供了哲学理解的基础。这种联系被法国哲学家德勒兹运用到电影研究中。德勒兹的伟大洞见是在电影中找到了柏格森的图像概念的完美例证。德勒兹认为,柏格森错误地将电影视为图像流的空间化,因为他的运动图像概念实际上描述了他对电影的更微妙的理解。这里的关键概念是"间隔"(如在蒙太奇电影中),在构成镜头之间的间隔时,它引入了"动作和回应之间的间隙"。②对于德勒兹来说,这个间隔的功能与作为不确定性中心的身体完全相同,这是身体分离部分图像以产生知觉的过程,其中身体起到一种类似"框架"的作用,通过这种框架(期望、意图等),我们可以感受到某种特定的行动。为了证明这种同源性,德勒兹发现自己不得不将柏格森的涉身情感这一概念视为身体知觉的构成部分,并将情感理解为运动图像的一种特定排列。作为身体的现象学情感,让位给了一种具体图像——情感图像,它完全由运动图像的感觉运动回路的延时中断来界定。

德勒兹创造性地提出了"无器官的身体"这一概念来说明身体是能动的综合体,人的体验是整体性的体验。他在《感觉的逻辑》中提到,身体只存在深层的运动,不存在表层的东西。"所有的东西都是涉身性的。所有的东西都是身体的混合,是在身体内部相互关联和穿透的运动。"③在感觉的逻辑里,存在着一具"无器官的身体",这并非否认器官作为身体的生理结构,而是反对器官之间的结构化联系。这一概念作为始源性的物质概念,生发出物理的、生理的、心理的和社会的因素,从而创造着现实世界和人自身。因此,身体是积极的欲望之力的流动,是一台永不停息的生产机器,我们不应该通过身体结构来体验身体,而是要捕捉身体感官的多样性、运动性和生成性,以此寻找

① Bergson, H. *Matter and Memory*, trans. by Paul, N.M & W.S. Palmer, New York: Zone Books, 1988, p.38.
② Deleuze, G. *Cinema 1: The Movement-Image*, trans. by Tomlinson, H. & B. Habberjam, Minneapolis: University of Minnesota Press, 1986, p.61.
③ Deleuze, G. *The Logic of Sense*, trans. by Mark, L. & C. Stivale, New York: Columbia University Press, 1990, p.87.

身心的切合点,从而不断激活差异,激发和生成创造性的力量。"无器官身体表现了身体感觉的自然流动的本性和积极能动的状态。"①在这里,德勒兹虽然是在强调身体在人类认知活动中的决定性作用,但也没有否认思想和意识在认知实践中的重要性。与梅洛-庞蒂将身体作为意义的核心,并以此展开现象空间,进行相似性的意义投射和知觉体验不同,德勒兹更强调各个器官之间变化着的关联和肉体生存运动的丰富样态。"德勒兹通过'感觉的逻辑'和'无器官的身体'所要表现的则是新的'意义'如何突破现有的'意义'和'身体'的结构被创造出来的。"②

　　人的视觉传达具有选择性、有效性以及整体性。人的视觉过程是一个综合的过程,联结了视觉活动和其相对应的心理经验。视觉活动的基本特征是选择性。在视觉选择中有一个心理选择原则,是对内因发生作用的有意识和有目的的刺激。不同的视觉元素给人带来的视觉感受会有所区别。视觉信息传达的有效性则是取决于视觉元素的组织形式以及规则性,最大限度地让信息内容简单明了会给受众带来愉悦的心理。因此身体在视觉信息传达中通常会组合各种元素,按照特定的章法组合成固定的形式,并把形式因素和结构、功能统一起来,以适应人所特有的视觉心理。视觉传达的整体性是因为视觉反映的是要素之间的有机整合,虽然"观看"意味着捕捉被观察物的较为突出的特征,并采用信息处理的方法进行符号化,但是,视觉的整合作用会使事物留下一个整体印象和知觉,而不是散乱的构成部分。视觉在处理现实符号的过程中还具有随机性,而人类对记忆的加工储存也是通过符号来实现的。这种思维方式使得视觉再现中那些没有用处的重复信息被剔除,而只保留必要的部分,并通过对相关信息的有效整合,形成更加整体的印象。

　　在关于图像与身体的关系方面,汉斯·贝尔廷(Hans Belting)曾提出"图像—媒介—身体"三位一体的图像人类学理论,并以身体为核心,强调身体之于图像的重要性。一方面,对图像的制作、感知和理解皆是通过身体来完成的;另一方面,身体也承载着记忆、想象等心灵图像。与此同时,制作图像的原始动机在于对死亡的克服,这就

---

① 张之沧、张尚:《身体认知论》,北京:人民出版社,2014年,第246页。
② 姜宇辉:《德勒兹身体美学研究》,上海:华东师范大学出版社,2007年,第170页。

使得图像与影子一样,不但是对死者身体的真实复刻,而且也把图像赋予灵魂,是死者身体活生生的再现,表现为死者图像的"具身化"。①

在贝尔廷看来,身体是图像的"天然地点"。这就意味着,人们总是从身体这一"地点"出发来制作图像、感知图像和理解图像的。"身体是在世界之中的一个处所,这一场域使得图像得以生成和辨别。"②由此,身体的重要性就在于它不仅仅是一个图像,而且也成为图像活生生的媒介。身体既是现象学意义上的感知体,也是承载着文化信息的文化集合体。身体不仅承载着个人性的经验和记忆,而且也承载着集体性的经验和记忆。人的身体不仅是自身的图像,而且身体也在制造图像。图像并不是身体之外的客体,而毋宁说图像寄居在身体中,并通过身体表现出来。这样一来,身体可以看成是图像得以生成的"场所"和源泉。"我们皆是自身的图像并且制造图像,……身体作为活生生的媒介使得我们感知、规划或者记忆图像,并且也能够使我们的想象去审查或转换它们。"③贝尔廷区分了身体之中的图像和由身体所制造的图像。前者可以称为精神图像,后者可以称为物质图像。在贝尔廷看来,物质图像是图像的物质材料(比如颜料或帆布);而精神图像是图像的物质材料在我们意识中的显现。而只有当物质图像转化为精神图像时,图像才真正显现出来,即我们真正获得了"图像意识"。

(二) 从缺席到在场:身体的想象功能

在胡塞尔现象学中,基本都是关于自我与他者的意识和意识流之间的互动,解决的是自我意识的延伸问题,没有为身体留有位置。梅洛-庞蒂的身体主体则通过身体空间、身体意向和身体图式,重新阐释了自我与他者的关系问题。他从病理学出发,通过"幻肢"理论探讨了从"缺席"意向到"在场"的问题。例如截肢病人在刚做完手术后,已经缺失的部位可能仍会觉得痛或痒,这是因为人的肉体感知能力中包含着向他物的

---

① 刘铮:《图像、身体与死亡:汉斯·贝尔廷"图像的具身化"》,载《重庆邮电大学学报》(社会科学版)2017 年第 5 期,第 101 页。

② Belting, H. *An Anthropology of Images: Picture, Medium, Body*, New Jersey: Princeton University Press, 2011, p.37.

③ Belting, H. "Image, Medium, Body: A New Approach to Iconology", *Critical Inquiry*, 2005, Vol.31, No.2, p.406.

延伸。盲人的手杖也是如此,也会构成盲人的知觉的延伸,形成更大的知觉空间。在这些现象中,都体现出了身体主体的多重性。梅洛-庞蒂认为,"幻肢不是一种客观因果关系的简单结果,更不是一种我思活动。只有当我们找到了连接'心理现象'与'生理现象'、'自为'与'自在',并使它们合并在一起的手段,只有当第三人称过程和个人的活动能整合在他们共有的一个环境中,幻肢才可能是这两类条件的混合"[1]。在人的知觉对象的形成过程中,想象力发挥了必不可少的作用。

现象学主张要悬置自然态度,并进行现象学的还原。自然态度所设定的世界是与主体无关的事实世界,是被给予的,而现象学的态度则是悬置自然态度,把世界与意识之间的关系揭示出来。在这种态度中,很重要的方面就是从缺席意向到在场,或者从现实性意向到非现实性。比如,我们在看一些表示残肢的雕塑时,会从破损中感受到完美,甚至其完美就在破损之中。因为我们恰恰可以在这种缺损中,想象和衍生出更加多元的身体及其意义。在审美对象中,存在一种人们可以感知到的个性化的标志,这也是艺术之为艺术的重要因素。在英伽登那里,这种审美对象的标志是一种"形而上学特质",这种特质"既不是通常所说的事物的属性,也不是一般所指的某种心理状态的特点,而是通常在复杂而又往往是非常危急的情景或事件中显示为一种气氛的东西。这种气氛凌驾于这些情景所包含的任何事物之上,用它的光辉透视并照亮一切"[2];在杜夫海纳那里是风格,是人或物中的"一种至高无上的、非属人的原则"[3];在海德格尔那里可能是"因缘整体性";而在本雅明那里,可能是"灵韵"。诸如此类的表述都显示了人在审美活动中产生的高峰体验,人以某种超越性的形式获得自由和提升。通常而言,我们所看到的艺术图像都要么具有现实性,要么是具有非现实性,要么兼具现实性和非现实性,这种图像可能是对实在之物的模仿和再现,也可能是对某种非实在之物的想象。"艺术图像要以自然、现实为基础,否则就会流于狂想和梦幻,但

---

① [法]莫里斯·梅洛-庞蒂:《知觉现象学》,姜志辉译,北京:商务印书馆,2012年,第111页。
② 张云鹏、胡艺珊:《现象学方法与美学——从胡塞尔到杜夫海纳》,杭州:浙江大学出版社,2007年,第166页。
③ 张云鹏、胡艺珊:《审美对象存在论——杜夫海纳审美对象现象学之现象学阐释》,北京:中国社会科学出版社,2011年,第181页。

又不是对自然与现实的简单模仿,它来源于生活又高于生活,美与艺术的恒久魅力就在于它对现实的提升与超越,对未来的希冀与憧憬,是对人生不幸与苦难的诗性慰藉,是对生命自由的张扬与礼赞。"①

关于技术和艺术的理解,在古希腊,按照柏拉图或者亚里士多德的说法,技术和艺术被看作是获得关于理想世界的神圣知识或者记录经验知识的手段。柏拉图在《智者篇》中区分了两种技艺,即"制造相同的东西和制造相似的东西"②。换言之,他区分了制造具体事物的艺术和制造影像的艺术,后者制造影像和幻觉,是"模仿的"艺术。而17世纪后,艺术更多与情感和想象力紧密相关。毕加索就认为,画家画画要宣泄的就是感觉和想象,绘画只能通过看画的人而生存。实际上不存在已经完成的画作,意念只是绘画的起点,更加重要的是创造。"一幅作品的价值恰恰在它所不是的东西。"③想象力不同于情绪,它是由艺术再现所引发的受众主动构建再现世界的精神体验。因而想象力必须是对艺术再现的有价值的反映,而不仅仅是制造心理图示。想象力和艺术再现具有密切关系。艺术的再现方式引导了想象力的发生,而经由数字技术介入的艺术再现则在更大程度上激发了观众的想象力。

身体体验可以使我们通过情感和想象,去把握艺术作品中那些不可言说的、不可被知识化的部分。比如日本艺术家盐田千春(Chiharu Shiota)设计的《记忆的轨迹》(*Trace of Memory*)、《生命之流》(*Flow of Life*)以及《手中的钥匙》等作品,都是通过装置艺术以及病床、钥匙等物件,来传达关于生命以及岁月的各种理解和情绪。2018年,盐田千春的个展在伦敦 Blain Southern 画廊展出。现场展出的装置作品《我在别处》(图4-1)延续了盐田千春对线作为一种媒介的探索,但在这里她以一种明显不同的方式使用这种材料。她把红色的纱线制作成一个巨大的网,悬挂在画廊大花板上的网连接到地板上的一双鞋。对艺术家来说,这些网暗示着人们彼此之间的联系,也让人联想到身体内部和大脑中复杂的神经连接网络。身体与意识、人与他人、人与世界,都

---

① 张永清:《现象学与西方现代美学问题》,北京:人民出版社,2011年,第122—123页。

② [希]柏拉图:《柏拉图全集》(第三卷),王晓朝译,北京:人民出版社,2003年,第30—31页。

③ [西]毕加索等:《现代艺术大师论艺术》,常宁生编译,北京:中国人民大学出版社,2003年,第61页。

处在一个复杂的千丝万缕的联系之中,我在此处,我又在别处。类似这样的作品在个人性与公共性之间架起了桥梁,使人联想到集体记忆或是个人记忆,主动的联系或者被动的联系,愉快的情绪或是不愉快的情绪,等等。艺术家通过自己的创造和表达,唤起观众内心对于人和世界的独特理解。有些理解是有普遍性的,而有些体验则非常微妙,植根于每个人的涉身感知之中,并通过想象力,从缺席意向到在场。

图 4-1 《我在别处》(局部),盐田千春,2018

(三) 从知识到体验:身体的记忆功能

随着图像技术的发展,记忆成为主体建构的体验。当代关于记忆的预设和理解有一个从知识性的认知到体验性的构成的转换。当代艺术作品中的记忆表征体现为认知记忆和情感记忆的混合。数字技术的发展为我们捕捉和记录知识化的记忆提供了条件,也为我们理解不为人知的情感记忆以及扩展记忆体验提供了场域和可能性。

只要是视觉活动,无论以何种形式存在,都需要以观者的心理为基础,不断补充、变化和证实等。视觉活动是对视觉对象的生命、情感和意义的表现。视觉记忆其实是一种记忆信息变化的过程,主要是因为视觉刺激,使观察对象在相关活动中的记忆得到改变。在身体的视觉记忆产生的过程中,肢体所处的不同位置、不同空间以及环境的变化等都会造成外在形式的改变,从而使视觉记忆从短时记忆变成长时记忆,给人产生深刻的影响力。比如,在舞蹈艺术中,我们留下印象的,可能未必是舞蹈者的某一个具体的动作,而是这些动作整体构成的一种情感共鸣和体验。在摄影中,广告摄影和图像一道,在观察者和被观察者之间启动了一种颠倒的依赖关系,也就是说,很多时候不是我在看物体,而是物体在看我,"因为摄影已经不完全是一种短期记忆,一个多少有些遥远的过去的摄影回忆,而确实是一种意愿,即赌上未来的意愿,不仅仅是表现过去"。①在广告中,我们经常会看到这些知觉的反转,广告开启了美学的另一个知觉和记忆的维度。

在法国小说家马塞尔·普鲁斯特(Marcel Proust)的《追忆似水年华》中,他提出了两种记忆:自愿记忆与非自愿记忆。其中,自愿记忆是图像的生产,传达的是事物、事件与经验的外在面貌;而非自愿记忆则更多是由随机的、不邀自来的、被感知相似性所召唤的记忆,是认知记忆范围以外的记忆,比如不情愿的记忆或者触景生情的记忆。记忆几乎贯穿于人类意识和情感的方方面面,因此,记忆也构成了艺术家创作最为重要的素材、契机和动力。当今时代,在艺术发展的理论和现实层面,都可以看到一种现象,就是艺术越来越多地与记忆勾连起来,尤其是在当代艺术(或者先锋艺术)中更是如此。

当代艺术指的是开始于 20 世纪 60 年代的前卫艺术或者先锋艺术。当代艺术并不仅仅指"晚近的""新的"或者"当下的"艺术,其多样化表达还意味着艺术的先验标准的终结。当代艺术的发展呈现出两条相对比较清晰的轨迹:一方面,关于艺术的标准逐渐脱离现代性、统一性以及一致性的内在价值的支配。"形式"与"表现"不再作为艺术美的唯一追求,与之相映,形式各异的"旨趣"开始成为许多艺术作品的表达内容;另一方面,当代艺术作品中经常会出现"记忆"这一主题或者维度,并对过去的艺术内容和形式呈现出一种批评或者反思的态度。

记忆可以改变人们理解世界的方式和采取的行动。以记忆为主题的艺术作品,更

---

① [法]保罗·维利里奥:《视觉机器》,张新木、魏舒译,南京:南京大学出版社,2014 年,第 126 页。

是反映了过去、现在与未来的关联。比如,2013 年的"中国·意大利当代艺术双年展",就以记忆为主题展开对当代艺术与时代、社会与历史的关系的思考。它以"选择与记忆""发现与记忆""创造与记忆"为线索,展开不同主体的记忆在当下的艺术叙事,不仅折射出 21 世纪初的艺术状况,更揭示出其背后的生命主线与当下和此在的关联。2015 年,中国北京国际美术双年展的主题为"记忆与梦想",此次展览展出了来自全球 90 多个国家的 600 余件作品,通过艺术来沟通世界人民的"记忆与梦想",架起东方文化与西方文化、传统文化与现代化的桥梁。2017 年 5 月,第 57 届威尼斯艺术双年展中国官方主题平行展"记忆与当代"在威尼斯军械馆区举行,这个展览将当代艺术的生成发展作为着眼点,探索历史文化所构成的"记忆"。

作为人类文明的两种形式,记忆和艺术具有内在一致性,它们都是心灵与材料的结合,都是对自我与世界的关联与重构,且都具有典型性与永恒性。两者都富含人的存在的"痕迹",同时,又相互映衬,相互成就。一方面,记忆是艺术的来源,是艺术表达和反思的内容。记忆难以界定,但又无处不在。记忆的产生与事实、知识、情感、体验等紧密相关。另一方面,艺术是记忆表征的工具,是记忆的再现与创造,是进行记忆考察的理想载体。记忆和艺术都是心灵与材料的交融。艺术的手段为记忆的内容提供了一个表征、再现和反思的视角。艺术是对社会现实的反映,而伴随科技发展的日新月异,当代艺术承载着更多事件和体验的痕迹,使得关于记忆的再认知和重组可以被交流和分享,同时在人与作品之间建立了更多情感和体验的勾连。当代艺术是进行记忆考察的理想载体。记忆总是蕴含着足够多的复杂性和冲突,因此,通过对记忆的丰富而又多元的解释,可以展现记忆在知识、价值、神话、欲望和信仰的建构中起作用的方式。

第五章　新媒介技术对艺术的改变与重塑

　　从前面章节的论述中,我们知道身体是技术、艺术和设计的来源、动力、目的和归宿。尤其是当今时代,媒介技术作为身体的延伸,对社会所产生的影响日益显著,它逐渐渗透到社会、文化、经济和生活等领域,不仅一定程度上重塑了人们的生存方式、生产方式、生活方式以及作为整体的社会文化环境,还为当代美学的多元发展提供了新的契机。"纵观艺术发生、发展和传播的历史,可以说一部艺术发展史就是一部媒介演进史。在某种程度上,艺术与媒介堪称是一枚硬币的两面。"[①]一直以来,媒介都被看作是传播的介质或工具,因而,人们更多地关注媒介传播的内容而非媒介本身的价值和意义。随着以互联网、数字技术为代表的新媒介技术的出现及其对社会的影响,人们开始思考媒介本身的力量而不仅仅是它所承载的内容或传输的信息。

　　新媒介是一个较为宽泛的术语,对于不同时代的人来说,新媒介往往具有不同的意指。在麦克卢汉将媒介看作历史的主要动因之前,媒介都被看作是传播的介质或工具。麦克卢汉进一步揭示了媒介在塑造历史和社会中所发挥的隐蔽性力量,在其著名的理论"媒介即人的延伸"中,他提出了一个论断:所有的媒介,包括传统和现代媒介,都在时时刻刻地影响甚至是改变我们的生活,涉及社会、政治、人文、经济等各个领域。麦

---

① 甘锋、李坤:《艺术的媒介之维——论艺术传播研究的媒介环境学范式》,载《东南大学学报(哲学社会科学版)》2019年第5期,第105页。

克卢汉认为,"媒介对信息、知识、内容有强烈的反作用,它是积极的、能动的、对讯息有重大的影响,它决定着信息的清晰度和结构方式。"①媒介不仅仅服务于信息的传播与交流,还重塑了人们的行为习惯、生产活动和生活方式。加拿大的罗伯特·洛根(Robert K. Logen)则认为,"所谓的'新媒介'是这样一些数字媒介:它们是互动媒介,含双向传播,涉及计算,与没有计算的电话、广播、电视等旧媒介相对。"②洛根在麦克卢汉的预言"媒介是人的延伸"的基础上再度断言"人延伸了媒介"。这里的新媒介特指一些互动性的媒介,在新媒介环境中,媒介的使用者可能同时是内容的生产者和信息的接收者。斯蒂格勒也曾指出,技术本身作为没有生命的代具,却决定了人类这一生命存在的特征,媒介技术同时还作为一种社会文化的环境因素影响着人的存在。在媒介技术哲学和媒介环境学派看来,媒介不仅是人在世界中的器官的延伸,还建构了人对于世界的认知方式。

新媒介不同于以往的报刊、广播和电视等传统印刷媒介或电子媒介形式,它以数字技术为基础,并以网络为载体,具有较强的即时性和互动性。从当前社会来说,它指的是基于互联网技术的新型媒介形态,主要包括网络媒介、手机媒介以及数字媒介等。"数字媒介对传统艺术的最大改变主要体现在两个方面:一是导致艺术本体存在的虚拟化或艺术本源问题的进一步泛化;二是全面改写了艺术创造的基本原则与审美范式。正是这两个方面导致了传统艺术的观念与形式在当代的革命性转型。"③新媒介在塑造社会、生活与文化的同时,还丰富了当代社会中审美活动的内容和形式,塑造了一种全新的感知方式和审美体验方式,从而为当代美学的发展提出了前所未有的挑战,同时也为重新审视审美经验提供了有益的视角。

第一节　新媒介技术与审美活动的展开

新媒介艺术的出现是历史发展的结果,是技术进步的产物。艺术的内容和形式的

① [加]马歇尔·麦克卢汉:《理解媒介——论人的延伸》,何道宽译,北京:商务印书馆,2000年,中译本第一版序,第1页。
② [加]罗伯特·洛根:《理解新媒介——延伸麦克卢汉》,何道宽译,上海:复旦大学出版社,2012年,第4页。
③ 张耕云:《数字媒介与艺术论析:后媒介文化语境中的艺术理论问题》,成都:四川大学出版社,2009年,第4页。

发展总是跟科技发展密切相关。从蒸汽机再到计算机和信息技术以及人工智能技术等的发展,为艺术发展提供了更多的机会与可能。麦克卢汉曾提出三个传播时代,即"口语传播时代、书面传播时代和电力传播时代",洛根在此基础上进行了更新,加上了"模拟式传播时代和互动式数字时代",形成了"五个传播时代",充分体现了媒介的发展历程和特征。①新媒介技术不仅影响我们感知什么和如何感知,而且影响感知本身的条件,从而影响我们最直接接触到的世界的感知。"新技术改变了时间和空间的概念,也改变了居住在某个地方的身体的意义,事实上使我们以新的方式来认识这些条件。"②长期以来,人们认为构成知觉的条件是普遍的、不变的,属于自然的或先验的秩序,但现在已经证明,知觉是在复杂的历史和技术过程中形成的。技术不仅是我们实现某种特定目标的工具,还是我们的知觉体验的媒介。这些媒介并没有为我们提供一个中立的感知空间,而是将感知置于一个由技术、习惯、身体和物质因素共同决定的领域中。我们对所谓现实的直接体验,从表面上看,是由明显超过我们掌握的媒介构成的。我们对如何处理技术对身体体验的影响,似乎也变得不确定了,尤其是哲学和艺术,更需要对新媒介的影响保持适当的警觉。

从审美机制的发生学角度来看,媒介在审美活动中的作用并不明显,它并不直接构成或推动审美活动的发生与展开,而是通过影响审美主体、审美客体或审美环境等诸多因素来间接地与其发生联系。在新媒介出现之前,媒介的间接性影响被审美活动的"无利害性"的"静观"模式完全遮蔽,在新媒介出现之后,媒介在审美活动中的作用得以彰显。新媒介在塑造社会、生活与文化的同时,还丰富了当代社会中审美活动的内容和形式,塑造了一种全新的感知方式和审美体验方式,从而为当代美学的发展提出了前所未有的挑战,同时也为重新审视审美经验提供了有益的视角。新媒介技术通过重塑审美体验的拓展性、多样性和环境因素的复杂性而影响了审美活动的展开。尤其以虚拟现实技术为代表的新技术类型,使得技术、艺术与身体的交互到了前所未有的地步。虚拟现实技术建构了临场感、新时空和沉浸体验,也构建了人的"新感性"和

---

① [加]罗伯特·洛根:《理解新媒介——延伸麦克卢汉》,何道宽译,上海:复旦大学出版社,2012 年,第 24 页。

② Elo, M. & Luoto, M.(eds.) *Senses of Embodiment*: *Art*, *Technics*, *Media*, New York: Peter Lang, 2014, p.7.

"超感性",重塑了人与世界的关系。

一、新媒介技术与审美感知的延展性

从现象学的视角看,审美体验的主体和客体是很难二分的,而是互为主客体的过程。麦克卢汉强调媒介是人的延伸,"这样的延伸是器官、感官或曰功能的强化和放大"①。在传统媒介时代,主体的审美感知活动主要依靠视觉感知基础上的联想、想象等能力,强调的是一种有距离的、静观式的感知与体验。以智能手机、iPad 等为代表的新媒介以及数字技术、虚拟现实技术等通过与计算机系统和他人产生互动,使作品与意识产生转化,出现全新的影像、关系、思维与经验,正在改变和重构着人们的感知方式和生活体验。

"从媒介材料发展的角度来看,人类艺术的演进可划分为天然媒介时期、人工媒介时期和现在的数字媒介时期。"②天然媒介时期的媒介取材于自然界,比如动物、植物;人工媒介时期,人的审美意识逐渐融入物质材料,比如画笔、颜料、器械等,媒介活动获得质的飞跃与提升;数字媒介时代,人的感性需求与理性思维在新媒介的技术与艺术融合中继续生长。"在某种程度上,所有的媒介都涉及感官感知,即我们的涉身体验和意义的表达。因此,在媒介中起作用的都是对'感觉'的感知:知觉、意义以及预测、欣赏或感受某物的能力。同时,在媒介中起作用的也是所有'涉身性'的感觉:技术的、物质的、身体的和习惯的差异,在每一种情况下,这些感觉的差异都可以通过具体化、形象化或使其成为系统的一部分来表达。"③也就是说,我们总是通过媒介来表达身体的感知及其意义。从主体的角度来看,媒介在很大程度上塑造了人们的生活方式、感知方式和思维模式。

在审美活动中,审美体验由于新媒介的介入呈现出扩展性、全方位的特征。新媒

---

① [加]埃里克·麦克卢汉、弗兰克·秦格龙编:《麦克卢汉精粹》,何道宽译,南京:南京大学出版社,2000 年,第360 页。

② 张耕云:《数字媒介与艺术》,载《美术研究》2001 年第 1 期,第 72 页。

③ Elo, M. & Luoto, M.(eds.) *Senses of Embodiment*: *Art*, *Technics*, *Media*, New York: Peter Lang, 2014, p.8.

介技术是数字媒介时代的重要代表,是一种经过计算机技术对文字、图形、图像、声波等讯息进行归纳,使单一、离散的信息要素聚合起来,转换成具备观赏性的媒介讯息的技术。随着科学技术的迅速发展,新媒介技术被人们普遍应用于各个领域,对当今的艺术和设计起着不可忽视的作用。如新媒介交互艺术,主要指以新媒介技术为基础所进行的交互艺术创作,这种技术打破了原来的艺术家和观众的界限。观众在新媒介交互艺术作品前不再是被动地观看和了解,而是参与到作品之中,与作品互动,在行动中展示创作者想要传达的设计理念和想法,作品成为交流的载体,甚至观众会成为作品的创作者,而艺术家却可能成为作品的一部分,这颠覆了以往的艺术体验形式。

新媒体艺术大师罗伊·阿斯科特(Roy Ascott)认为,新媒体艺术最重要的特质是连结性和互动性。新媒体艺术通过与计算机系统和他人产生互动,使作品与意识产生转化,出现全新的影像、关系、思维与体验。阿斯科特创造性地将控制论、电子信息引用到多媒体艺术创作中,对多媒体艺术的发展产生了重大影响。自80年代以来,他开拓了互联网在艺术领域的应用,并成为艺术应用信息通信技术的领导人物。他的"赛博知觉"理论(Cyberception)被视为新媒体艺术发展史的重要里程碑。他提到:"一个人能够同时栖息于真实世界与虚拟世界之间,在同一时间既可以待在这儿也能到任何其他地方去,这使得我们产生了一种新的自我意识以及新的思考与感知方式,这一切都延伸成了我们自然遗传的能力。"[1]他将意识与艺术和科技联系在一起,自创了一个词"Technoetics",用来表示艺术、科技以及意识的综合性研究以及对三者合而为一的探索与实践。在新媒体艺术中,艺术与当代最前沿的科学相结合,数字技术、生物科技、量子理论、经济学、语言学都可以成为艺术实现的媒介。阿斯科特认为,在未来,新媒体艺术的核心关键词应该是与心灵和知觉相关的,"我们不能仅仅满足于用外在的体系去理解和解释一些艺术行为,而是可以通过生物学、药剂学的帮助,真正了解我们的身体和我们的心灵。新媒体艺术未来的关键并不是在于硬件,而是神经学、化学和生物学"。[2]

---

[1][2] 邵哲智工作室:《德稻大师 Roy Ascott:与心灵和知觉相关》,https://www.sohu.com/a/26695386_120610?sec=wd, 2020-09-02。

新媒介交互艺术中,互动的基础是认知、知觉以及在此基础上产生的意识、情感和体验。"情感活动的自由属性及其能够被多样化表达与交流的可能,使之成为媒体技术与艺术融合的根本点。"①受众会首先调用自己的感官系统去感受作品,比如视觉、听觉、触觉等,产生本能的体验,参与交互。了解作品和与作品互动会触发受众的认知,进而理解作品的内容和创作者想要表达的意图,之后,这些交互信息进入大脑,经过理解和存储,随之产生情感体验并作出互动反馈。体验是不可设计的,但可通过设计带来某种体验。审美体验、情感体验以及对身体和宇宙万物的关照,都是感知体验。通过什么样的感知方式来传达什么样的信息,构成了新媒介艺术独特的风格和整体的样貌。

二、新媒介技术与审美对象的多样性

某种程度上,媒介的形式也决定着艺术的形式,媒介工具决定着艺术的呈现方式。不同的媒介代表着不同的符号系统。漫画书和动画片就有着两种截然不同的符号系统,前者是印刷媒介的文字图片符号,后者是电视媒介的动态画面符号。即使剧本内容完全一样,由传播媒介不同而导致的符号系统不同,进而导致两者艺术形式的不同。艺术的魅力很大程度上得益于信息的来源渠道,在锁定注意力以及形成感染力方面,声音胜过文字,电视胜于广播。如许多同系列的漫画和电影,虽然有相对一贯的主题、人物和情节,但因为媒介工具和方式的不同,所呈现的艺术形式和艺术效果差异就非常大。

相对于审美主体的感知方式来说,新媒介对审美客体所产生的影响则更为直接和明显。媒介影响并改变着客观世界,而这种改变既发生在物理世界之内,也发生在人们的观念世界之中。一方面,新媒介技术使一些新出现的事物和现象成为潜在的审美客体。新媒介带来的博客、微博、微信、网络游戏和数字艺术以及虚拟现实技术等诸多

---

① 贾秀清、栗文清、姜娟等:《重构美学:数字媒体艺术本性》,北京:中国广播电视出版社,2006年,第172页。

新事物,通过影响审美主体、客体或环境等因素间接地与其发生联系;另一方面,新媒介的出现产生诸多新奇多样的审美客体,带来审美观念的转变。比如,曾是机械环境中的垃圾在电子媒介时代却成了波普艺术的内容。

数字艺术作品以数字技术为媒介,使得构成数字图像的那些不可感知的情感过程变得可视化。实验影像艺术家比尔·维奥拉(Bill Viola)以自己的方式对西方近半个世纪以来的"当代艺术传统"进行回应。自20世纪70年代起,维奥拉就开始通过流动影像这一载体,探索生命中的意识和知觉。他以影像的方式进行"精神修行",将"生""死""存在"等重大的哲学和宗教命题作为艺术的主题,关注生命的本源。同时,他使用最先进的媒介技术手段进行影像创作,比如高速胶片、高清视频、巨幕投影、数字录音技术等。他的新媒介艺术往往无声胜有声,其创作语言本身蕴含的视觉动态势能往往伴随着某种内隐的不可知的声源而缓慢变化,展示了情感和运动的身体是如何获取信息并将其转化为人能感知到的数字图像的。比如,维奥拉在《惊奇五重唱》(*The Quintet of the Astonished*, 2000)和《救生筏》(*The Raft*, 2004)等新媒介作品中,摆脱了正常感知的帧速率,让观众通过数字技术去捕提用肉眼所无法感受到的一些情感与身体动作变化的细节,从而实现了运动图像与时间图像的统一,将技术对身体与时间的塑造以及身体作为感知的基础揭示得淋漓尽致。

以《惊奇五重唱》(图5-1)为例,其清晰的图像运用和复杂性使它成为该系列的典范。这段16分钟的视频展示了五个人物,包括四个男性和一个女性,他们似乎经历了极其微妙的,有时难以察觉的情绪上的变化,这部作品所提供的体验可以被描述为一种"情感调音",通常状况下不易察觉的面部表情暗示着身体的存在,人物面部的情感变化在观众的身体中引发了丰富微妙的共鸣。维奥拉是在高速胶片上拍摄了1分钟的视频(大约比正常速度快16倍,即384帧/秒),随后将其数字转换成视频并以正常速度放映。因此,大约16分钟的视频显示了在大约一分钟的时间内实际发生的事件。他充分利用了电影的记录潜力,让观众接触到了难以置信的微小变化,远远超出了自然感知所能观察到的范围,从而构成一种情感上的强烈体验。

图 5-1　《惊奇五重唱》(视频截图),比尔·维奥拉,2000①

《救生筏》(图 5-2)则充满了一种世界末日之感,让人联想到《圣经》里着力描绘的灭世洪水,不同肤色、不同地位的陌生人挤在一起并处于高压水流冲击之下。一切表面的克制和努力营造的个人形象都被撕开,本能的防护机制毫无用处,慢速摄影下,人类遭劫、恐惧余生的情感和充满情绪呐喊的姿态,都以一种物理上沉默而心理上激烈的奇妙听觉被尽数捕捉。这些艺术作品引发的共振可以理解为微观物理刺激本身的一种身体关联,也是对时间现象的一种技术呈现。

图 5-2　《救生筏》(视频截图),比尔·维奥拉,2004②

维奥拉的作品不仅超越了当前的媒介形式,而且试图以一种创造性的方式来重新塑造人类与技术的关联。与斯蒂格勒将数字看作是图像的批判性分析工具不同,维奥拉展现的是技术对体验的重构作用,在他看来,数字图像实际上是情感图像,因为数字图像的物质性是在超感性的能力不断地被表现和传达的过程中体现出来的,这种"能

①② 【艺术名家系列】比尔·维奥拉(Bill Viola), https://www.bilibili.com/video/av67906588?p=14, 2019-09-16。

力"使我们对前个体、前知觉的框架保持开放,也因此对一个充满可能性的未来保持开放。马克·汉森(Mark Hansen)通过对维奥拉新媒介艺术作品的分析指出,某种意义上,技术可以塑造"时间的流动",但是这建立在人的感知基础上。"在物质意义上,身体是数字信息的'协处理器'(coprocessor)。"①汉森的数字美学认为技术是人类能力的延伸,扩大了对物质世界的把握,但生活最终是创造性的,而且总是超出了可以被书写和重复使用的范围。因此,新媒介带来的哲学思考是一项极具挑战性的复杂的工作。

虚拟现实带来的审美客体与主体之间具有更多的交互性。这种"交互性"指的是用户通过虚拟现实设备,运用语言、手势、表情等自然方式与虚拟现实所创建的环境相互作用,它意味着人们能够具有与虚拟现实中的事物、人物等元素相互作用、相互交流的能力。最初,我们与电脑之间的交互是通过可视的电脑界面进行的,甚至在电脑游戏中,外界设备并没有将我们与周围的世界分离开来,它只是一种起到沟通作用的工具。而在虚拟现实中,它所提供的外接设备如头盔显示器、紧身服、手套等则将会完全包裹用户的感知系统,并把外在世界中的刺激隔绝在外,为其提供一个足够真实的虚拟现实环境。因此,在虚拟现实中的互动性体验不再仅仅针对某一感官,而是将整个感知系统浸蕴在内。虚拟现实所提供的穿戴设备提供的是所有的感知体验以及各种感官之间的相互协调。在电脑游戏中,我们借助于键盘、游戏杆等设备来操纵游戏中的角色,但我们的身体、姿势、行动都受到了极大的限制;而虚拟现实却为我们提供了真正的"自然方式"(语言、手势、表情、运动等)来进行互动,这与虚拟现实所需要的"跟踪技术""渲染技术"以及"显示技术"密切相关。跟踪技术被装置在穿戴设备中,它能随时精确地捕捉到用户的各种信息,随后渲染技术则会根据这些侦测到的数据来生成相应的图像、声音等信息并做出适当地、实时地回应,最终这些经过渲染处理的图像、声音等信息通过显示设备呈现在用户的感知系统之中。

这种整体性的交互体验还具有多样性的特征。近年来,虚拟现实得到了进一步的发展,出现了"增强现实"(Augmented Reality)技术。增强现实技术"将计算机生成的

---

① Hansen, M.B.N. *New Philosophy for New Media*, Cambridge: The MIT Press, 2004, p.xxvi.

虚拟环境与用户周围的环境融为一体,使用户从感官效果上确信虚拟环境是其周围真实环境的组成部分"①,其本质是利用计算机所产生的附加信息,对使用者所看到的真实世界景象进行增强或扩张。与虚拟现实强调虚拟环境与现实环境之间的完全隔离不同,增强现实系统强调虚拟环境与现实环境融为一体以及用户的现实存在感,从而增强用户对现实环境和现实事物的感知、体验和理解。随着增强现实技术的发展,在虚拟现实中我们还会实现与现实世界之间的互动。这些都深刻改变了我们同现实世界的感知联系,深化了我们对体验和真实的理解,也为审美活动带来了更加丰富多样的可能性。

三、新媒介技术与环境因素的复杂性

内容与形式的关系问题是艺术和审美活动中的一个难题,媒介环境学派对于艺术媒介的研究为我们提供了一种新思路。在传统的艺术观念中,艺术是中性的,并不受传播渠道的影响。现代美学在探讨审美活动时,环境这一因素往往都是被排除在外的,似乎环境并未对审美活动产生特殊影响。但是,在媒介环境学者看来,艺术不能被简单地认作是一种"信息"(information),而应该是一种"讯息"(message)。麦克卢汉的"媒介即讯息"的核心内涵和意义在于,"一种全新的环境创造出来了"②。这意味着媒介的形式和结构本身就已经构成了一种"讯息",不同的媒介会因讯息的不同而对人类的社会、文化等产生方方面面的影响。任何媒介都是对人的延伸,媒介的新尺度会对个人和社会产生新的影响。

受这种思潮的影响,媒介环境学派在探讨艺术问题时很少聚焦于艺术的具体内容,而是从"讯息"层面来理解媒介的整体效应。在此基础上,波兹曼认为媒介"更像是一种隐喻,用一种隐蔽但有力的暗示来定义现实世界"③。换言之,媒介在事物中的介

---

① 王涌天、陈靖、程德文:《增强现实技术导论》,北京:科学出版社,2015年,第3页。

② [加]马歇尔·麦克卢汉:《理解媒介——论人的延伸》,何道宽译,北京:商务印书馆,2000年,第27页。

③ [美]尼尔·波兹曼:《娱乐至死》,章艳译,桂林:广西师范大学出版社,2004年,第12页。

入方式经常不被人注意。许多艺术的媒介讯息都隐秘于我们的感知视域之下。比如,一个看上去一样的杯子,一个是放在家里,一个是放在展览馆里,给人的体验就是生活物品与艺术品的区别。而同一张绘画作品,在画廊、手机屏幕和广场广告牌等不同媒介及其空间中观看,受众的观看体验也会截然不同。媒介环境学派认为任何媒介讯息本身都自带一套传播"环境"。美国传播学者约书亚·梅罗维茨(Joshua Meyrowitz)以电视艺术为例表示:"当一个新的因素加入某个旧环境时,我们所得到的并不是旧环境和新因素的简单相加,而是一个全新环境。"①因此,不同的媒介会构成不同的传播环境,进而改变艺术创造、艺术传播和艺术接受的方式。在此基础上,媒介环境学派认为,艺术的媒介讯息及其所塑造的环境直接影响着我们的感知模式,媒介构成"人的延伸"。

在媒介环境学派看来,媒介的发展深刻影响了艺术的发展。比如印刷术制造了一种"隔离"的倾向,在人与文本、作者与传播者、传播者与接受者、接受者与接受者之间制造出了一条"现代性的鸿沟",更多呈现的是一种"静态"的艺术。互联网时代的艺术作品不再是一个封闭的、最终完成了的对象,而是一个过程,是一种公共的、开放的和互动的装置。新媒介具有符号性、交互性、体验性等特点。新媒介的出现改变了那种让人熟悉的环境:网络技术塑造的赛博空间、数字技术带来的全新体验以及虚拟现实技术、全息技术所产生的视觉冲击和沉浸体验等深刻地改变着人们的社会生活。新媒介所塑造的虚拟空间为人类的实践活动尤其是审美活动提供了一种前所未有的环境,改变了人们先前的感知体验、行为方式、生活方式以及生产方式,这些又影响到以感知体验为基础的审美体验,尤其在与传统媒介的对比中这一点显得更为突出。当然,新媒介并非要取代也不可能取代传统媒介,区分新旧媒介并不意味着非此即彼,而是要意识到媒介的复杂性和融合性。由新媒介所塑造的虚拟环境并非是完全独立自存的,而是与之前的媒介共同塑造了新的媒介环境。

媒介环境的变化也带来了艺术表达和艺术理解的变化。任何一种艺术探索和尝

---

① [美]约书亚·梅罗维茨:《消失的地域:电子媒介对社会行为的影响》,肖志军译,北京:清华大学出版社,2002年,第16页。

试,都是对人与他者或者人与世界的关系的某种表达与呈现。新媒介技术使得视觉艺术和表演艺术成为当今艺术的重要表现成分,吁请观众以现象学的态度沉浸到新媒介艺术环境中,重新理解人与世界的更加丰富的关联。这种关联指的是"人对其同类的理解,人对非人的存在物和超越人的神性之物(只要这种神性之物对人来说是举足轻重的)的理解,以及人对他自身的理解——这种种关联,乃是上述关联保持于其中的轨道"。[①]媒介艺术的发展带来了更多的可能性,使得表达的渠道更加畅通而多元。新媒介技术主要通过改变或丰富主体的感知方式、丰富艺术种类和审美形态以及改善与审美活动相关的社会环境等方式,对审美活动施以直接或间接的外在影响。在新媒介技术的影响下,审美活动的基本要素都发生了一些变化,并引发了"审美体验"的变化。虚拟现实技术是最有代表性的新媒介技术,也是技术和艺术融合的产物,虚拟现实技术的发展和广泛应用深刻地影响了当下的审美活动和审美理论,对审美体验进行了重构。

第二节　虚拟现实技术与审美体验重构

历史地来看,对虚拟技术和艺术的相关探索和思考,在中西方技术和艺术发展中都能找到线索。沉浸式虚拟环境的概念既可视作是艺术和技术的融合,更是东西方观念的融合。西方的探索以模仿和仿真为关键词,从技术角度入手营造关于幻觉的艺术。从全景壁纸、立体电影到莫奈的睡莲全景画、立体眼镜,到通过头盔和头部跟踪装置实现的三维数字图像,体现了现在的沉浸式交互虚拟现实进化的线索。东方艺术中的脉络更多是从艺术理念上提出的虚拟意境与沉浸。从荆浩的巨幅国画中所呈现的"可行、可坐、可游、可居"的全景山水理念,到呈现中国传统空间观念及其沿袭的舞台布景、寺庙及洞窟壁画,意境的流转可说是中国艺术中对到达"彼处"的理想追求,体现出艺术创作及欣赏中时空转换的高度自由,并通过意境营造达到沉浸于彼处的体验。

---

① ［德］瓦尔特·比梅尔:《当代艺术的哲学分析》,孙周兴、李媛译,北京:商务印书馆,2012 年,第 276 页。

虚拟现实的本质是一种高端人机接口,通过视觉、听觉、嗅觉、味觉和触觉等通道,进行实时模拟和交互。虚拟现实是通过虚拟现实技术与仿真技术相结合而生成的逼真的多感知一体化的虚拟环境,用户可以借助虚拟现实装备,用自然的方式与虚拟环境进行信息交互,从而产生一种身临其境的感受和体验。虚拟现实环境中的交互,集合了人类从原始的自然交互一直至今天积累的各种交互经验,其中包括人与环境的关系、人与他人的关系、人与物以及工具的关系、人与虚拟界面的关系以及人与想象力的关系等,交互的方式从单一的视觉、听觉或触觉等融合为多通道的综合感官交互,直至通过虚拟现实工具创建可体验的虚拟现实作品,呈现具有临场感、新时空以及人景合一的沉浸式体验。

一、虚拟现实技术创造了"沉浸体验"

在虚拟现实技术为代表的新媒介技术的影响和推动之下,审美和艺术领域呈现出一些新的特征,尤其表现在其对感官感知的重视以及对感性体验的依赖等方面,审美体验的"感性之维"得以重新恢复。其实,感性体验本是审美体验的基础和美学的最终旨归,但在现代美学的发展过程中却逐渐被放逐。美学的本义即为"感性学",鲍姆嘉通建立美学的初衷是研究那些与感官相关的认识和感性知识。然而,由康德所奠基的现代美学却逐渐背离了美学的初衷,在黑格尔那里,美学更是变成了艺术哲学,思辨性、理性成为美学的应有之义,而感知、感性却被赶出了审美的王国。

虚拟现实技术是对整个感知系统的重新整合和真实调动,这种全新的感知体验带来的不仅仅是单纯的感官体验,更是一种真实的存在感,它依赖于感性并作用于感性。沉浸式虚拟现实交互的环境是数字化虚拟空间,交互的主体是沉浸在其中的体验者,交互的对象是沉浸式虚拟环境以及其中一切数字化的三维虚拟物体和事件,交互的任务、过程、方式及反馈由创造者预先设定,产生的后果是设计者预设的结果,可能止于虚拟世界,也可能通过网络的联结在真实世界中形成回响和映射。迈克尔·海姆(Michael Heim)认为,"虚拟实在的本质最终也许不在技术而在艺术,也许是最高层次的艺术。"①虚拟实在并非旨在控制或逃避现实世界,而是去改变我们对现实世界的知觉。虚拟现实技术对审美活动的介入不仅促使感性体验在当下的审美活动中被重新重视,而且还重新建构了审美体验的基本内涵。

以虚拟现实技术和增强现实技术为代表的新媒介技术对审美活动和艺术活动的介入使得审美体验展现出一些新的特征,如临场感、参与性和交互性等,这与现代美学所尊崇的无利害、形式和距离等基本内涵大相径庭。然而,这正是虚拟现实技术背景下审美体验的新内涵和新范式——沉浸体验。虚拟现实带来的沉浸体验指的是审美主体的全部感知都沉浸在虚拟环境(同现实世界平行的另一个感知世界)之中,主体不但不会产生丝毫的虚假感,反而会将自己代入其中,并在实时交互之中体验着一种"身临其境"的真实感受。"虚拟技术之所以能让主体产生身临其境的感觉,在于它用各种数据(来源于物理世界原型的数据、物理世界数据与人工创造数据的混合数据、纯粹人工创造的数据)虚拟出一个能够与主体实时互动的界面。"②这种沉浸体验不仅仅来自感官上的沉浸,它还通过构建似现实而又非现实的时空感,重塑人与环境的关系,达到一种全身心投入的状态。

"沉浸体验"可以借用心理学中的"心流"概念加以理解。积极心理学家米哈利·契克森米哈赖(Mihaly Csikszentmihalyi)将"心流"定义为一种将个人的注意力完全倾注到某种活动上的感觉,心流产生的同时会给人高度的兴奋感与充实感。③沉浸式体验活动能够通过声、光、电、影等技术效果刺激受众的不同感官,引发其心理感受和身心感觉,创造令人浑然忘我的"心流"状态。现代认知心理学认为,人类对事物的认知是通过声、形、意等途径获得的。"人的认知过程就是对外界感知的信息进行不断地编码、存储、检索、分析和决断的过程,人对世界的认识来源于感觉经验,是大脑对于实在的感觉活动。"④近年来随着数字技术特别是虚拟现实等技术的加速发展,沉浸已然成

---

① [美]迈克尔·海姆:《从界面到网络空间——虚拟实在的形而上学》,金吾伦、刘钢译,上海:上海科技教育出版社,2000年,第128页。
② 陈月华、王妍:《传播美学视野中的界面与身体》,北京:中国电影出版社,2008年,第9页。
③ [美]米哈利·契克森米哈赖:《心流》,张定绮译,北京:中信出版集团,2017年。
④ 高慧琳、郑保章:《虚拟现实技术对受众认知影响的哲学思考》,载《东北大学学报(社会科学版)》2017年第6期,第565页。

为对数字艺术及其审美体验进行体认的核心概念。借用数字技术手段为受众提供"沉浸体验"被认为是数字艺术最显著的特征之一。

首先,沉浸体验体现为临场感。人们在第一次观看 3D、4D 影视作品的时候,都会产生前所未有的在场感,观众仿佛被拉入屏幕中,观者与荧幕间的距离消失了,影视作品中的一切变得触手可及。如今,虚拟技术逐渐盛行,人们对这种虚拟的幻觉不再陌生。它不再是只出现在虚拟技术实验室里、能给人提供身临其境体验的头盔和手套,也不再是只有少数科学家才可以感受的虚拟技术。随着计算机、互联网以及数字技术的飞速发展,以及 IMAX 影院、3D 艺术馆、3D 互动体验馆、3D 电视机甚至"裸眼 3D 技术"的逐渐普及,虚拟技术日益走入了大众的日常生活中。

在不同的时代,艺术家总是会运用当时的工具来进行自我表达和艺术创作,材料和工具的特性造就了艺术作品所特有的属性。特定的材料和技术表现手法在很大程度上决定了作品呈现出的品质和特性,并决定着呈现的视觉风格和表达方式与类型。在新媒介艺术中,数字媒介进一步拓展了艺术表达以及观众体验和反馈的可能性。数字化视觉是具备巨大潜能的艺术工具,通过虚拟现实图像可以实现对真实世界的复制。虚拟现实之所以会给我们一种身临其境的真实体验,首先在于它所提供的感知系统与现实世界中的感知系统是对等而非衍生的关系。"在两个世界里,我们能够具有同样合法的基本粒子物理学知识——它们之间没有什么根本性区别使得自然世界是实在的而人工世界是虚幻的。区别仅在于它们同人类创造性之间的关系:其中一个世界是被给予我们的,而另一世界则是我们参与创造并也可能选择的。"[1]镜像世界是物理世界的虚拟映射,在镜像世界中,可以对梦想世界进行建构,实现对现实世界的融合以及超越。镜像世界和想象世界的衔接和混合,带来了虚拟现实技术和艺术中灵活自由的表达,使体验者能穿梭于不同的时间和空间之中,获得观察世界的新角度、超越身份的可能性以及与外部世界联结和交流的全新形态。

其次,沉浸体验具有涉身性。在虚拟现实中,稳定性和连续性的感知系统为我们

---

① 翟振明:《有无之间:虚拟实在的哲学探险》,孔红艳译,北京:北京大学出版社,2007 年,第 4 页。

获得真实可感的体验提供了保证，从而让我们的虚拟体验变得更加"沉浸"，产生一种临场感。虚拟现实所带来的沉浸感和临场感不仅仅是用户在虚拟现实环境中所表现出来的一种全身心投入的状态，它在提供包裹性和整全性的感知信息的基础上，将人以化身的形式浸入到虚拟世界中，重新塑造人与世界的关系。体验者在人机交互中形成了真实的身体体验。虚拟现实作品的体验，不是单纯的聆听、观看或游览，由于媒介特性的改变，对体验者带来了多层次的影响和变化。在人和计算机的整合中，身体是最自然的界面。身体在此处，而又在别处的体验方式，使体验者有了神话般的分身，这种数字化形式的"在场"把人类生活的空间和时间无限拓宽，通过交互行为使体验者实时直观地得到虚拟世界的反馈，使体验者产生真切的身临其境感。

图像的作用是符号化的表达，同时也是对于存在的证明。虚拟现实图像建构的是体验者所处的环境，是关于"此时""此处"在场的证明。从古典的全景壁画开始，到使用图像营造在场的幻觉，到虚拟现实中对场、物体和体验者的模拟，数字图像所营造的都是对在场的存在的模拟。通过更有真实性、参与感、震撼度、说服力和时间延续性的呈现，极大拓展了想象力的表达范畴。"虚拟世界比自然世界更丰富多彩，因为我们可以有巨大的潜在空间来创造性地扩展和改变我们的经验；这空间如此之大以至于唯一的局限就是我们想象力的局限。"①随着触摸屏、动作感应器等不同类型的传感器越来越被广泛使用，人和计算机的对话关系变得更加直接，甚至能脱离表面的物理接触而实现，而这些也被带入到虚拟现实交互当中。

再次，沉浸体验具有交互性。交互性更多体现在人与虚拟环境的信息交互并达到自然的反馈，而交互的形式分为"视觉交互"和"行为交互"。视觉交互是指体验者和所观看场景产生的回馈，行为交互是指在虚拟场景中，体验者用手或者身体进行接触所产生交互的情况，用肢体感受到事物的材质、质量、运动等变化。人机间的实时交互以及"参与—回应"模式让主体得以自我确认，并与他者和世界进行了沟通。在这个过程中，技术不仅仅是工具，而是作为积极的媒介，重构了人与世界的关联。

---

① 翟振明：《有无之间：虚拟实在的哲学探险》，孔红艳译，北京：北京大学出版社，2007年，第46页。

数字技术既是制造虚拟世界的手段,亦是对现实世界高度再现的手段。英国艺术团体兰登国际(Random International)曾在 2015 年创作过名为《雨屋》(*Rain Room*)的数字艺术作品,这是具有里程碑意义的大型艺术装置。2018 年,兰登国际亚洲首次个展在上海余德耀美术馆展出,其中就有《雨屋》。这件作品将自然现象中的"雨"引入室内,藉由声音控制和虚拟现实等数字技术,高度还原了观众的日常生活经验,激发观众成为舞台上的参与者,观众可以在作品中体会到雨中行走的感觉,也可以自主控制雨势而不被雨水淋湿。之所以在雨屋中既能感受雨趣又不被淋湿,是因为天花板上安装了许多 3D 追踪摄像头,当有人从下面经过,这些探测装置就会捕捉他的活动,控制雨水避开观众所在的位置(当然身穿深色衣服或者行动太快,也可能会造成捕捉失败而被淋湿)。类似的作品不仅富有情感,而且具有身心感知的特性,通过技术意向的调节和行动,去塑造可能的行为环境。

　　当下的许多虚拟现实艺术展览很好地体现了这一特性,欣赏者在辅助设备的帮助下深深地沉浸在虚拟现实艺术所建构的虚拟的艺术世界中,更重要的是,欣赏者的角色和功能不仅仅停留在被动的观赏之上,而是被赋予了一定的主动权和操控权,他集创作、欣赏与交流于一身,可以通过自己的行为、动作与艺术作品进行交互活动,从而按照自己的意愿推动艺术活动的发展和进程,而这种交互行为和艺术的实时回应则让欣赏者的沉浸感更深,由此获得一种整体感知、深度沉浸和具有临场感的艺术体验,这种艺术活动不仅挑战了传统的艺术创作、展示和交流活动,而且挑战了现代审美的基本内涵和固有范式。

二、虚拟现实技术建构了新时空

　　"距离"是美学研究中的一个经典命题,亦是审美活动得以实现的重要尺度。在审美经验中存在两种力量,一种力量将人拉向审美对象,另一种力量则将人拉离审美对象。这两种力量的相互作用最终造就了审美经验的达成。如果只有其中一种力量起作用,就会出现不平衡。要么因为欣赏者离生活太近而将审美对象生活化,导致审美体验不足,要么因为欣赏者离生活太远,导致失去生活趣味。"只有两种力量维持了一种平衡,审美欣赏才有可能。"①数字艺术以恰到好处的方式使数字技术与艺术理念融合转化为审美内容,制造了一种恰当的距离感,并且通过构建一种新时空,实现了技术距离到审美距离的转化。"数字媒介艺术不再是一种单维、线性的时空结构形态,而是一种具有超现实、超维度、超媒介的虚拟存在。空间艺术无法克服的时间维度与时间艺术无法克服的空间障碍,现在都在数字媒介的基础上得到了全面的超越,人的各种审美感官也正在数字媒介的作用中获得全面的延伸。"②

数字技术所建构的空间是对现实环境的虚拟呈现,这些虚拟空间已经成为我们生存的一部分。然而,"虚拟实在最具魅力的不是我们能够在那里生存这一事实,而是其更深远辽阔的前景:它使我们能够以前所未有的方式扩展我们的经验"。③当代数字技术和数字艺术的发展,通过对全息投影、巨幕投影、头盔显示器、数据手套等高科技设备的综合运用,为人们提供了一个具有多感知体验的虚拟空间,身体的感官感知在审美活动中受到了前所未有的重视,甚至随着科技的发展获得了超出原来的身体感知极限的"超感性"和"新感性"。虚拟现实表达的是沉浸式的全景空间,是体验者沉浸其中的整个世界,这个世界由数字化图景构成,带有创作者预设的反馈特征,本质上是一个无实体的空间。全景空间带来了更多层次的艺术表现,同时也对创造力提出了更高的要求。无论从艺术家、设计师、工程师的角度,还是从体验者的角度,都是全新的体验。

虚拟现实技术和互联网技术的结合诞生了赛博空间。"赛博空间"是指那些通过计算机或者电子媒介的传播产生的"信息空间"或者"技术空间"④。"赛博空间"是用数字化手段打造的虚拟的文化空间,是一种"无空间的空间",人类通过化身的方式居住其中,重组不同于现实的社会关系。构建这种虚拟空间的技术包括多媒体交流、互联网、视频会议、数字电视、移动电话以及电子监控等。赛博空间通过虚拟的形式被呈

---

① 高建平:《从审美距离到审美视角》,载《文史知识》2015 年第 3 期,第 81 页。

② 张耕云:《数字媒介与艺术论析:后媒介文化语境中的艺术理论问题》,成都:四川大学出版社,2009 年,第 3 页。

③ 翟振明:《有无之间:虚拟实在的哲学探险》,孔红艳译,北京:北京大学出版社,2007 年,第 47 页。

④ Munt, S. "Instruction", in Munt, S. (ed.) *Technospace*. London: Continuum, 2001, p.11.

现,人是世界的创造者,并在此空间中重建不同层次的自我,重新联结自我和虚拟空间、他人和真实世界的关系。虚拟现实技术构建的还是一个开放的空间。从西方的绘画中精确表现的写实或想象的空间,到东方山水画的折叠拼贴空间,或者是影视作品中亦幻亦真的梦工厂所呈现的空间,空间的呈现被不断放大、拉近、推远、重叠,变化无穷无尽。开放的空间成为有无数变化的可能性的此处的世界,带来了对世界更多角度的观察和超越自然的体验。

对时间的主动或被动的控制,也是虚拟现实交互性的一大特征。虚拟现实技术可以通过图像和知觉的构建与重塑,让体验者置身于过去、现在或者想象中的未来。对时间的控制,更是超越了真实世界中的自然属性,使体验者能够体会一种与世界的全新关系,在体验的过程中扩展对"自由"的理解。在一些网络游戏中,玩家可以通过交互方式实现对时间的控制,如在《蝙蝠侠 VR》游戏场景中,当体验者需要对对象有更多的了解时,可以通过交互的方式打破原有的时间流动,为自己创造出更多的时间。电影中对周围景物的冻结或者慢速回放,虽然对时间的感知带有一定的主观性,但通过和周围物体运动的对比,强化和证明了这种感觉的真实性,带来创造时间的神奇体验。

无论是静态的场景,还是动态的情景故事,对虚拟现实艺术作品的体验都和时间的流动紧密相连。虚拟现实艺术作品中涉及的时间衡量方式,除了外部世界的真实时间、观者内心的心理时间之外,还有作品所架构的虚拟时间。在虚拟现实技术作品中,如同具有时光机,人们既可以突破现有时间的限制,也可以进行时间穿越,作者和体验者似乎都拥有了超越真实世界而对时间进行掌控和重新调配的能力。在重现时间的虚拟现实作品中,时间的流动有着和真实世界一样的速度。最明显的例子是仿制真实世界的虚拟现实作品,比如复制真实场景的虚拟参观,当我们带着 VR 头盔在洛杉矶街头散步的时候,所感受到的时间几乎完全是真实时间,风吹到树叶上的摆动和脚步迈开再落下的距离和物理世界中几乎没有差别。当然,我们也可以通过数字技术进行某个城市的全景游览,或感觉如小鸟飞翔在天空,或感觉坐在船上滑行,或感觉如乘坐过山车般穿越时光之门,也或者感觉像在某个有地标建筑的街头漫步,当然也可能会不可避免地带来新奇感与熟悉感的统一——"这地方我来过"……此类作品中,空间的转换以及时间流动的速度都是与真实世界同频的,我们对这些新媒介艺术的感知也是以真实的感受为基底的,通过数字化三维复原手段重建和再现对象,可以给体验者一种全新的穿越时空的感知体验。走在时代前沿的新媒介艺术融合了艺术、科学、技术、人文等多个学科,体现了科技全球化、文化全球化与充满个性的个人微观体验的统一。

三、虚拟现实技术重塑人与世界的关系

历史地来看,受众全神贯注于某个艺术场景并不是数字艺术的发明。从文艺复兴时期教堂穹顶的宏大壁画、瓦格纳"沉浸式歌剧"的艺术实践到东方的敦煌壁画,乃至20世纪初非叙事电影的出现,都给艺术欣赏者带来沉浸体验,然而,数字技术的介入则构建了艺术作品在现实生活和再现世界中更细微的关系。数字艺术理论家詹尼特·莫里(Janet H. Murray)将沉浸阐释为"'被运送给到一个精心模拟之处的愉快体验',这种愉快体验来自'被一种完全不同的现实所包围的感觉……沉浸体验接管了我们所有的注意力和我们整个的感性系统'"。[1]玛丽-劳拉·瑞安(Marie-Laure Ryan)则认为沉浸是一种"重新定位"的过程,是受众有意识地将自己重新定位到另一个世界,在此过程中,受众不仅要将自己的关注焦点转移到虚拟世界中,更重要的是对数字艺术的再现世界构建心理表征。[2]在数字艺术中,基于数字技术的发展,沉浸的模式与类型得到了极大的丰富。比如,在游戏、叙事以及社交中,都会有沉浸体验的发生。无论是哪种沉浸模式,都是依靠数字技术更大程度地提升沉浸体验,以浸入的方式触发受众的知觉与想象力,进而协助受众实现对艺术再现作品更高强度的心理感知。

在虚拟现实技术和艺术作品中,观众被赋予一种整体身体知觉,仿佛在虚拟现实世界中化身成为另一个我,"我"和世界以逻辑一致的方式存在于其中。通过运用包括

---

[1] Murray, J.H. *Hamlet on the Holodeck*: *The Future of Narrative in Cyberspace*, New York: Free Press, 1997, p.98.

[2] Ryan, M.L. *Narrative as Virtual Reality*: *Immersion and Interactivity in Literature and Electronic Media*, Baltimore: Johns Hopkins University Press, 2001, pp.110—114.

增强现实和幻影成像在内的各种技术,就可以使主体的意识和躯体融入对象场景中,产生"逼真"的浸淫体验。比如,Microsoft Xbox 360 配备的 3D 体感周边外设摄影机 Kinect 技术,可以同时进行即时动态捕捉、影像辨识、语音输入、社区互动等功能,彻底颠覆了家庭游戏室或家庭影院等娱乐设施的单一操作模式,越来越多地被运用于办公、医疗和交通等领域,其背后呈现出全新的人机互动理念。如伊德所言,当代图像技术所做的就是反映那些超出人类感知能力的现象,"是把(人们)感知不到或者无法察觉的东西转换成可感知的"。①我们的身体在虚拟世界中和周边环境真正融为一体,虚拟现实技术在模拟现实客体或创造奇幻人物的同时,不仅延展了人的知觉,也重新构建了人与世界的关系,从而改变人类社会互动交流的模式,变革社会的组织架构和运行秩序。

在虚拟现实技术中,体验者既可以体验到身临其境的在场感,也可以"理性"地抽离出来,在"第一人称视角"和"第三人称视角"之间进行切换。虚拟现实超越了电脑界面的限制,它提供的不再是一种鸟瞰式的视角,而是可以完全与我们在现实世界中的视角相符合,我们可以像在真实世界中一样移动或盯住某一物体,或者产生人在景中的逼真反应。比如,在迪士尼虚拟 4D 体验"阿凡达飞行"(*Avatar Flight*)项目中,体验者既可以感受到自己如在真实的山涧和天空中飞升、俯冲、穿行,也可以在感到害怕撞到异物时,抽离出来,运用"第三人称视角",告诉自己这只是个游戏,人并未真正在飞行中,不会真正受到撞击和伤害……虚拟环境中,计算机通过图像、声音、文字、动作等多重界面的对话,建立起作者、作品和观众之间复杂而精细的关系,第一人称视角是虚拟现实媒介不同于以往的媒介艺术作品的特征,一切故事均以体验者为核心展开。

另外,在虚拟现实技术和艺术中,体验者会体会到一个变化的自我。因为数字化身的存在和被感知,"自我"的概念变得不确定,我可能是真实世界中的我,也有可能是被计算机技术塑造成的具有超能力的我。虚拟世界提供的角色扮演,可以给人更多的

---

① Ihde, D. "Postphenomenological Re-embodiment", *Foundations of Sciences*, 2012, Vol. 17, No. 14, pp. 375—376.

关于身份认同的挑战,这一特性为技术和艺术表现带来全新的视角和可能性。发生在沉浸式虚拟现实环境中的人和外界交流的方式及过程,是人和世界关系的重构。虚拟现实中,交互是作品最大的特点和趣味所在,否则,人只能作为世界的旁观者,周围所发生的一切都与此感知的主体没有关系。交互跳出了真实物理世界或者屏幕二维界面的局限,体验者从视觉、听觉、触觉等各种感官,通过和计算机感应接口的联系,进行信息和符号的输入和输出,完成和计算机或虚拟世界之间的信息交换。

比如,以"前沿、独立、原创"为目标的圣丹斯电影节,在 2018 年"新疆域"(New Frontier)单元展出了一些虚拟现实艺术作品,在展览中,既有简单的移动端,也有多人同时体验的艺术装置。一些创作者开始熟练地运用 VR/AR 方式进行更复杂的叙事,而另一些创作者则开始在 VR/AR 作品中尝试多人互动和触觉反馈来获得良好体验。其中,《合唱团》(CHORUS)(图 5-3)[①]是由泰勒·赫德(Tyler Hurd)创建的、以音乐体验为核心的多人共享的混合现实艺术装置。创建了多人体验艺术装置《我们的生活》(Life of Us)的克里斯·米尔克(Chris Milk)也是该作品主要创作者之一。《合唱团》验证了如何不依赖于对话和重度交互创建多人共享体验。5 位体验者进入《合唱团》装

艺术装置

由Tyler Hurd创建的、以音乐体验为核心的多人共享的混合现实艺术装置。在去年的圣丹斯

图 5-3 《合唱团》,泰勒·赫德,2018

---

① 《圣丹斯 2018:最好的 VR/AR 作品,更长更交互更复杂》,https://www.sohu.com/a/219457207_505777,2020-02-22。

置后,会同时"变身"为不同形象和大小的虚拟英雄,与邪恶势力进行对抗。体验者可以用手创建虚拟视效,彼此之间进行交流。感觉就像共同演绎漫威的"复仇者联盟"故事一样。比起以往单纯以视觉体验为主的虚拟现实艺术作品,这种艺术创作和叙事方式更加复杂,交互性也更强。体验者通过交互的方式感知世界,同时,虚拟世界通过为体验者提供不同形式的交互可能性的方式,建构创造力与想象力的表达、沉浸感的营造,使沉浸式虚拟现实交互作品得以成立。

总之,虚拟现实技术的迅速发展和普遍应用在丰富人们的感知方式和感知体验的同时,也对由现代美学所建构起来的审美经验的基本内涵和范式带来了挑战。虚拟现实技术带来的沉浸体验与传统美学中审美静观产生的沉浸感有着本质上的区别。首先,从审美的发生来看,审美静观强调的是主体自身的无功利性及其与对象之间的无利害关系,沉浸感产生的必要前提是审美主体对外在感知、功利目的的悬置和超越;而虚拟现实的沉浸体验则需要审美主体的主动参与和介入,它并不排除外在感知反而更依赖外在感知,身体的参与和协作是审美活动的构成部分。其次,从审美的过程来看,虽然两者都强调主体在审美中的作用,但侧重点却极为不同。审美静观强调的是主体的知觉以及在此基础上的审美想象和情感投入,想象和情感是审美体验产生的关键因素;而虚拟现实所带来的沉浸体验则强调主体的主动参与和积极互动,审美体验是在技术、人与世界的交互之中不断涌现出来的。最后,从最终的诉求来看,审美静观体现了形而上的特质,它追求的是一种审美的纯粹性;而虚拟现实强调的则是主体的深度参与和积极互动,追求的是一种回归身体知觉和体验的审美的丰富性和多元性。

虚拟现实技术带来的审美体验呈现出临场感、交互性、参与性以及沉浸体验等美学新特征,极大丰富了审美内容和审美形态,带来了"新感性"在美学中的复归,推进了美学的发展,凸显了新媒介技术的审美价值。

第三节　虚拟现实的涉身性

当代社会,身体与技术和艺术的相互作用越来越明显。技术和艺术同源于身体,身体体验也是技术活动和艺术创造的目的。但是,在虚拟现实中,许多行为和感受都具有"身体不在场"的特性。那么,虚拟现实是涉身性的吗? 或许,我们可以从当代技术现象学领域的"教父级"人物伊德的著作中挖掘到更好地理解虚拟现实与身体关系的理论资源。

一、伊德的"三个身体"与技术的涉身/离身

一直以来,现象学传统对涉身性或身体体验都多有讨论。毋庸置疑,技术是涉身性的,但技术如何涉身或者怎样展开其涉身关系却是一个值得探究的哲学问题。从胡塞尔将意识活动和对象纳入现象学的讨论开始,身体与技术的关系就已经初露端倪。海德格尔关于工具的"上手""在手"和"切近"的讨论,把"在世界之中"、身体和技术以及技术和艺术融合在一起。梅洛-庞蒂通过"身体—心灵—世界"的三重蕴涵结构,从知觉入手论述身体经验,提高了身体在知觉场中的地位。后现象学技术哲学家伊德明确提出"涉身关系"一词,用来描述人与技术的四种变更结构中的一种,技术仿佛融入我的身体之中,我"透过"技术中介来感知世界。甚至技术也可以延展人的思维、认知,用虚拟身体代替经验主体,在此基础上探讨虚拟现实和赛博空间的关系等。伊德本人的后期著作也开始探讨 3D 电影、云计算等新技术的涉身关系,技术自身的发展促使原有的涉身经验发生了转变。

在伊德 2002 年的著作《技术中的身体》一书中,伊德首先区分了两种"身体",即他所谓的"身体一"和"身体二"。"身体一"是梅洛-庞蒂现象学意义上"能动的、知觉的和情感性的在世存在的"身体,是"第一人称"的身体或"主动的身体"[1];"身体二"是福柯所提出的被社会和文化建构的身体,是"第三人称"的身体或"被动的身体"[2]。伊德认为,穿越"身体一"和"身体二",就是身体的第三个维度,即"技术的身体"。他指出,在过去的技术中,我们作为身体体验到的最熟悉的作用就是"涉身关系",也就是人通过

---

① Ihde, D. *Bodies in Technology*, Minneapolis: University of Minnesota Press, 2002, p.17.

② Ihde, D. *Bodies in Technology*, Minneapolis: University of Minnesota Press, 2002, p.26.

人工物和技术在世界中有所体验。现在,技术改变的不只是我们的肌肉和身体力量,而是带来了更广泛深刻的观念,包括我们渴望和想象的范围。在"身体一"和"身体二"的基础上,伊德结合当今赛博时代的技术发展对人的影响,尤其是虚拟现实对真实生活的冲击,提出了"技术的身体"这样一个综合的新视角。"涉身是一种复杂的现象,既包括我所称的身体一,即我是一个情境性的、有感知能力的、积极的身体;也包括身体二,即文化意义渗透的、并且也是体验的身体。"①从这层意义上来说,伊德所提出的"技术的身体"并非意在与"身体一"和"身体二"进行区分,而是两者的综合。"这表明'技术的身体'既是体验的、感知的身体,又是文化和社会建构的身体,其主要特征就是工具的涉身性,而这正是科学哲学与技术哲学的界面。因此,某种程度上可以说身体成为伊德的科学哲学和技术哲学思想的解释学来源。"②

伊德试图讨论的是现象学的身体和文化建构的身体是如何与技术发生关联并受到技术之影响的。在人与技术关系的探讨中,伊德已然指出"涉身关系"乃是人与技术之间的最基本的关系,但是,虚拟现实技术的出现则对人与技术的涉身关系带来了新的挑战。伊德指出,科幻是形塑晚期现代性或说后现代性的特殊力量,这样的形塑是通过虚拟现实或发生在赛博空间的与现今的信息和计算机技术相关联的虚拟来实现的③。这里的"虚拟"指的是通过电子媒介实现的人与人以及人与机器之间的互动,赛博空间是这种虚拟互动的最明显的例子。因此,探讨虚拟现实等新兴技术与身体的关系成为《技术中的身体》一书的核心议题。

在区分三个身体的基础上,伊德又区分了"真实的身体"与"虚拟的身体"。伊德首先设想了一个跳伞者的"思想实验",即他让学生们设想他们自己作为跳伞者从飞机上跳下;这样的设想无非两种情况,即伊德称之为"涉身的跳伞"和"离身的跳伞"④。所谓"涉身的跳伞"乃是设想自己作为跳伞者跳伞,整个跳伞运动所带来的美妙、惊险和刺

---

① Ihde, D. *Bodies in Technology*, Minneapolis: University of Minnesota Press, 2002, p.xviii.
② 周丽昀:《现代技术与身体伦理研究》,上海:上海大学出版社,2014 年,第 85 页。
③ Ihde, D. *Bodies in Technology*, Minneapolis: University of Minnesota Press, 2002, p.xiv.
④ Ihde, D. *Bodies in Technology*, Minneapolis: University of Minnesota Press, 2002, p.4.

激都是作为"整体知觉的涉身体验"的"在此的身体"（here-body）所给予的；所谓"离身的跳伞"是设想自己作为旁观者看自己跳伞，在这种情形中，自己仅仅是从"准他者视角"出发的，或者是从"部分地离身的视角"出发来感受跳伞的，故而处在这种情形中的身体就是一种"虚拟身体"，这样的虚拟性形式是一种"图像—身体"（image-body）①，这种图像身体指的是离身的身体在视觉上将自己的身体客观化的过程。

有学者认为，伊德其实是区分了"涉身现象学"（phenomenology of embodiment）与"离身现象学"（phenomenology of disembodiment）②。所谓涉身现象学，即考察技术如何修正或增强身体的知觉能力；而所谓离身现象学，即考察技术如何"规划"身体并进而把身体客体化。伊德指出："涉身现象学和离身现象学分析的是我们的体验成为一个身体或成为一个虚拟身体的方式……这两种体验是不同的，并进而在由技术所勾连的生活世界中以不同的方式表明这种差异。"③可以说，伊德所谓的两种现象学的对立，其实主要表现在"身体一"和"身体二"的对立上。"行动中的在此的身体给予的是'我是我的身体'的中心基准。这是真实生活的身体，与那种更被动或更边缘的、向准离身性的视角转变的虚拟身体相对立。"④在伊德那里，在此的身体通过技术实现对知觉的转化和增强，这时，技术就是涉身的技术；而虚拟的身体所实现的只不过是通过技术把身体客体化、边缘化和图像化，这时，技术就是离身的技术。举例来说，伊德通常用海德格尔对锤子的分析和梅洛-庞蒂对老人手杖的分析来说明技术物是如何扩大人的知觉范围的，这时，锤子和手杖皆涉身性地、情境性地融入人的知觉图式中，成为人的身体功能的延展。但是，在虚拟现实的情境中，比如在电脑游戏中，玩家只是坐在电脑屏幕前与屏幕中显示的虚拟图像进行"互动"，此时，电脑屏幕作为"准他者"出现，它与人之间形成的关系其实是一种"他异关系"；而且，电脑游戏由于能够轻松转换第一人称和第三人称视角，故而它仅仅只是一种"准涉身游戏"⑤。在在线交流互动中，由于双方

---

① Ihde, D. *Bodies in Technology*, Minneapolis: University of Minnesota Press, 2002, p.5.
② Koukal, D.R. "Book Review: Bodies in Technology", *Technology and culture*, 2002, Vol.43, No.4, pp.837—838.
③ Ihde, D. *Bodies in Technology*, Minneapolis: University of Minnesota Press, 2002, p.xviii.
④ Ihde, D. *Bodies in Technology*, Minneapolis: University of Minnesota Press, 2002, p.6.
⑤ Ihde, D. *Bodies in Technology*, Minneapolis: University of Minnesota Press, 2002, pp.81—82.

的沟通都是通过电子化文本实现的,故而这样的沟通仅仅是一种虚拟文本的沟通,此时人与电脑屏幕之间的关系是一种"解释学关系"。然而,即便是在线视频互动,按照伊德的逻辑,其实也是"准涉身性"的甚至是"离身性"的。任何形式的在线教育由于缺乏师生面对面沟通的"氛围",因而是离身性的。没有教室的气氛,没有面对面的交流,看着屏幕里的老师授课的学生,比起坐在教室里与老师互动的学生,代入感更差,这几乎是肯定的。在《技术中的身体》一书中,伊德给我们提供了一种似乎是涉身/离身双重性质且相互对立的"现象学",这种涉身与离身的判断其实基于是否有整体身体知觉的参与。显然,在伊德看来,虚拟身体的单薄使它绝无可能达到肉身的厚度,因而是一种科幻;赛博空间由于取消了身体的情境性和整全性因而只是"准涉身性"的,抑或可以说是"离身性"的。

关于虚拟现实问题,似乎历来都分为截然对立的两派。鼓吹虚拟现实技术的学者们认为,虚拟现实以难以预料的方式延展了社会,并开创了社会存在的全新领域;而对虚拟现实技术持警惕和批判的学者们(如伯格曼、德雷福斯和伊德等人)则往往首先预设一种理想的社会交往模式,在他们看来,社会交往是地方性、情境性和涉身性的,它以共同参与、共同关心和共同承担责任为特征,而虚拟现实让人们疏离了责任和风险,故而应该对之进行批判。

伊德对"身体一"和"身体二"的区分以及对涉身现象学和离身现象学的区分,似乎仅仅是简单套用之前他关于人与技术四重关系的分析框架,并不能让人满意,对他思想的批评似乎也就在所难免了。在批评者中,梅丽莎·克拉克(Melissa Clarke)认为伊德对"身体一"和"身体二"的解释是不充分的,并把伊德提出的所谓"技术的维度"称为"身体三",其中,身体构成技术并被技术所构成。安德鲁·芬伯格(Andrew Feenberg)则批评伊德对身体的解释是"单向度"的,他在伊德"身体一"和"身体二"的基础上,提出了"从属的身体"(dependent body)和"延展的身体"(extended body)的区分。"从属的身体"类型在医疗实践中更加明显,病人通过把自己的身体"交付"给医生,因而意识到自己病痛与医生之间的从属关系。这种"从属的身体"具有"特殊的被动性"。另一方面,芬伯格又提出了"延展的身体"这一类型,如老人的拐杖。"延展的身体,并不仅是通过技术中介所行动的身体,而且也是通过技术中介来意指自身的身体。"①在此基础上,芬伯格批判了伊德关于虚拟现实和互联网离身的观点。芬伯格希望用现象学的方法思考在线交流的经验问题,而不是把基于技术中介的交流和面对面的交流对立起来。在芬伯格看来,我们的互联网生活其实是通过虚拟涉身的方式来实现的。在人们的互联网生活中,身体通过参与到由互联网创设的虚拟情境中来展开意义互动,使用者与工具之间的关系恰恰是伊德所说的"涉身关系";在这里,身体的知觉和功能被工具所"延展",并且人们也意识到人们所使用工具的意义,人的知觉和能力也同时被工具所决定。"物体的综合是通过身体本身的综合实现的,物体的综合是身体本身的综合的相似物和关联物"②,身体的虚拟维度能够实现与身体的分离与融合。因而,此种意义上的互联网以及虚拟现实绝非是离身的,而是依然具有涉身性。

二、身体始终是虚拟体验的基础

"虚拟现实"其实是一个吊诡的说法,因为"virtual"既有"虚拟的""拟真的"之意,又有"实质上的""实际的"之意,因而所谓"virtual reality",实为"实际上的现实",这无疑有些同义反复。从词源学的角度上说,"virtual"一词在 14 世纪晚期意为"受物质上的优势或能力的影响";到了 17 世纪 50 年代,始有"在本质上和事实上成为某事物,但不是在名义上"的意思;到了 1959 年,"virtual"才有了在计算机领域的意思,即虽在物理层面不存在,但在软件的意义上存在。因此,"virtual"的含义指的是虽然并不客观存在,但却能产生一样的功效,似乎与客观存在一样。比如,我们说虚拟银行(virtual bank),是说这并不是实体和物理层面的银行,但实质上发挥的是银行的功效。在这个意义上,我们所说的"虚拟现实",其实并不是说虚无缥缈的现实,而是说现实是被某种称为"虚拟"的手段构造出来的,现实在表面上看是"虚拟"(不真实)的,但在实质上却

---

① Feenberg, A. "Active and Passive Bodies: Comments on Don Ihde's Bodies in Technology", *Techné: Research in Philosophy and Technology*, 2003, Vol.7, No.2, pp.1—6.

② Merleau-Ponty, M. *Phenomenology of Perception*, trans. by Smith, C., London: Routledge, 1962, p.125.

是真实存在的。因而,"虚拟现实"其实也就是我们的日常生活世界的一部分,我们所处的现实其实总是"虚拟现实",由计算机、3D眼镜、可穿戴设备等所创制的仿真数码环境,而这其实只不过是诸多"虚拟现实"(生活世界)的一种,远远不是唯一的一种。真实生活和虚拟现实都是生活世界的一部分,某种意义上,虚拟现实也是真实生活的一部分。从更根本的现象学意义上讲,虚拟现实的实在性恰恰就在于其"虚拟性"。

在不同的媒介中,身体表现出不同的形式和特点。在"前电子时代",身体主要表现为在场与单向传播,而到了"电子时代",则表现为"身体的拟在和遥在的互动状态"。"电子媒介展现了多维的身体界面,模拟了人际传播甚至是亲身传播的'亲身'与'在场'情境,其传播效果也是其他媒介所不能比拟的。"[①]我们在数字艺术中可以进入一个虚拟空间,无论虚拟空间涌现怎样的场景,这都是基于我的身体空间体验以及对实际空间的体验而产生的。想象空间或虚拟空间也是身体空间的"自由投射",如果人体机能受损,便会破坏其正常的空间结构,也就无法自如"投射"到外部空间。梅洛-庞蒂曾举了一个叫作施耐德的病人的例子,他在战斗中被炮弹片损伤了大脑枕叶,在某种熟悉的具体情境中,他可以进行有意义的身体运动,但是一旦超出这些熟悉的情境,他就无法指挥自己的身体了。比如,如果有一只蚊子停在他的鼻子上,他可以自然地赶走蚊子,但如果医生让他用手指出那个位置,他却很难做到。"他完全'黏附'在一个当前实际的处境中,而不会向外投射或筹划一个可能的世界,想象的世界,因此,他的世界是残缺的。"[②]

身体的参与是构成虚拟现实和数字艺术的基础。万物都在世界之网中,而人则是这张网的中心,万物的呈现都是身体参与的结果。尤其是在数字时代,身体感官的统一性使得数字艺术给予观众的全身心体验成为可能。图像把观众变成了积极的用户,我们必须以更深刻的方式重新认识用户身体和图像之间的相关性。"数字图像不再局限于表面外观的层次,而必须扩展到通过涉身体验成为可感知的信息的整个过程。"[③]

---

① 陈月华、王妍:《传播美学视野中的界面与身体》,北京:中国电影出版社,2008年,第14页。

② 张尧均:《隐喻的身体:梅洛-庞蒂身体现象学研究》,北京:中国美术学院出版社,2006年,第41页。

③ Hansen, M.B.N. *New Philosophy for New Media*, Cambridge: The MIT Press, 2004, p.9.

数字信息首先是以视觉图像的形式呈现,其次是听觉图像和触觉图像。数字图像揭示了所有图像技术的柏格森主义基础,即身体的选择性功能对图像知觉的意义。身体不是直接选择先前存在的图像,而是通过过滤信息和选择的过程来创建图像。身体是原初的空间,数字艺术的互动性、多重感官性、虚拟性从身体那里寻求到了根基。同时,身体不仅是数字艺术的基础,也是数字艺术的目的。数字艺术具有吸引观众参与的乐趣,具有视、听、触的丰富感官刺激,具有让观众跨越现实和虚拟的魔力,这都是为了满足身体的审美需求,使观众获得超越传统的艺术体验。

历史地来看,虚拟现实技术的发展正是身体参与和身体延展的结果。由于身体在很长一定时期内受到压制,进而被长期的忽视和否定,网络技术和媒介文化的发展让身体感受到前所未有的释放,这也激发了一种对于身体"自然真实性"的普遍怀疑与顾虑。从现象学的视域出发,我们就能看到身体技术相较于外在的技术物而言的更原初和更核心的地位。"'虚拟身体'是我们对于存在论层面的、更加原初的具身性和技术性的交织境遇的一种揭示,具身关系之所以可以指涉外物和人自身某种知觉上的勾连,根本原因是人在那个技术物中映射了一个自我,一种趋向于自我的同一,或是延展,或是并入,或是具身在'离身'之中。虚拟身体可能会为技术具身问题开启一种存在论意义上的理论维度。"①身体不但是一切技术产生之所,而且也是人类"虚拟化"客观实在的载体。故而,这一视域不仅能够有效地避免非此即彼的二元论和局限于特定技术物研究的狭隘性,而且也为我们重新看待虚拟现实和身体与技术的关系提供了新的启发。

哲学为我们重新理解虚拟现实提供了全新的视角,即虚拟现实并不能仅仅局限于由特定技术物和技术体系所创制的仿真情境上,还有历时性的维度。迈克·汉森(Mark B.N. Hansen)在《面向新媒介的新哲学》中指出,"虚拟现实是一种身—心成就。因此,虚拟的来源不是技术,而是基于新媒介提供的技术扩展的生物学意义上的适应性。"②比如,电影数字视频混合技术让观众感受到情感色调的细微变化,这些远远超出

---

① 邵艳梅、吴彤:《从运动感知视角看身体与技术的关系》,载《自然辩证法研究》2019 年第 3 期,第 54 页。

② Hansen, M.B.N. *New Philosophy for New Media*, Cambridge: The MIT Press, 2004, p.xxiii.

自然感知所能看到的范围。可以说,虚拟现实技术的出现开辟了一个历史的新纪元,我们以虚拟现实代替了历史的真实,符号替代了身体的出场,身体在虚拟现实中似乎是缺席的。然而,实际上,我们的在线行为永远是依赖于身体的离线存在的,不存在完全悬置的身体。我们的"线上"活动要依赖"线下"的身体才能得以实现,只是身体的出场方式是数字化、符号化和虚拟化的,心灵的活动依然有赖于身体。

虚拟幻觉带来了全新的沉浸感。表面来看,在虚拟现实的审美中,审美距离消失了,审美主体的静观性、无私利性和批判性也面临消失的危险,但是,这却产生了一种新的沉浸感,"它诉诸审美主体与艺术媒介之间的互动关系,凸显了媒介的重要性,也最终导向主体与艺术媒介之间的融合共生,形成了一种媒介主体的形式,也形成了人类与世界相关联的一种新方式"。①虚拟现实技术带来的沉浸感开启了一种新的审美机制,也折射出当今技术时代的文化逻辑与艺术发展的重要趋势。

---

① 詹悦兰:《虚拟幻觉:一种新沉浸感的生成》,载《文化研究》(第37辑)(2019年·夏),第241页。

第六章　技术与艺术的共谋关系及其超越

技术和艺术的本质和相互作用体现了两者具有深刻的内在关联。技术作为人类本质的表现形式以及人与世界的中介,拓展了人的知觉,为艺术提供表现载体,彰显了技术的人文价值。艺术创造的独特性又要求其不断超越传统,促进新技术的产生。奠基于身体之上的技术、艺术与设计从来没有像今天这样如此大范围地介入到我们的生活之中,塑造着我们的生存现实和文化观念。数字时代技术和艺术的一体化趋势已经完全超越了传统的技术和艺术的关系,带来了更加复杂的情况,比如技术与艺术一旦受到资本、权力和欲望的控制,就会出现异化,远离技术与艺术的本质性表达。因此,我们需要对技术、艺术与权力的共谋关系保持警醒,并更加谨慎地用好技术和艺术,构建人与技术和艺术的自由关系,实现人的全面而自由的发展。

第一节　消费逻辑与文化生产

当今时代技术和艺术的发展是与消费主义的盛行紧密相关的。物质生产水平的高度发展与全球化进程的加速,极大地丰富了人们的生活和生产方式。消费社会高度的商品化、符号化与感性化审美已经深深地影响着人们的日常生活。如鲍德里亚所言:"今天,在我们的周围,存在着一种由不断增长的物、服务和物质财富所构成的惊人的消费和丰盛现象。它构成了人类自然环境中的一种根本变化。"①这种物的包围会导致人们在消费社会中偏离原本的文化生态与语境,自觉或不自觉地融入消费文化的大潮之中。消费已然成为一种社会规训手段,而身体处在消费社会的核心地位。消费主义引领并营造着各式完美的身体标准与理想,身体成了消费社会中重要的争相掠夺的资源和战场,成了消费社会自我身份认同、自我塑造和自我建构的重要因素。

一、消费逻辑与作为符号的身体

消费主义是后工业时代出现的现象。在财产和所有制备受限制的封建社会和资本主义工业时代,身体并无自由。在资本主义后期,随着机器大工业的发展,社会必要劳动时间大大缩短,文化产业逐渐繁荣兴旺。后工业时代的生产方式不再强调辛勤劳动和节俭消费,而是在生产商品的时候,也在生产服务、需要和欲望,由此刺激了消费,导致了消费主义的盛行。

"从文化语境上看,消费社会的一个重要特点是宗教与意识形态教条在界定、规训、控制身体方面的权威性的削弱,身体正变得越来越自由,越来越不受宗教或政治的控制。"②鲍德里亚认为消费主义是现代化和世俗化的结果,并从符号学角度对消费文化和消费的符号意义进行了解读。他认为,消费并非指财富的数量和需要的满足,这些只是构成了消费主义的必要条件而已。这里的消费不是物质产品极大丰富下的物质性的实践,并非我们消费了多少物品,而是在这些消费品的集合中表达出的一种功能性和符号性的意义。"它是一个虚拟的全体,其中所有的物品和信息,从这时开始,构成了一个多少逻辑一致的论述。如果消费这个字眼要有意义,那么它便是一种符号的系统化操控活动。"③也就是说,在消费社会中,人们消费物品并不是单纯为了满足自然的物质需要,而是符号价值构成了商品价值的一个重要维度。"身体完全成为自恋

---

① [法]让·波德里亚:《消费社会》,刘成富、全志钢译,南京:南京大学出版社,2014 年,第 1 页。
② 陶东风:《消费文化语境中的身体美学》,载《马克思主义与现实》2010 年第 2 期,第 28 页。
③ [法]让·鲍德里亚:《物体系》,林志明译,上海:上海人民出版社,2019 年,第 213 页。

性的社会意义代码,从属于整个消费社会符号系统。身体符号在消费语境中,慢慢演化成一种符号的暴力,形成了一种新的话语霸权。"①

与此相关,身体在消费文化中也越来越居于核心地位。在经济发达的西方世界,身体的外形和内在,都可能会按照主人的设计重构。身体已经不仅仅是一个生物学的存在,还可能是一种工程或者表现,身体更多成为个体自我认同的重要部分。最常见的例证就是个人对于健康的身体的关注与追求。人们通过饮食和运动等诸如此类的养生秘籍来进行健康养护和自我照看。这不仅是为了保持身体功能的健康良好的运转,也是为了让自己的身体"看上去很美"。"身体美的概念对人们所分享的拓扑系统来说是非常重要的,因为它经常用来给现实提供秩序,并提供文化的内核。"②人们不是用压制实现对身体的控制,而往往是通过激励完成对身体的改变。人们努力通过拥有美丽的身体来获得个人幸福,这种对身体的强调导致减肥疗法和健身房的产生,也带来了厌食症和贪食症。为了美丽和幸福,你也不得不看起来很年轻,因此也促成了面部整形、染发、填充术以及抽脂术的产生。这种身体被娇宠、被照料、被训练,并通过晒黑、打洞和文身这些行为使得身体的符号意味得以凸显。如同鲍德里亚指出的:"在消费的全套装备中,有一种比其他一切都更美丽、更珍贵、更光彩夺目的物品——它比负载了全部内涵的汽车还要负载了更沉重的内涵。这便是身体。"③

身体原本属于消费者,但在消费社会中同样被当成一种消费品和消费对象,并且必须遵循消费逻辑。比如在模特、色情等行业中,女性的身体被看成一种消费的对象。对很多女性整容者而言,她们也必须将自己看成一种物品,看成一种非常稀有的交换材料,从而完成对身体的控制。身体与物品构成了一张同质的符号之网。"身体与物品的同质进入了指导性消费的深层机制。假如说'身体的重新发现'一直都是对被其他物品普遍化了的背景中的身体/物品的重现发现的话,那么可见从对身体的功用性

---

① 廖述务:《身体美学和消费语境》,上海:上海三联书店,2011 年,第 104 页。

② Waskul, D. & P. Vannini. (eds.) *Body/Embodiment: Symbolic Interaction and the Sociology of the Body*, Burlington: Ashgate Publishing Company, 2006, p.286.

③ [法]让·鲍德里亚:《消费社会》,刘成富、全志钢译,南京:南京大学出版社,2014 年,第 120 页。

占有到购物中对财富和物品的占有之间的转移是何等地容易、合乎逻辑和必须。"①身体作为最美的物品被出售着。人们在对自己的身体进行管理时,并不是根据身体的逻辑进行管理,而是将其看成一种资产进行照料,按照消费逻辑在管理。

因此,身体除了使用价值之外,也被当代消费主义看做是愉悦、欲望和游戏的场域。失业、过早的退休以及休闲文化和服务业的兴起,共同导致了这样一种趋向,就是把身体当作消费品来重塑和包装,这就是作为符号(sign)的身体。人们的身体更多的与人所出入的场所、所穿戴衣服配饰的品牌、所用产品的档次以及所交往的圈子有关。于是,追求名牌、攀比炫耀等异化消费、符号消费现象层出不穷。"被消费的东西,永远不是物品,而是关系本身——它既被指涉又是缺席,既被包括又被排除——在物品构成的系列中,自我消费的是关系的理念,而系列便是在呈现它。"②如特纳所言,在消费社会中,人们目前对身体的迷恋与从"劳动的身体"(the laboring body)到"欲望的身体"(the desiring body)的转换有关。欲望的身体因而成为了消费的符号,"成为社会意义和符号的载体"。③

有一种流行的观念是,消费文化是享乐主义的。在消费文化中,自我的感受是与无节制的个人消费观念深刻地联系在一起的,以至于在当代社会中,关于自我身份认同的主流表述变成了"我消费故我在"。这个世界就像是一个超市,一个有着无限选择却绝少束缚的空间。常规的行动被还原成选择的美学。在这个道德沙漠中,如果有人想达到好的生活目标,那么他最需要的特性就是更好的选择能力。然而,在这种观念中,他们没有充分认识到消费的身体在多大程度上体现了伦理与审美。同时,也没有看到对于一个有着美学伦理观的消费者来说,消费文化包含着多大的潜力。在审美被商品化的世界中,强加在消费主体身上的束缚是可见的,以至于价值和美丽可以被转换成"可以买卖的东西"。甚至在经济学中,几乎所有的买卖都包含着一个审美的维度。吉列恩·本德洛(Gillian Bendelow)和西蒙·威廉姆斯(Simon J. Williams)也曾指

---

① [法]让·鲍德里亚:《消费社会》,刘成富、全志钢译,南京:南京大学出版社,2014年,第127页。
② [法]让·鲍德里亚:《物体系》,林志明译,上海:上海人民出版社,2019年,第214页。
③ Turner, B., *The Body and Society*, London: Sage, 1996, p.26.

出,那些关注外表的消费者可以被理解为,"面对价值和生活方式选择的多元性,尝试成为控制和建构'正确的身体类型'的那部分人"。①这意味着,即便是在消费文化的沙漠中,美学和伦理学依然起着调整身体及其外表的作用。

消费主义不可避免地带来了物的异化与人的异化。在鲍德里亚看来,在仿真时代,当世界进入时尚化状态的时候,人们生活在一种超真实的世界之中,世界已然变成一种失去所指的符号。"真实的定义本身是:那个可以等价实现的东西。……在这个复制过程的终点,真实不仅是那个可以再现的东西,而且是那个永远已经再现的东西:超真实。"②超现实主义是符号现实的组成部分。符号变成一种能指的差异游戏,并且是一种不断加速的差异游戏,即通过差异符号的编码来显示游戏的意义。这种能指的差异游戏易于使人们陷入一种狂喜、晕眩状态。这时,时尚的产品或商品不再是一般消费意义上的产品。当必需品生产过剩之时,人们需要生产时尚产品、精神产品,以一种新的差异形式来满足人们的不同需要。因而,符号化的人与符号化的商品完成了顺利对接。当商品的使用价值被符号价值所代替的时候,物与人的原本意义和价值也被消解和重构。

二、商品拜物教与象征交换

技术和艺术的发展从来不是孤立的。按照马克思主义的观点,人的"感官的历史化"造成了人们感知方式的丰富性和文化多样性,而技术在艺术领域中的强势推进及其全球性的扩展却可能带来"看"的方式以及人们感知方式的单一化。当然,我们无法脱离具体的历史社会语境来孤立地谈技术对感知的作用,"科技始终都是其他力量的伴随物或附庸品"③,但技术本身却具有跨文化的流动性。现代技术发源于西方却逐渐

---

① William, S.J. & G. A. Bendelow, *The Lived Body: Sociological Themes, Embodied Issues*, London: Routledge, 1998, p.73.

② [法]让·波德里亚:《象征交换与死亡》,车槿山译,南京:译林出版社,2009年,第96页。

③ [美]乔纳森·克拉里:《观察者的技术》,蔡佩君译,上海:华东师范大学出版社,2017年,第14页。

扩展到全球,与各种当地文化相互作用,改变着各种文化中那种历史形成的"看"的方式。随着技术变得越来越复杂,它开始显现为一个自主的、不可控制的甚至超自然的他者,因此,技术不再简单地被认为是人类控制下的工具或物体。相反,人类与技术的关系变得更类似于"魔法"或"万物有灵"信仰体系中的灵魂或神的关系。"技术曾经被认为是人类认识和控制世界的基础,在这里,它成了人类控制的极限的证明,而人类掌握的极限是'超出'人类的认识和控制的。用更传统的哲学术语,一个宗教和美学术语来说,它变成了崇高的证明,其内涵似乎完全符合当代技术文化世界难以理解的规模和复杂性。"①当代的高科技话语经常参与到技术资本主义的拜物教中。技术、艺术与资本、权力和欲望等因素的合谋,成为消费主义社会的重要特征。

伊格尔顿曾指出,马克思的许多最富有活力的经济学范畴都蕴含着美学。这尤其表现在马克思对商品范畴的分析过程中:"对于马克思来说,商品是精神和感性、形式和内容、普遍性和特殊性之间的某种难以理解的失调。"②在《资本论》的开篇,马克思就向我们揭示了现代社会的一个基本事实:"资本主义生产方式占统治地位的社会的财富,表现为'庞大的商品堆积'"。③但是作为这种财富的元素形式,单个的商品却表现出一种二重性。为了进行流通,商品必须既具有使用价值,又具有交换价值。"商品必须表现为使用价值和交换价值的统一,但同时又必须在这种统一中表现为这种二重物。"④正是商品所具有的这种二重性和神秘性,使得商品具有拜物教的性质,成为可感觉又超感觉的物。商品给人一种混合着审美和信仰因素的体验,而由庞大的商品堆积起来的资本主义世界成为一个审美化世界。马克思认为,商品的这种神秘性并非来自商品的内容,而是来自商品的形式。人们之所以觉得某个商品美,是因为其背后揭示的人与物的社会关系以及人的社会性,并因此产生商品崇拜。马克思通过"个体是自然性和社会性的统一"对"商品拜物教"现象进行了批判。

---

① Rutsky, R.L. *High Techné: Art and Technology from the Machine Aesthetic to the Posthuman*, Minneapolis: University of Minnesota Press, 1999, p.146.

② [英]特里·伊格尔顿:《美学意识形态》,王杰等译,桂林:广西师范大学出版社,1997年,第200页。

③ 马克思:《资本论》第1卷,中央编译局译,北京:人民出版社,2004年,第47页。

④ 《马克思恩格斯文集》(第8卷),北京:人民出版社,2009年,第432页。

对马克思所指证的商品拜物教现象,身处消费语境中的法兰克福学派也进行了反思和批判。比如,阿多诺指出,资本主义的商品生产一味地追求交换价值,并用交换价值替代使用价值的职能,从而淹没了本来应该由使用价值承担的真实性,造成与现实的脱节。而一旦资本主义商品生产与资本主义的文化(建筑、电影、广播、广告以及新兴媒介)结合形成文化工业,这种虚假性就会变成真实性,从而主宰每个人的日常生活。人们普遍追求这种虚假性,会造成个体性的完全丧失,个性被标准化。"个人只有与普遍性完全达到一致,他才能得到容忍,才是没有问题的。"[①]社会中的个人总是带上了社会的烙印,看似自由自在,却都是经济和社会机制的产物,个性化的进步往往是以牺牲个性为代价的。"人们试图想让自己变成一个灵敏的机器,甚至从情感上说,也要接近于文化工业确立起来的模型。人类之间最亲密的反应都已经被彻底物化了。"[②]现代艺术能够表达个人的某种"特殊意图",从而捍卫人的个体性,但是阿多诺把人的个体性仅仅理解为非理性因素的实现,因此,当现代艺术也不可避免地被商品化时,阿多诺只能表示出无奈、悲观与失望。

鲍德里亚也对商品拜物教进行了批判,但与马克思的理路不同。马克思是从经济学角度指明,商品拜物教的根源在于被商品物化的人的社会性本质,鲍德里亚认为商品拜物教的根源在于商品的符号价值。商品的价值不是建立在商品使用价值基础上的交换价值,而是建立在商品能指基础上的所指,即商品所象征的地位、财富、名誉、权力等。在符号价值泛化之后,人们只能进行"象征交换"。鲍德里亚将艺术看作"物"的一种特殊形式,而流行艺术和大众艺术作为在"物"的消费时代所产生的艺术形式,同艺术一起,在符号操纵下成了"伪文化"范畴。艺术品和艺术签名也通过"消费"介入了符号与价值的激烈竞争中,这在本质上使艺术丧失了深度思考的功能,成为被吞噬、被牺牲的一方,致使艺术失却了自身的批判力。艺术的符号化预示着超真实的后现代社

---

① [德]马克斯·霍克海默、西奥多·阿多诺:《启蒙辩证法——哲学断片》,渠敬东、曹卫东译,上海:上海人民出版社,2006年,第140页。
② [德]马克斯·霍克海默、西奥多·阿多诺:《启蒙辩证法——哲学断片》,渠敬东、曹卫东译,上海:上海人民出版社,2006年,第151页。

会的到来。

鲍德里亚也非常注重对媒介文化,尤其是现代仿真技术的反思和批判。在消费社会充斥着象征交换,仿象是现代艺术作品的存在方式,所有传统意义上所谓的善恶、美丑、艺术与非艺术等对立的价值界限被清除,"真实"和"意义"不复存在,当代文化艺术中不再有任何原创性的东西,一切都在边界模糊中存活。至此,媒介变化带来的对艺术的分解和不确定性,使得以"后现代艺术"为代表的艺术形式难以起到以前的审美功能。艺术逐步走向了自身意义的消解,这在一定程度上意味着艺术主体功能的消失。

法国思想家乔治·巴塔耶(Georges Bataille)关于过剩和消耗的学说和马塞尔·莫斯(Marcel Mauss)的礼物交换/馈赠理论是鲍德里亚理论的直接和重要来源。在巴塔耶看来,人类面临的不是物资匮乏,而是能量过剩。要解决能量过剩的问题,在某种程度上浪费是十分必要的,可以使社会剩余能量得以消耗。鲍德里亚也正是在这种理论影响下,提出了象征交换的发生是以资源过剩为背景和前提的。尽管在象征交换的前期阶段,物质并没有完全达到丰盈的状态,但就其交换的双方主体而言,存在某一或某些资源的过量,因此产生了交换。通过对原始社会象征交换这一风俗活动的考察,莫斯认为,在相当长的历史时期内,相较于礼物本身所具有的内涵,其蕴含的交换价值更为丰富,它并非简单的物物交换,而是一种起着维系部落的政治、经济、社会与道德行为的规范活动。在莫斯看来,原始社会的人们普遍靠给予馈赠、回赠来稳定社会关系,而这也正是鲍德里亚所阐述的"象征交换"。但与莫斯不同的是,鲍德里亚认为,随着科技的发展,原始的物物交换与馈赠必将被新一轮的政治经济秩序所打破。鲍德里亚指出,象征交换是一种发生在"非实在"领域的交换行为和社会关系,"象征"远不是实在意义上的象征,而是以"非现实性"为前提和基础的,是一种符号上的交换。同时,不管是原始氏族还是如今的现当代社会,象征交换也远不是身份地位平等的交换,是一种"非等价性"的交换。尽管其中包含互惠性的元素,但其互惠性的存在依旧无法消除交换双方身份地位的不对等。象征交换并非简单的体制或概念,它随每一个社会历史阶段的发展而发展。

在20世纪80年代以后,鲍德里亚发表了《拟像与仿真》《恶的透明》《致命的策略》

《完美的罪行》《艺术的共谋》等论文集。在这一阶段,尽管他不像以往在哲学理论建构中费尽心力,但对学界所产生的影响反倒更有持续性和更令人瞩目。鲍德里亚的拟像理论具有革命性的意义,拟像是工业社会的产物,符号所代表的"真实"已经荡然无存。拟像不是真实,而是"超真实"。"在鲍德里亚的语境中,当一个事物并非社会性地发挥功能,而是象征性地、非理性地发挥功能,以一种符号化的方式成为'漂浮的能指',那这个事物就是一个'拟像'。事物被拟像化后,就虚化为符号,这些符号不指称具体的社会关系,也不是作为一种使用价值而存在,而是直接指向诸种消费欲望。"①鲍德里亚指出,在消费社会中,已经没有实质的客观性,只有关于模仿的模仿,广告、电视、数码影像等都是仿象,在诸种拟像构成的超真实中,现实和虚假、真实和想象的界限都消失了,以数码技术为核心的高度发达的现代科学技术主宰了人们的世界。

三、文化生产与艺术品的消失

如前所述,艺术生产作为一种自由的精神生产和审美创造,成为精神生产的重要组成部分,审美构成艺术生产的本质特征。"在审美创造中,艺术把人的主观活动与客观世界高度统一起来,它一方面将主体对客观世界的审美认识和审美体验物化或对象化到作品中,另一方面又为人类提供精神消费的产品,通过影响人的精神最终影响客观世界。"②但在资本主义条件下,劳动和艺术生产受消费逻辑和商品拜物教的影响,都出现了异化,导致艺术品不再是艺术品了,也造成了与艺术的本质和人的本质的对立与疏远,失去了其超越性的审美特质。

新媒介技术和数字艺术成为文化创意产业的先行者和引领者。资本更是把艺术本身变成了一种商品,为了满足市场的需要,不断实现艺术的再生产,最终造成当代社会的审美泛化。审美工业为了在产品的审美维度与消费市场之间建立直接联系,核心

---

① 刘旭光:《艺术作品自身:"拟像"时代的艺术真理论》,载《陕西师范大学学报(哲学社会科学版)》2019年第4期,第91页。

② 王宏建:《艺术概论》,北京:文化艺术出版社,2014年,第40页。

战略就是使消费者的审美品位标准化和简单化。当代资本主义工业的产品设计、品牌推广、广告宣传和市场营销等,也无不为这一目标服务。比如,私家车的普及就是从功能性消费到审美性消费的标志性现象,也是审美品味标准化的体现。"在马克思那里,生产和需求的关系,是由需求决定生产的,而文化工业的运行机制则并非如此,甚至是逆转了这个规律,改由生产决定需求、决定消费。"[①]文化工业中,商品的使用价值弱化,交换价值提升,在虚假的需求和消费刺激下,文化工业把人性中通过艺术来表现的自由个性,改造成了消费大众同质化的中庸品质,使艺术失去了人性的根基。

在消费社会的话语体系中,文化的式样不再是精英的、崇高的,而是媚俗与流行。与崇高、精英文化相比,媚俗不再以唯一、稀有为表征方式,而是"伪真实""伪物品"的合称。鲍德里亚认为,日常物品作为一种艺术话语,在艺术和文学史上呈现出启示意义,但在 20 世纪后,物品失却了对道德、心理价值的参照,连最初的艺术象征性和装饰性的配角角色也不复存在。随后,物品在历经达达主义、超现实主义运动对它的解构之后,以一种突发的状态向艺术形象的顶峰攀升。他认为,媚俗数量的激增与工业的发展相关,技术发展的同时不仅造成了社会符号的激增,更是带来了艺术上的普遍化、大众化以及无差别性。显而易见,当媚俗的数量连续激增,代表媚俗的社会符号将不断被复制,稀缺、唯一物品的象征地位也会不断被媚俗所稀释和分解。当艺术因自身价值的丧失不再能表征社会地位时,特定的社会范畴会通过特定符号的品质或数量来表征自身的地位和阶层,数量越多越无独特性和象征价值可言。越来越多的上层阶级通过改变价值偏差来与媚俗或大众文化保持距离,这必将导致另外一种文化恶性循环,即稀有物品必须不断保持自身在品质、种类上的高质量与仿造速度,来使自己具有更多、更自由的选择权,这必然带来自身独特性和价值的加速丧失。当然,鲍德里亚也强调,作为一种文化,媚俗实际上是具有美学特征的。尽管这种特征来源于技术上的重复和无差别仿制,不具有独创性和审美价值,但社会阶级的审美预期和审美要求导致社会文化去适应高级阶层所要求的美学形式,并期盼这种文化以一种风尚参与到文

---

① 王才勇、方尚岑、王婷、刘婷:《法兰克福学派美学研究》,上海:上海交通大学出版社,2016 年,第 86 页。

化产生的过程中。在这种操作循环下,艺术无法满足每一个阶层的需要,在一步步地妥协与退让中使自己变成了"媚俗"这一模仿美学。

鲍德里亚还分析了"流行艺术"中的消费逻辑和美学特质,认为在消费社会中,艺术可能同时也是商品,具有双重身份。流行艺术在把自己变成单纯的商品的同时,也改变了世界。消费社会就像一个不断进行复制和再生产的符号工厂,在对符号进行模拟的过程中,完成了对日常生活的复现和"唤醒"。日常生活充满了对符号、影像的展示,这种模拟和再现只是一种空洞的拼贴和缺乏热情的无意义仿真,以此来创造一个无逻辑意义的符号游戏领域。如果大众对这个世界是疯狂的、充满欲望的,那么流行艺术就用毫不批判的态度去机械地、无关痛痒地完成自己的艺术形式。其间,消费逻辑使艺术不再具有崇高地位,流行艺术也不再具有深刻地反映世界的功能,不再具有对生活的批判功效,至此,它变成了一种彻底的伪文化,成了商业同谋中的一员。艺术品最初以审美之物的身份获得了社会价值与审美价值,但当它参与了经济、技术和资本的流通后,却成为与当代社会共谋的力量。

在《符号政治经济学批判》中,鲍德里亚首先以艺术品的签名这一行为为例,阐释了艺术品是如何被冠以符号价值之名的。签名这一行为最初普遍表现于绘画形式中,而绘画是由画的实体内容、签名和印章组成,从而使绘画成为一个完整的个体。鲍德里亚认为,"某幅特定的艺术作品直到它被签上名之后,它才是独一无二的——不再作为一件作品,而是作为一个物。由此它成了一个用以说明可见的符号就能带来非凡的、差异性价值的最好例证。"①此时,艺术已经失去了模仿和表现时期的艺术精髓,变成了一种被符号化了的物。签名的身份不再纯粹是增加作品的独特性,而是越过作品,指向被标注的物。这种价值并非来自艺术品本身,而是来自由签名这一行为所带来的符号的附属价值,这是绘画艺术中签名所具有的符号价值属性。在这里,鲍德里亚强调的是签名这一行为并没有创造出更有意义的作品,而是将艺术品本身置于一个新的符号评估体系,签名使艺术品成了一种唯一的物,使它超越了本身的审美价值,具

---

① [法]让·波德里亚:《符号政治经济学批判》,夏莹译,南京:南京大学出版社,2009 年,第 114 页。

有了商业交换和经济象征的意义,这也使艺术作品获得了比自身更为深远的指涉意义。签名成为了具有符号象征意义的存在,同时,艺术家们也从原来的客观描述逐渐变成模仿自身,使"表现的逻辑变成了重复的逻辑"。

鲍德里亚在艺术品拍卖中印证并延伸了签名这一差异性符号的生产方式。鲍德里亚认为,在经济与文化语境中,艺术品拍卖是一种将经济价值、符号价值与象征性价值同构的交换方式。传统艺术在仿造自身的过程中失落了自身的独特原则,艺术本身所具有的批判性、反抗性和永久的超越性,在现代艺术这里已经完全被同化和消费掉了,艺术不再能和任何事物相抗衡。在探求真理时,尽管艺术还承载着文化意义,但现代艺术已经无法为当下社会提供任何批判和质疑了。现代艺术作为技术和权力的共谋,操控、伪造了这一现实世界。艺术作品的象征价值被否定,它以一种妥协、同构的方式完成了对世界的整合。

在《为何一切尚未消失?》中,鲍德里亚指出,这里所说的消失,不是指物理过程或者自然现象中的消亡或者灭绝,不是资源的枯竭或者物种的消亡,而是指人类能够创造与自然法则无关的独特消失方式,也就是艺术的消失。这种消失是价值观、意识形态、终极目标以及真实的消解,"这种巨大的消失不仅是事物之潜在变换(transmutation virtuelle)的消失和对真实之嵌套的消失,也是主体之无限分化的消失和意识在真实的所有缝隙中之连续分散的消失"。①鲍德里亚所说的"艺术终结"并非艺术的存在维度的消失,而是现实批判性、价值观、审美终极目标的变化,这是"艺术观念、艺术功能的变化问题"。②但是,鲍德里亚也指出,没有什么会彻底消失,任何消失的东西都会留下痕迹。艺术也不会彻底消失,而是在超越自身的过程中以另一种形式存在着,进一步渗透到我们的精神领域,成为主宰我们的力量。"二十世纪把艺术和非艺术之间的全部界限都消除了之后,对这一问题的解决就不再是一个学术问题了,而是一个存在论性质的问题,一个关于在现在和将来艺术的存在的可能性的问题。"③艺术面临着现

---

① [法]让·鲍德里亚:《为何一切尚未消失》,张晓明译,南京:南京大学出版社,2017年,第71页。
② 周计武:《艺术终结的现代性反思》,北京:社会科学文献出版社,2011年,第310页。
③ [以]齐安·亚菲塔:《艺术对非艺术》,王祖哲译,北京:商务印书馆,2009年,第90页。

实危机,被无限的资本增殖与文化的过度生产所替代,又在危机中获得新的形式和意义。

第二节　技艺的合谋与审美的幻灭

随着数字技术等新媒介技术的发展,技术越来越成为一种复制的信息,如录像带上的图像、电脑游戏的场景、互联网上的网站,等等。"这就是高科技美学的悖论:随着技术的形式逐渐变得'不可见',技术越来越多地以数据或媒介的形式出现。"①然而,在更一般的层面上,技术概念的这种转变意味着,随着我们周围的文化世界越来越容易受到技术和数字复制的影响,技术和文化之间的一切区别开始消失。技术越来越被视为一种文化数据,一种技术文化。简而言之,"技术成为一种文化图像和数据的复制品的粘贴,构成了所谓的技术文化记忆"。②由图像和数据构成的技术文化记忆是被随机存取的,无法整体被调用,因而很难构成"真实的""原始的"或者"完整的"场景,因此,这种记忆会因为太过复杂,而无法被整体地思考和表达。

"在高科技时代,技术文化记忆的筛选似乎已经开始超越人类的工具性和控制力;它似乎不再根据工具理性发挥作用,而是根据其自身更不可预测的'技术逻辑'发挥作用。"③技术复制可能带来的突变为这个世界增加了更多不确定性的风险,技术与人的关系也变得空前复杂。复制的技术逻辑成为技术的一种形式,它也在"审美"的语境中不断地分解和重组技术文化世界的元素。技术的迅猛发展以及技术逻辑的盛行,给艺术带来了猛烈冲击,传统意义上独立、纯粹的艺术所具有的审美价值也随技术的介入产生了新的变化。当代艺术已经和政治一样,为技术和资本征用,在实现自身资本增

---

① Rutsky, R.L. *High Techné*: *Art and Technology from the Machine Aesthetic to the Posthuman*, Minneapolis: University of Minnesota Press, 1999, p.15.

② Rutsky, R.L. *High Techné*: *Art and Technology from the Machine Aesthetic to the Posthuman*, Minneapolis: University of Minnesota Press, 1999, pp.15—16.

③ Rutsky, R.L. *High Techné*: *Art and Technology from the Machine Aesthetic to the Posthuman*, Minneapolis: University of Minnesota Press, 1999, p.17.

值的过程中变成了与当代社会整体共谋的力量。

一、技术复制与艺术的失效

鲍德里亚是对技术与艺术的合谋进行论述的代表性人物。鲍德里亚提出"艺术的终结",认为"物"从无到有宣告了商品社会的终结以及消费社会的到来,而媚俗、流行艺术和艺术品是"消费社会"和"符号政治经济学"时期艺术的表征物,也代表了当代艺术的大致走向。鲍德里亚认为,艺术发展史是一个不断发展演变的"符号复制"的过程,也是艺术作品与真实世界之间关系演变的过程。当代社会技术的全面内爆,使得真实与意义冲破了原有的形而上学界限,各种社会能量都以无序散射的方式向各个方向渗透,美学能量也不能逃脱这一由媒介"仿真"所造成的当代命运,传统艺术作为审美价值载体的身份被解除,当代艺术已经"无效"。

在传统的西方理论写作中,仿象只是个普通概念,在德勒兹、德里达等人的理论写作中也是较为常见的。但在鲍德里亚的理论中,"仿象"一词实际上是解读当今资本主义世界社会组织方式与价值诉求的一个重要通道。20世纪70年代,鲍德里亚从象征交换进入到仿象秩序,以"仿象"和"仿真"作为其核心概念,对仿象的三种等级——仿造、生产(复制)和仿真的演变作出分析。在鲍德里亚看来,仿象的形成是围绕符号与现实的关系展开的,经历了从物品到符号、从模仿到仿象、从真实到超真实的过程,向我们呈现了整个资本主义社会的权力运作与流转以及社会关系的发展与演变。

在《象征交换与死亡》中,鲍德里亚有一段著名的论断常被引用:"仿象的三个等级平行于价值规律的变化,它们从文艺复兴开始相继而来:——仿造是从文艺复兴到工业革命的'古典'时期的主要模式。——生产是工业时代的主要模式。——仿真是目前这个受代码支配的阶段的主要模式。第一级仿象依赖的是价值的自然规律,第二级仿象依赖的是价值的商品规律,第三级仿象依赖的是价值的结构规律。"①换句话说,仿

---

① [法]让·波德里亚:《象征交换与死亡》,车槿山译,南京:译林出版社,2009年,第61页。

造是从文艺复兴到工业革命时期的主要模式,它依赖于价值的自然规律,与文艺复兴和封建秩序的解构同时出现;而生产与仿真则是工业时代和"受代码支配"阶段的主要模式,分别依赖于商品的价值规律和结构规律。依照鲍德里亚的理论,资本主义的发展开始于符号的解放,符号改变了资本运行和普遍控制的过程,成了一种新的社会纲领。

在仿象的第一等级阶段,鲍德里亚把"仿大理石"看作是这一时期的通用物质。他认为,"仿大理石是一切人造符号的辉煌民主,是戏剧和时尚的顶峰,它表达的是新阶级粉碎符号的专有权之后,完成任何事物的可能性。"①此时的仿造秩序是受自然价值支配,而非其他。此时,仿造影响的只是实体和形式,而并没有真正颠覆社会关系和结构。

资产阶级工业革命催化了第二级仿象段的产生,工业复制带来的是对自然参照物的摒弃,此时强调的不再是参照自然,而是被商品价值规律和商品交换法则所替代,机械复制技术和商品占据了世界主导权。鲍德里亚认为,第二级仿象与第一级仿象不同,第一级仿象不能跳出差异,而第二级仿象"建立了一种没有形象、没有回声、没有镜子、没有表象的现实:这正是劳动,正是机器,正是与戏剧幻觉原则根本对立的整个工业生产系统。不再有上帝或人类的相似性和相异性,但有一种操作原则的内在逻辑"。②在此过程中,任何一个物体都可以被简单复制,一切进入了系列阶段,事物的无限可复制性成为其本质特征,它们之间不再是类比和反映、原型与仿造的关系,而是一种无差异等价关系。在再生产的技术和工业复制时代,技术使得存在两个以上完全相同的物体变成了可能,复制是对"自然"秩序的挑战。

历经自然原型的仿造和工业复制时代,进入仿象的第三阶段——仿真。鲍德里亚用"模式"和"差异调制"为核心特征命名这个时代,此时,真实已经不再存在。与仿象的第二阶段相比,仿造和复制创造出一种自认为的现实,尽管它并不是现实本身,但其本身是可见的、表征的,而仿真则是不可见的,其核心特征"差异调制"是在虚拟中进行

---

① [法]让·波德里亚:《象征交换与死亡》,车槿山译,南京:译林出版社,2009年,第64页。
② [法]让·波德里亚:《象征交换与死亡》,车槿山译,南京:译林出版社,2009年,第67页。

的,实在本身被虚拟所构造。仿真阶段已不是机械化再生产出来的,而是根据其模式的差异性本身调试出来的,由一个核心散射生发而成。仿真阶段是"对符号和自然的仿造、无原型的系列生产和模式生成存在的拟真"。①在此阶段,当代的媒介技术使无穷无尽的图像、符号被大量复制,它们没有本原。当主体的自由被人造符号所统治,主体性已不是简单地缺失,而是主体与客体完全交换了位置,至此,虚拟变成了实在,真实变成了超真实。

当仿象由第一等级上升至第二等级时,再生产是技术的再生产,改变了产品和生产者的地位,使技术变成了一种非生产力,进而改变了社会结构和形态。而在拟像由第二等级上升至第三等级时,改变的已不仅仅是产品和生产者,而是使整个"生产"本身都消失殆尽。同时,大众传媒以传播、复制的深度和广度著称,其对信息和符号的编码,是自然仿造阶段和机械复制技术所无法比拟的,此时,大众传媒的过量生产使真实的本真失落,仿真符号"遮蔽了基本现实的不在场",生产本身已无真实可言,人们生活在一个没有真实起源的世界,超真实成了体验这个世界的唯一方式。超真实不是否定真实,而是消除真实与非真实的差异,借助仿真策略和传媒的推动,把非真实模式转化为胜似真实的景象。至此,这一阶段的所谓社会现实,不再是原本的模拟,而是各种模式的生产和操作。无论是一级、二级或是三级仿象,首先仿象总是一种"复制的形式",每一种复制形式都是一种媒介。这种媒介不仅仅是意义的媒介,更是社会关系与社会权力的媒介。

波普艺术的代表人物安迪·沃霍尔以千篇一律的图像作为创作灵感,通过丝网印法进行重复生产,以此来模糊原作和复制品的区别,向人们展示后工业社会中自身个性化的消失。在 1962 年创作的《玛丽莲·梦露双联画》中,沃霍尔以 50 张梦露的照片拼贴的"工业仿象"形式,对现实主义艺术进行鞭挞。其中,右侧黑白的色调与左侧鲜艳的色彩形成强烈对比,隐喻巨星在世时的光鲜与陨落后的悲凉。画面中,梦露不再是那个鲜活的被众人吹捧的性感女神,而成为一种可以复制和批量生产的符号,也成

---

① 张一兵:《反鲍德里亚:一个后现代学术神话的祛序》,北京:商务印书馆,2009 年,第 400 页。

为被观看和消费的对象。在后工业社会中,艺术变成了流水线上的工业技术,艺术品成了"千人一面"的复制品和仿象,没有原作,也没有灵韵,现代人的无限趋同和个性消解让人变成了单面人,这无疑是对商业社会的消费逻辑的巨大反讽。

媒介时代背景下,技术以及技术的形式不断呈指数级增长,信息被大量复制,造成信息泛滥直至爆炸,导致了意义的弱化乃至丧失。在技术发展带来的拟真中,艺术本身已不再是审美的载体,而是成为了资本运行控制下的符号形态。拼贴式的艺术表达显示了异质性元素之间的碰撞和重组,也使得原来互不相容的世界得以分有共同的话语体系,比如界限、真理、价值,等等。"艺术那耀眼的感性表象被关于艺术的话语所吞噬,而话语则倾向于变成这个感性表象的现实本身。"①以科技为载体的当代社会和现代性话语实现了对艺术的精准复刻,导致了艺术韵味的消失,传统意义上所谓的善恶、美丑、艺术与非艺术等对立的价值界限被清除,社会的阶级属性、意识形态属性、真与假的界限被全部打破,媒介完成并传递信息使命的时候不但可能会吞噬意义,而且还可能混淆和创造意义,固有的价值也已经不复存在了。艺术同样遭受了价值毁灭与超验性丧失的命运,人也因此变得疏离了本来的面目。

二、技艺的合谋与审美泛化

在仿真时代,日常社会现实生活被符号重新定义和编码,价值参照系分崩离析,社会现实生活充满了巨大的不确定性。拟像的无限复制与增殖使得艺术与审美变得日常化。"审美泛化与艺术消费化在数字媒介与市场逻辑的双重推动下,已经成为当前历史阶段大众文化生活中的主要文化形式。"②仿真这个非真实的真实成了当代社会的主要组成部分,艺术的自主性被艺术与生活的同一性代替,艺术价值已不再是传统艺术阶段美学形态的直接体现。在消费社会中,艺术与审美从形式到内容都被商品化和

---

① [法]雅克·朗西埃:《美学中的不满》,蓝江、李三达译,南京:南京大学出版社,2019 年,第 3 页。
② 张耕云:《数字媒介与艺术论析:后媒介文化语境中的艺术理论问题》,成都:四川大学出版社,2009 年,第 7—8 页。

符号化，成为一种消费性存在。曝光度与知名度成为新艺术秩序的引擎，它的力量设法控制、整合了其他潜在的威胁因素，技术、资本、权力和欲望统统成为艺术的合谋，由此带来传统的美学意义的消解。

以电影为例。电影艺术具有很强的技术性。如今的影视创作受益于数字技术的高速发展，不仅获得了前所未有的前后期制作技术，而且拥有了更加丰富的题材和表达方式，也有了更广的题材空间和自由度。"当数字技术介入电影后，电影的'奇观本性'与'真实本性'在高技术的作用下融为一体，产生了一种奇观与真实交融的电影美学。"①比如，虚拟现实技术的发展不但改变了人们的观影习惯和心理感受，也更加增强了观众与电影的互动。而媒介技术的发展，又使得电影和电视的复制和传播变得非常快捷和方便，这对整个电影叙事、电影创作和电影欣赏都产生了非常重要的影响。技术一方面解放了文化生产力，另一方面也可能会产生新的束缚和问题，比如家庭影院、网络点播的普及可能会对传统的观影空间和观影方式带来挑战，需要电影进行新的革命。

鲍德里亚曾指出，尽管电影有着可无限开发利用的技术资源和艺术可能性，但是因为追求过分的趣味、夸张的效果和特殊的刺激，电影依然失去了自身的价值。原因在于：一方面，技术的过度使用使电影本身的美感丢失，一切以技术的呈现为核心，审美不再居于首要位置，电影在无尽的自我消耗中丧失了审美价值，在美学与精神产品中逐渐丧失了地位；另一方面，电影技术的发展尽管使电影从无声到有声，从黑白到彩色，但伴随着电影技术的发展，电影能带给大众的审美距离和审美想象消失了，这也是审美幻觉的权力的剥夺。由于电影无限接近于现实，对现实无条件地"完美"呈现，图像的扩张使人们不再能对现实进行审美想象，"距离产生美"的原则在电影这里已不再适用，它使大众对现实失去了想象的空间。

法国当代哲学家雅克·朗西埃（Jacques Rancière）在其《美感论》一书中分析了艺术的审美体制。在他看来，"艺术"作为一种特殊的感受形式，来自可感肌理的变换，

---

① 肖庆：《技术价值的考量与电影艺术的未来》，《中国科学报》2019 年 12 月 11 日，第 3 版。

"这些肌理,关联着一些实际状况,比如表演和展览的空间,流传和复制的形式,同时,它也关系到认识所处的模式、情感所受的制约、作品所属的分类、作品的评价和阐释所用的思考图式"。[①]正是这些言辞、形式、行为和韵律等使得艺术成为艺术,而"美学"是一种感性的体验模式,只是如今,审美更多与政治裹挟在一起,审美体验被重塑和重组,成为一种"审美政治",即通过对感性的重新处理,对一些共同物和私有物进行重新分割。在朗西埃看来,审美和政治是等同的,审美可以是艺术和生活之间的中间地带,或者是艺术家和观众之间的交流平台,但除此之外,还包括共同体成员之间的感性共享和感性分配。在新的审美共同体中,所有的人、作品、题材等都是平等的,而艺术的任务是破坏共识,制造异议,是对既有模型的突破和反叛。"审美革命是:将话语、视觉、诗歌、思想和理论搅拌到一起,使他们重新集体地被分享,由此而使各种实践汇合形成全新的总体一致性。"[②]因此,审美革命可能是政治革命的继续和延伸,在艺术背后存在着经济、政治和意识形态的种种限制,这些构成艺术实践和艺术生产的条件,并越来越多地与资本和权力挂钩,使艺术无法脱离市场的圈套。

鲍德里亚认为,在今天的审美领域,艺术已不再具有基本的规则,不再具有可以令人判断优劣好坏的准则,也不再给人审美的享受或者超验的意义。艺术不再有原初的目的或者原来的社会、政治、文化教化等功能,艺术就是一种渗透,是审美属性在日常生活每一个领域内的渗透,最后超越了真实,变成了"超真实",艺术和超验性的审美消失了。"美学原则的终结昭示的不是它的消失,而是它在整个社会机体内的注满。"[③]鲍德里亚所说的艺术的消失并不是说艺术灭亡了,不再存在,而是审美在整个社会中被倾注。"急速增长的符号商品、影像和文化信息的生产与传播加剧了现实的审美幻化,令实在成为一种虚拟化和艺术化存在,迫使日常生活以审美的形式呈现出来。"[④]这时,无处不艺术,艺术与生活的界限日益消解,使艺术本身丧失了独立性与自我思考的价

---

① [法]雅克·朗西埃:《美感论:艺术审美体制的世纪场景》,赵子龙译,北京:商务印书馆,2020年,第2页。
② 陆兴华:《艺术—政治的由来:雅克·朗西埃美学思想研究》,北京:商务印书馆,2017年,第12页。
③ [法]让·波德里亚:《艺术的共谋》,张新木、杨全强、戴阿宝译,南京:南京大学出版社,2015年,第7页。
④ 李雷:《日常审美时代》,北京:社会科学文献出版社,2014年,第8页。

值。一方面,艺术日益与市场结合,艺术不断商品化,成为商品的一部分,同时,艺术可以随处自由变换,进入政治、经济、媒介,处于一种复合机制中。另外,以达达主义、波普艺术等为代表的艺术流派又不断将日常生活用品纳入艺术序列。这种审美泛化,一方面使得艺术与现实达成了共谋,不再带有讽刺现实的意味,艺术在过剩中仿真自身,又使自己在不断地运转中仿造万物。艺术的当下形态并非只是个人或个别要素的单一运作的结果,而是整个社会合谋的产物,这正是资本融合与社会发展的趋势之一,而大众群体也会不自觉地成为艺术的发动者或终结者。另一方面,艺术与生活的相互转化也使得审美泛化构成当下的艺术现实与日常生活审美图景,审美泛化"包含双重运动的过程:一方面是'日常生活审美化',另一方面则是'审美日常生活化'"①。艺术与生活以及人与技术和艺术的关系,从未像今天这样紧密。

第三节　审美化的身体及其超越

纵观艺术发展的脉络,艺术终结的提出是伴随整个西方社会的发展演变而出现的。黑格尔、阿多诺、丹托等人成为艺术终结论题的阐发者,而鲍德里亚在承袭前人理论思想的基础上,对艺术终结这一话题也产生了独到看法。从工业革命所带来的机械复制到信息革命带来的信息爆炸过程中,人类的生存经验与审美体验都发生了极大的改变。艺术终结意味着艺术的两难困境,也体现了一种断裂与危机意识,这不仅是艺术的危机,也是现代性的危机。不过,身体的美学意义也正是在现代思想中被发现的,从身体的视角来审视技术、艺术和美学的历史,会发现传统美学一方面对身体的意义重视还不够,另一方面也蕴含着通过身体进行思考的可能性。

一、审美化的身体与审美感性

人类与技术和艺术的关系,并非主体与客体之间的关系,而是人与他者、人与世界

---

① 刘悦笛:《生活美学与艺术经验——审美即生活,艺术即经验》,南京:南京出版社,2007年,第84页。

之间的关系,因此,描述这种关系的尝试往往建立在"他者"的话语基础上。人类并不是仅仅对客观的、工具化的世界进行控制,相反,他们往往是自主地参与到世界之中,与世界打交道,与他者进行互动和合作。在这些论述中,人与物、主体与客体之间的界限也并非是无法逾越的,而是有一种相互开放、相互制约的关系。技术成为打破或瓦解主体与客体、自我与他人、人与世界之间的界限的东西。某种程度上,"现代性以对身体进行介入为特征,并且通过生物的、机械的或者行为的手段,使得身体成为现代性的一部分"。①现代技术遭遇的风险,某种程度上与传统哲学遭遇的现代性困境如出一辙。"面对现代技术的极度张扬,现代性反思在不同程度上要求恢复身体经验的地位。"②种种迹象表明,我们似乎没有原因怀疑,身体是走出传统技术哲学和美学困境的有效路径。有学者说,审美化的身体是游戏、工具和智慧三种话语的游戏之所,因此,"身体美学必须思考什么是我们这个时代的欲望、工具和智慧以及它们所构成的关系"。③

审美化的身体离不开对伦理学和美学关系的探讨。美学具有基本的伦理意义,我们可以从性别分析和生态美学领域中看到相关研究的努力。在此基础上,伦理与美学之间的联系应该得到澄清:人类在世界上存在是由伦理和美学因素共同形成的。从每个人的生命因其特殊性而被束缚在一个不可交换的地方开始,我们就要不断追问,这些地方的民族精神如何意味着一种主要的能力,即通过想象力和审美潜力,在传统、规范和规则中反思民族精神的根源。我们经常会发现,伦理尺度的建立往往是以美学范畴为媒介的,而世俗场所的每一种美学形态也都是由伦理原则所证实的。"现象学美学可以分析不同时空体验模式的起源、内在与外在的关系以及自我、他者和生活世界的关系——这是跨文化美学的一个主旋律。到目前为止,这类主题主要集中在伦理或美学上。"④

---

① Armstrong, T. *Modernism*, *Technology*, *and the Body*: *A Cultural Study*, Cambridge: Cambridge University Press, 1998, p.6.
② 杨大春:《身体的隐秘——20 世纪法国哲学论丛》,北京:人民出版社,2013 年,第 262 页。
③ 彭富春:《身体与身体美学》,载《哲学研究》2004 年第 4 期,第 66 页。
④ Sepp, H.R. & L. Embree, (eds.) *Handbook of Phenomenological Aesthetics*, New York: Springer, 2010, Introduction, p.xxvii.

伦理学和美学的碰撞并不是新鲜事物,美学概念中关于身体的话语产生于18世纪,希腊哲学、笛卡尔哲学以及康德哲学对此都有过追踪。继而,身体伦理在当代消费文化和大众文化中再次活跃,被称为"日常生活的美学化"。伊格尔顿的《美学意识形态》将美学与伦理学之间的联系追溯到当代消费文化。他将日常生活的美学化看作是战后社会的主要特征。在真实的有效性逐渐衰退的过程中,当代社会的审美要素成了关键的统一力量。他认为,价值已经被审美化到这样的程度,以至于"道德被转化成一种风格"。①舒斯特曼将充满灵性的身体看作自我提升的场所,认为"身体美学中的'审美'具有双重功能:一是强调身体的知觉功能,二是强调其审美的各种运用,既用来使个体自我风格化,又用来欣赏其他自我和事物的审美特性"。②在消费主义时代,以身体为界面,对艺术和美学进行思考,不但提升了身体的审美趣味,也可以极大地丰富美学的类型,扩展美学关照的对象和范围:一方面要注重审美愉悦与伦理追求的一致性;另一方面也要尊重身体的个性化的体验与多元性,如此才能实现消费文化中审美取向与道德选择的统一。

美学与伦理学之间,美与道德之间的辩证法并非只局限于当代的消费文化。伊曼努尔·列维纳斯(Emmanuel Levinas)将涉身的伦理学概念化为责任伦理学(Ethics of Responsibility)。露西·伊利格瑞(Luce Irigaray)充分利用列维纳斯的成果,强调伦理的身体之情感的和感性的方面。但是,伊格尔顿认为,这种美学研究的形式并不是伴随启蒙思想开始的,必须追溯到古希腊时代,才能见证美与道德之间最早的相互作用。安东尼·辛诺特(Anthony Synnott)将美的起源追溯到苏格拉底,他在一个形而上的层面,将美等同为善。辛诺特总结道,在当代社会中,美和丑已经不只是象征着"肉体的对立",还象征着"道德的对立"。③大卫·哈维(David Harvey)认为,经济全球化趋势已经成为后现代文化现象的策源,这导致人们的时空体验的改变,空间甚至成为一种美学范畴,图像战胜叙述,审美迷恋代替了对科学和道德的关注。由此,哈维提出了"时

---

① Eagleton, T. *The Ideology of the Aesthetic*, Oxford: Blackwell, 1990, p.368.

② [美]理查德·舒斯特曼:《身体意识与身体美学》,程相占译,北京:商务印书馆,2011年,第11—12页。

③ Synnott, A. *The Body Social: Symbolism, Self and Society*, London: Routledge, 1993, p.95.

空压缩"概念,用来指空间和地方之间的复杂关系,空间是全球性的,而地方则是地域文化的堡垒,这个术语"正可恰如其分描述资本流动积累加速过程中,空间阻隔被层层打破,世界仿佛朝向我们崩塌下来的那种感受"。[①]

米歇尔·福柯(Michel Foucault)对伦理学和美学之间的后现代联姻进行了深入探讨。福柯的美学伦理学试图探索主体与自我之间的关系,切断了被认为存在于个人伦理和广泛的复杂的道德结构之间的界限。福柯认为,当今社会,艺术变得只与客体有关,而不是与个人或者生活有关。过于专业化的艺术远离了个人的生活,而实际上,每个人的生活是可以被打造成艺术品的。福柯强调,必须将个体自身建构成审美化的道德主体,个人有义务使她/他的生活方式成为美的东西。福柯通过美学伦理表达出一种超然的、公正的伦理态度。对福柯来说,伦理学作为一种存在的艺术,是人与自我之间的关系的呈现。它关注的问题更多是关于"什么才是对的",而不是"做什么才是对的"。伦理学可以被理解为"存在的艺术",这意味着伦理的身体可以在日常生活的涉身实践中被认同。

如鲍德里亚所言,技术从仿造到生产再到仿真,不断与艺术互联互通,满足甚至创造着人们的需求和欲望。尤其到了数字时代,所有的实在物都可以用技术、符号、图像来构建,所有的艺术品、体验空间也可以用技术、符号、图像构建,技术观念的发展和技术创新给艺术创作带来了新的空间,艺术在更广阔的虚拟世界获得更大的创造性。与此同时,数字时代的技术在沉浸式艺术领域的运用,让审美主体通过虚拟环境进行自我完善和建构,从而获得全面而深刻的身心沉浸与审美愉悦。人们在"超真实"中获得一种新感性,一种被技术塑造的、不断生成的审美需求与审美体验。技术与艺术的耦合使得审美主体和审美客体的参与和互动成为可能,并且,这"充分彰显了审美主体在沉浸式艺术中,身体'在场'或'不在场'的自由,身体感官与客体之间的参与和互动的自由、身心想象和体验的自由。更重要的是,身体被自由解放后,遵循自由选择、自由决定和个人审美偏向,能够形成生产性、消费性或审美性的艺术再生产的自由"。[②]

---

① 陆扬:《日常生活审美化批判》,上海:复旦大学出版社,2012 年,第 355 页。
② 江凌:《论 5G 时代数字技术场景中的沉浸式艺术》,载《山东大学学报(哲学社会科学版)》2019 年第 6 期,第 54 页。

追溯艺术史和美学研究发展的进程,我们发现,对审美感性的强调标志着现代艺术和审美观念的重要转向。随着近代主体哲学的发展和主体意识的日渐自觉,审美主体的地位举足轻重。经验主义和唯理主义大大提升了主体的地位,在美学领域,原先对美本身的关注也逐渐转移到主体的审美维度上。在经验主义美学之后,我们在康德以审美主体的"鉴赏"为中心的批判美学中,在费希特将康德的"主体性"推向极致的逻辑脉络中,都可以看到主体在西方现代美学中的崛起。主体间性是考量艺术作品意义的非常重要的方面。主体间性并非以约定俗成的社会关系为基础,而是在主体与他者的交往中完成的,具有历史性、语境性以及生成性等特征。另外,在启蒙现代性和审美现代性的对峙中,对审美感性的强调本身发挥着对抗过度理性的重要作用。也就是说,审美若要在现代社会中发挥其"救赎"的功能,那么感性因素就必不可少。在现代艺术创作和美学研究中,对主体和审美感性的强调最终凸显为对艺术和审美的超越性的重视。

在当今这个数字时代,新媒介需要一种基于审美感性的审美化身体,这种身体是具有情感性、创造性、开放性和反思性的。只要身体向自身的不确定性保持开放,它就可以对身体自身构成的"过剩"负责。在这方面,行动作为身体活动的一种积极形式,起着具体的触发情感的作用。汉森将其称为"情感性"(affectivity):"身体将亲自体验'超越自身'的能力,从而将其感知觉运动能力用于创造不可预测的、实验性的、新的事物。"①这种积极的情感本身包含着一种体验自己的身体强度以及不确定性的身体边界的能力,这种身体的力量不会被习惯驱动,也不会被支配知觉的逻辑所消解。建立在这种身体基础上的思维方式是关系性、生成性、主体间性的,因而,在此基础上展开的相关行动才是负责的,并且因而有了自我调整、自我完善的可能。

二、技术的解蔽与艺术的超越之维

现代技术的发展一方面促进了艺术的大众化、生活化;另一方面也使传统的审美

---

① Hansen, M.B.N. *New Philosophy for New Media*, Cambridge: The MIT Press, 2004, p.6.

距离逐渐消失。现代技术的发展极大地改变了人的生存方式、生产方式、生活方式、思维方式、交往方式以及人与世界的关系。我们从艺术的发展史也可见一斑。早在1936年,本雅明就指出,艺术作品的机械复制时代不仅改变了传统的艺术观念,而且还形成了一种由大众参与的、在感受方式和社会影响力等方面有别于传统艺术的全新文化类型,即大众文化。作为回应,法兰克福学派的"文化产业"论批判了这种盲从的文化,从另一个视角来审视和评价技术时代中大众文化的兴起。现代艺术发展的一个非常重要的特点,就是形成很多与科技相结合的方向,比如波普艺术、包豪斯建筑、新媒介艺术、虚拟现实艺术,等等。随着技术的发展,艺术已逐渐走入普通人的生活中,原有的"优美""崇高"为主的美学观念遭到冲击。尤其随着高科技日渐成为艺术的一种构成物或媒介,不仅艺术的"灵韵"在消失,而且审美距离也正在慢慢消失。这一点在虚拟艺术中表现得尤为明显。在虚拟艺术审美活动中,大众化、零距离的沉浸美感所带来的身临其境的愉悦感,已经取代了审美的距离感和审美的超越性,传统的艺术静观、沉思的审美方式以及批判、反思的维度也随之消失,这是事实的一个不可忽视的方面。

从另一个方面来看,我们同样不能忽视虚拟艺术的消费性和商品性特征。虚拟艺术有着普及性、展示性和消费性特征,这与其大众化趋势相一致。居伊·德波(Guy Debord)在《景观社会》中指出,在现代生产条件占统治地位的社会中,整个社会生活显示为一种巨大的景观堆积。这种"景观"是一种物化的世界观。"景观不是影像的聚积,而是以影像为中介的人们之间的社会关系。"①景观已经成为当今社会的主要生产,在我们日常的生活领域中,景观成为一种主导性的模式。德波借助"景观"这个词表述资本主义消费社会的特点:它成为由可观看性构建起来的幻象,而社会的本真性却被遮蔽。现代社会中我们每时每刻都在面对景观,景观已经成为现实社会不可分离的一部分。但是景观是人们对真实的模拟,并不等同于真实,人在现实与虚拟混合的景观中迷失。在景观社会,不管是从审美距离的消失,还是从艺术消费的商品特征来看,审

---

① [法]居伊·德波:《景观社会》,王昭风译,南京:南京大学出版社,2006年,第3页。

美主体的本真性和超越性都濒临消失。

然而,事实果真只是如此吗? 或者说,事实是否仅仅如此? 在新技术缩短了审美距离的同时,媒介技术也在不断帮助人们探索艺术的边界,催生一种新的审美方式和体验。"换言之,审美距离不再是一个关键性的问题,我们应当把目光转向更为重要的艺术媒介问题。这种互动已随着科技的迅猛发展与革新而成为一种极具普遍性的事件、现象或潮流。"①在虚拟艺术中,技术媒介依靠自身与审美主体的作用,突破了技术本身的局限性,促成了全新的审美机制。而审美主体与技术媒介所形成的一种交互体验,正构成了对一个理性的、机械的、逻辑运算为主导的世界的反抗。

芒福德曾在 1952 年出版的《艺术与技术》中指出:"我相信艺术和技术之间的关系为每一种其他类型的活动提供了一个重要的线索,甚至可能提供一种对融合之道的理解。我们这个时代的最大问题是要恢复现代人的平衡和全面发展:给予他指挥他所创造的机器的能力,而不是成为机器无助的帮凶和被动的受害者;把尊重人格的基本属性、创造力和自主权带回我们文化的核心,这是西方人在致力于改进机器而放弃自己的生活时所失落的东西。"②芒福德指出,艺术作为意义的象征和形式,以及最有自主性和创造性的领域,如今成为现代生活中的一块废墟。现代人不仅对自己失去了信心,也使自己的日常生活变得微不足道,更多生活在一个非历史和非个人的世界里,而这并不是人类的目的。如果我们要为我们的文明找到一个不同的归宿,我们生活的每一部分都必须要被重新审视。正是在那些看起来最富裕、最安全、最有效率的领域,现代人丢失了对自己的有机平衡和可持续发展至关重要的因素——人的自由和解放。我们的知识和力量,我们的科学发现和技术成就都在疯狂地奔跑,背弃了自己生命的核心。因此,我们有责任以人的目标、模式、尺度和节奏去改变技术的活动和过程,再次向艺术注入活力和能力,在最广泛的范围内恢复人类生活的秩序、价值和目标。

海德格尔认为,技术并不等同于技术的本质,技术的合理发展也离不开艺术的沉思。技术并非从一开始就具备危险性,古代技术与现代技术虽然都具备"解蔽"的性

---

① 詹悦兰:《虚拟幻觉:一种新沉浸感的生成》,载《文化研究》(第 37 辑)(2019 年·夏)。

② Mumford, L. *Art and Technics*, New York: Columbia University Press, 1952, p.11.

质,但是两者却一为和谐的解蔽,一为"普遍强制"。在图像时代来临之前,古代技术是历史前进的车轮,是人类进步的福音。而我们在享受技术带来的便利时,也丧失了自身存在的根基,浑浑噩噩地陷入技术的裹挟之中。现代社会中人类对世界和自然环境的"对象化""客观化"抹去了事物本来的"存在"意义,仅仅注重技术和物理刺激的所谓"沉浸式"艺术也忽略了艺术的内核与本质,从而沦落为简单的感官享受。"人体验艺术的方式,被认为是能说明艺术的本质的。无论是对艺术享受还是对艺术创作来说,体验都是决定性的源泉。一切皆体验,但也许体验却是艺术终结于其中的因素。这种终结发生得如此缓慢,以至于它需要经历数个世纪之久。"①

　　海德格尔的见解是如此富有洞见和穿透力,至今,在当代技术和艺术中,"体验"都依然是技术和艺术发展的突破点。近年来全球遍地开花的与"沉浸式体验"相关的艺术现象,是当代社会资本与技术对艺术创作的丰富与入侵。海德格尔在对现代技术带来的"促逼"进行批判之际,慨叹人类对于精神家园的背离,并对技术的本质做出了深刻的反思和质疑。面对技术的座架这一天命,我们既不能盲目地发展技术,也不能无望地抵制技术,"相反,当我们一旦将自己直接敞开到技术的本质之中,我们便会不期然地发现,自己已被接纳到自由的要求中去了"。②在面对当代社会的环境问题、政治冲突、经济危机与文化差异时,最好的方法就是以"艺术之思"的力量来介入到技术的本质之中,此在必须唤醒人作为主体的独立自主性,为存在提供一个可能的空间,以便把人重新纳入一种原初的关联之中。唯有在沉思中,人才能意识到自己所处的境遇是多么危险,明白了危险与救渡的辩证关系,在运用技术的时候就会更多地考虑:如何以一种更为和谐的方式来处理人与自然的关系。艺术乃是沉思最为切近的源头之一。海德格尔在《艺术作品的本源》中说过:"艺术作品的本源,同时也就是创作者和保藏者的本源,也就是一个民族的历史性此在的本源,乃是艺术。之所以如此,是因为艺术在其本质中就是一个本源:是真理进入存在的突出方式,亦即真理历史性地生成的突出

---

① [德]海德格尔:《海德格尔选集》(上),孙周兴选编,上海:上海三联书店,1996年,第300页。
② 俞宣孟:《现代西方的超越思考——海德格尔哲学》,上海:上海人民出版社,1989年,第393页。

方式。"①

对于海德格尔来说,艺术不仅仅是审美的对象,还是通达真理的手段。因为技术的本质并不是技术性的,所以与它的对话必须是在一个既与技术的本质密切相关,而同时又有本质区别的领域进行,这个领域就是艺术。技术与艺术都是人类认知世界、与世界发生关联的不同方式,技术征服世界,使之不再神秘,而艺术的非实用性、非功利性的功能和本质则还原了世界的神圣与未知,让我们对其保持敬畏。"艺术既受现存的规则制约,又超越着现存的规则。"②艺术对于人类社会最大的贡献就是不断地提出问题,引发思考。当代艺术的魅力也正在于通过它的实验性、开放性与不确定性,无穷无尽地重塑着我们看待现实与未来的视角。"真正艺术创造的时刻,事实上,是可以用来理解事件和存在、真理和主体之间的一般关系的模式。"③尽管这种关系可能不是艺术专有的,但是,艺术却是最有效的模式,某种程度上,艺术就是真理的传播者。当代的"沉浸式"艺术作为艺术与技术的高度结合,理应担当起对世界进行新的理解,创造人与世界、人与自然的新的联系,并达成新的对话方式的重任。

如今,人类与自然、技术、机器、信息、数据等的交互程度和深度前所未有,在人与技术媒介的融合中,人也在不断丰富自身的审美体验,构建更为全面发展的人的条件,并建立更加自由和谐的人与他者、人与世界之间的关系。在德国古典哲学家那里,自由从来不是随心所欲,想做什么就做什么,而是人按照自己的理性去行动和生活。但是这种理性也是离不开感性和想象力的平衡的,真正的自由必须建立在人性完善的基础上。德国美学家弗里德里希·席勒(Friedrich Schiller)曾将"自由的心境"称为审美状态,这种状态是感性和理性、审美和道德的统一体,具有实在性与无限的可能性。人要实现自由,必须经过审美阶段,从现实的世界走向审美的世界。在审美状态中,世界与人获得了更加本质、也更具有可能性的关联。尤其数字时代的沉浸式艺术可以让受众从艺术作品的被动的接受者,转化为艺术创作的主动生产者,并在一种参与和交互

① [德]海德格尔:《海德格尔选集》(上),孙周兴选编,上海:上海三联书店,1996年,第298—299页。

② [美]赫伯特·马尔库塞:《审美之维》,李小兵译,桂林:广西师范大学出版社,2001年,第198页。

③ [澳]A.J.巴特雷、尤斯丁·克莱门斯:《巴迪欧:关键概念》,蓝江译,重庆:重庆大学出版社,2016年,第115页。

的体验中,升华人与艺术作品、人与群体之间的关系。从这个意义上说,媒介技术也为人与世界的对话建立了关联。我们需要艺术的超越之维对技术的异化进行反思,也需要技术开发出更加开放的丰富的可能性。因此,我们也要看到技术发展的积极的建构力量,通过身体主体这一视域,推动技术和艺术的创新性发展。

技术和艺术就像一枚硬币的两面,它们都是人类意志和行动的产物。技术与艺术协调发展的过程,也是构建人与技术的自由关系、对科技文化与人文文化进行融合统一的过程。透过技术和艺术的交互,我们需要进一步思考的问题显现出来,那就是:今天的人类和世界是怎样的状况? 人类的未来处境如何? 技术和艺术可以为人类提供什么? 在大力发展数字技术的同时,我们也要进行理性的思考与实践,对技术的过度应用保持一份警醒和谨慎,这不是否定技术的价值,而是更好地利用技术,不是将技术、符号、图像带来的快感当成艺术发展的目标,而是要用发展的眼光看待技术带来的审美体验的转向与艺术创造的可能性,并不断用艺术的超越性对真理进行解蔽。面对新科技发展所带来的事实与价值、工具理性与价值理性的矛盾,我们更要发挥人类自身的主动性,改变惯常的思维和行为方式,在积极的、富有创造性和想象性的实践中开展生活实践,推进科学与人文的融合统一,实现人与技术的自由关系。

参 考 文 献

英文著作

1. Ahmed, S.U. & C. Camerano, *Information Technology and Art: Concepts and State of Practice*, London: Springer, 2009.

2. Aho, K.A. *Heidegger's Neglect of the Body*, Albany: State University of New York Press, 2009.

3. Alexander, T.M. *John Dewey's Theory of Art, Experience and Nature: The Horizons of Feeling*, Albany: State University of New York Press, 1987.

4. Alexenberg, M. *The Future of Art in a Postdigital Age: From Hellenistic to Hebraic Consciousness*, Chicago: Intellect Books, 2009.

5. Angier, T. *Techné in Aristotle's Ethics: Crafting the Moral Life*, New York: Continuum International Publishing Group, 2010.

6. Armstrong, T. *Modernism, Technology, and the Body: A Cultural Study*, Cambridge: Cambridge University Press, 1998.

7. Bell, D., Loader, J., Pleace, B.N. & D. Schuler(ed.) *Cyberculture: The Key Concepts*, London: Routledge, 2004.

8. Belting, H. *An Anthropology of Images: Picture, Medium, Body*, New Jersey: Princeton University Press, 2011.

9. Benjamin, W. *Illuminations*, New York: Harcourt, 1968.

10. Bergson, H. *Matter and Memory*, trans. by Paul, N.M. & W.S. Palmer, New

York: Zone Books, 1988.

11. Bhatt, R. (ed.) *Rethinking Aesthetics: The Role of Body in Design*, London: Routledge, 2013.

12. Blackman, L. *The Body: The Key Concepts*, New York: Berg. 2008.

13. Brooks, A.L.(ed.) *Arts and Technology: Second International Conference*, ArtsIT 2011, Esbjerg, Denmark, December 10—11, 2011, Revised Selected Papers.

14. Candy, L&E. Edmonds, *Explorations in Art and Technology*, London: Springer-Verlag, 2002.

15. Candy, L&S. Ferguson, *Interactive Experience in the Digital Age*, London: Springer International Publishing, 2014.

16. Carbo, M. *The Flesh of Imagae: Mealeau-Ponty between Painting and Cinema*, trans. by Nijhuis, M., Albony: State University of New York Press, 2015.

17. Carroll, N. *Beyond Aesthetics: Philosophical Essays*, Cambridge: Cambridge University Press, 2001.

18. Casey, E.S. *Earth-Mapping: Artists Reshaping Landscape*, Minneapolis: University of Minnesota Press, 2005.

19. Cazeaux, C. (ed.). *The Continental Aesthetics Reader*, London and New York: Routledge, 2011.

20. Cheok, A.D. *Art and Technology of Entertainment Computing and Communication*, London: Springer-Verlag London Limited, 2010.

21. Deleuze, G. *Cinema 1: The Movement-Image*, trans. by H. Tomlinson & B. Habberjam, Minneapolis: University of Minnesota Press, 1986.

22. Deleuze, G. *The Logic of Sense*, trans by Lester, M. & C. Stivale, New York: Columbia University Press, 1990.

23. Dewey, J. *Art as Experience*, New York: Perigee Books, 1980.

24. Dewey, J. *Experience and Nature*, London, UK: George Allen & Unwin, 1929.

25. Dufrenne, M. *The Phenomenology of Aesthetic Experience*, trans. by Casey, E, S., Evanston: Northwestern University Press,1973.

26. Eagleton, T. *The Ideology of the Aesthetic*, Oxford: Blackwell, 1990.

27. Edwards, J., Harvey, P. & P. Wade, *Technologized Images, Technologized Bodies*, New York: Berghahn Books, 2010.

28. Elo, M. & M. Luoto(eds.) *Senses of Embodiment*: *Art*, *Technics*, *Media*, New York: Peter Lang, 2014.

29. Figal, G. *Aesthetics as Phenomenology*: *The Appearance of Things*, trans. by Veith, J., Bloomington & Indianapolis: Indiana University Press, 2010.

30. Forsey, J. *The Aesthetics of Design*, Oxford: Oxford University Press, 2013.

31. Foucault, M. "Body/Power", in C. Gordon (ed.), *Michel Foucault*: *Power/Knowledge*, Brighton: Harvester, 1980.

32. Foucault, M. *Ethics*: *Subjectivity and Truth*, London: Allen Lane, 1997.

33. Gere, C. *Art*, *Time and Technology*, Oxford: Berg Publishers, 2006.

34. Gibbons, J. *Contemporary Art and Memory*: *Images of Recollection and Remembrance*, New York: I.B. Tauris & Co Ltd, 2007, p.126.

35. Hancock, P. *The Body*, *Culture*, *and Society*: *An Introduction*, Philadelphia: Open University, 2000.

36. Hanna, T. *The Body of Life*: *Creating New Pathways for Sensory Awareness and Fluid Movement*, Vermont: Healing Arts Press, 1979.

37. Hansen, M.B.N. *New Philosophy for New Media*, Cambridge: The MIT Press, 2004.

38. Heskett, J. *Toothpicks and Logos*: *Design in Everyday Life*, Oxford: Oxford University Press, 2002.

39. Ihde, D. *Bodies in Technology*. *Minneapolis*: University of Minnesota Press, 2002.

40. Ihde, D. *Technology and the Lifeworld*: *From Garden to Earth*, Bloomington: Indiana University Press, 1990.

41. Ingarden, R. *The Cognition of the Literary Work of Art*, trans. by Crowley, R. A. & K.R. Olson. Evanston: Northwestern University Press, 1973.

42. Johnson, G.A. (ed.), *The Merleau-Ponty Aesthetics Reader*, Evanston: Northwestern University Press, 1993.

43. Kandel, E.R. *Reductionism in Art and Brain Science*, New York: Columbia University Press, 2016.

44. Kroes, P. & A. Meijers, *The Empirical Turn in the Philosophy of Technology*, Amsterdam: JAI Press Inc., 2001.

45. Kwastek, K. *Aesthetics of Interaction in Digital Art*, The MIT Press, 2013.

46. Langdon, M. *The Work of Art in a Digital Age: Art, Technology and Globalisation*, New York: Springer, 2014.

47. Latour, B. *Reassembling the Social: An Introduction to Actor-Network-Theory*, Oxford: Oxford University Press, 2007.

48. Light, A. & J.M. Smith(ed.), *The Aesthetics of Everyday Life*, New York: Columbia University Press, 2005.

49. Macann, E.C. *Four Phenomenological Philosophers: Husserl, Heidegger, Sartre, Merleau-ponty*, New York: Routledge, 1993.

50. Merleau-Ponty, M. *Phenomenology of Perception*, trans. by Smith, C. London: Routledge, 1962.

51. Merleau-Ponty, M. *The Visible and the Invisible*, trans. by Lingi, A., Evanston: North-western University Press, 1968.

52. Michelis, G.D. & F. Tisato(eds). *Arts and Technology:Third International Conference, ArtsIT 2013*, London: Institute for Computer Science, Social Information and Telecommunications Engineering, 2013.

53. Mitcham. C. *Thinking Through Technology: The Path Between Engineering and Philosophy*, Chicago: University of Chicago Press, 1994.

54. Mumford, L. *Art and Technics*, New York: Columbia University Press, 1952.

55. Munt, S.(ed.) *Technospace*. London: Continuum, 2001.

56. Murray, J.H. *Hamlet on the Holodeck: The Future of Narrative in Cyberspace*, New York: Free Press, 1997.

57. Nietzsche, F., *Basic Writings of Nietzsche*, trans. by Walter, K. New York: Random House, 1968.

58. Pillow, K. *Sublime Understanding: Aesthetic Reflection in Kant and Hegel*, Cambridge: The MIT Press, 2000.

59. Rutsky, R.L. *High Techné: Art and Technology from the Machine Aesthetic to the Posthuman*, Minneapolis: University of Minnesota Press, 1999.

60. Ryan, M., Emerson, L. & B.J. Robertson(ed.). *The Johns Hopkins Guide to Digital Medias*, Baltimore: Johns Hopkins University Press, 2014.

61. Ryan, M. *Narrative as Virtual Reality: Immersion and Interactivity in Litera-*

ture and Electronic Media, Baltimore: Johns Hopkins University Press, 2001.

62. Saito, Y. *Everyday Aesthetics*, Oxford: Oxford University Press, 2007.

63. Sepp, H.R. & L. Embree(ed.) *Handbook of Phenomenological Aesthetics*, New York: Springer, 2010.

64. Shusterman, R. *Body Consciousness: A Philosophy of Mindfulness and Somaesthetics*, Cambridge: Cambridge University Press, 2008.

65. Shusterman, R. *Surface and Depth: Dialectics of Criticism and Culture.* Ithaca: Cornell University Press, 2002.

66. Turner, B. *The Body and Society*, London: Sage, 1996.

67. Verbeek, P.P. *What Things Do: Philosophical Reflections on Technology*, *Agency and Design*, Pennsylvania: Pennsylvania State University Press, 2005.

68. Verbeek, P.P. *Moralizing Technology: Understanding and Designing the Morality of Things*, Chicago: The University of Chicago Press, 2011.

69. Waskul, D. & P. Vannini(ed.) *Body/Embodiment: Symbolic Interaction and the Sociology of the Body*, Burlington: Ashgate Publishing Company, 2006.

70. Wiesing, L. *The Philosophy of Perception: Phenomenology and Image Theory*, trans. by Roth, N.A., New York: Bloomsbury, 2014.

71. William, S.J. & G.A. Bendelow, *The Lived body: Sociological Themes*, *Embodied Issues*, London: Routledge, 1998.

72. Wilson, S. *Information Arts: Intersections of Art*, *Science and Technology*, Cambridge: The MIT Press, 2003.

73. Synnott, A. *The Body Social: Symbolism*, *Self and Society*, London: Routledge, 1993.

74. Zahavi, D. *Husserl's Phenomenology.* California: Stanford University Press, 2003.

75. Zepke, S. & S. O'sullivan. *Deleuze and Contemporary Art*, Edinburgh: Edinburgh University Press, 2010.

76. Zimmerman, M.E. *Heidegger's Confrontation with Modernity: Technology*, *Politics*, *and Art*, Bloomington: Indiana University Press, 2002.

英文期刊

77. Azuma, R. "A survey of augmented reality", *Presence Teleoperators and Virtual*

Environments 6(4), 1997.

78. Beardsley. M.C. "In Defense of Aesthetic Value", *Proceedings and addresses of The American Philosophical Association*, 1979, Vol.52, No.6.

79. Belting, H. "Image, Medium, Body: A New Approach to Iconology", *Critical Inquiry*, 2005, Vol.31, No.2.

80. Dickie, G. "Beardsley's Phantom Aesthetic Experience", *The Journal of Philosophy*, 1965, Vol.62, No.5.

81. Feenberg, A. "Active and Passive Bodies: Comments on Don Ihde's Bodies in Technology", *Techné: Research in Philosophy and Technology*, 2003, Vol.7, No.2.

82. Guglielmo, S. & M.F. Bertram, "Can Unintended Side Effects be Intentional? Resolving a Controversy Over Intentionality and Morality", *Personality and Social Psychology Bulletin*, 2010, Vol.36, No.12.

83. Ihde, D. "Postphenomenological Re-embodiment", *Foundations of Sciences*, 2012, Vol.17, No.4.

84. Kennick, W. E. Does Traditional Aesthetics Rest on a Mistake? *Mind*, 1958, Vol.67.

85. Koukal, D.R., "Book Review: Bodies in Technology", *Technology and Culture*, 2002, Vol.43, No.4.

86. Koukal, D.R. "Here I Stand: Mediated Bodies in Dissent", *Media Tropes Journal*, 2010, Vol.2, No.2.

87. Moore, G.E. "Wittgenstein's Lectures in 1930—1933", *Mind*, 1954, Vol.63.

88. Scruton, R. "In Search of the Aesthetic", *British Journal of Aesthetics*, 2007, Vol.47, No.3.

89. Shusterman, R. "Introduction: Analytic Aesthetics: Retrospect and Prospect", *The Journal of Aesthetics and Art Criticism*, 1987, Vol.46, Special Issue.

90. Shusterman, R. "The End of Aesthetic Experience", *The Journal of Aesthetic and Art Criticism*. 1997, Vol.55. No.1.

91. Sibley, F. "Aesthetic Concepts", *Philosophical Review*, 1959, Vol.68, No.4.

92. Weitz, M. "The Role of Theory in Aesthetics", *The Journal of Aesthetics and Art Criticism*, 1956, Vol.15, No.1.

93. Zangwill, N. Z. "Are There Counterexamples to Aesthetic Theories of Art?", *Journal of Aesthetics and Art Criticism*, 2002, Vol.60, No.2.

中文译著:

94.《马克思恩格斯文集》(第1卷),北京:人民出版社2009年版。

95.《马克思恩格斯文集》(第8卷),北京:人民出版社2009年版。

96.《马克思恩格斯选集》(第1卷),北京:人民出版社1995年版。

97.《马克思恩格斯选集》(第2卷),北京:人民出版社1995年版。

98.《马克思恩格斯选集》(第3卷),北京:人民出版社1995年版。

99.《资本论》第1卷,中央编译局译,北京:人民出版社2004年版。

100. [奥]奥利弗·格劳:《虚拟艺术》,陈玲主译,北京:清华大学出版社2007年版。

101. [奥]维特根斯坦:《逻辑哲学论》,韩林合译,北京:商务印书馆2013年版。

102. [澳]A.J.巴特雷、尤斯丁·克莱门斯:《巴迪欧:关键概念》,蓝江译,重庆:重庆大学出版社2016年版。

103. [比]伊利亚·普利高津:《确定性的终结——时间、混沌与新自然法则》,湛敏译,上海:上海科技教育出版社1998年版。

104. [波兰]罗曼·英加登:《论文学作品——介于本体论、语言论和文学哲学之间的研究》,张振辉译,开封:河南大学出版社2008年版。

105. [德]F.拉普:《技术哲学导论》,刘武等译,沈阳:辽宁科学技术出版社1986年版。

106. [德]埃德蒙德·胡塞尔:《现象学的观念》,倪梁康译,上海:上海译文出版社1986年版。

107. [德]恩斯特·卡西尔:《人论》,甘阳译,北京:西苑出版社2003年版。

108. [德]弗里德里希·尼采:《权利意志》,张东念、凌素心译,北京:中央编译出版社2000年版。

109. [德]弗里德里希·尼采:《苏鲁支语录》,徐梵澄译,北京:商务印书馆1997年版。

110. [德]海德格尔:《海德格尔选集》(上),孙周兴选编,上海:上海三联书店1996年版。

111. [德]海德格尔:《海德格尔选集》(下),孙周兴选编,上海:上海三联书店1996年版。

112. [德]海德格尔:《林中路》,孙周兴译,上海:上海译文出版社2008年版。

113. [德]海德格尔:《时间观念史导论》,欧东明译,北京:商务印书馆2009年版。

114. [德]海德格尔:《演讲与论文集》,孙周兴译,北京:三联书店 2005 年版。

115. [德]海德格尔:《路标》,孙周兴译,北京:商务印书馆 2004 年版。

116. [德]汉斯·约纳斯:《技术、医学与伦理学——责任伦理的实践》,张荣译,上海:上海译文出版社 2008 年版。

117. [德]黑格尔:《美学》(第 1 卷),朱光潜译,北京:商务印书馆 2015 年版。

118. [德]黑格尔:《美学》(第 2 卷),朱光潜译,北京:商务印书馆 2015 年版。

119. [德]胡塞尔:《纯粹现象学通论:纯粹现象学和现象学哲学的观念》(第 1 卷),李幼蒸译,北京:商务印书馆 1997 年版。

120. [德]卡尔·雅斯贝尔斯:《历史的起源与目标》,魏楚雄、俞新天译,北京:华夏出版社 1989 年版。

121. [德]康德:《判断力批判》上卷,宗白华译,北京:商务印书馆 1963 年版。

122. [德]马克斯·霍克海默、西奥多·阿多诺:《启蒙辩证法——哲学断片》,渠敬东、曹卫东译,上海:上海人民出版社 2006 年版。

123. [德]莫里茨·盖格尔:《艺术的意味》,艾彦译,北京:华夏出版社 1998 年版。

124. [德]瓦尔特·本雅明:《机械复制时代的艺术》,李伟、郭东译,重庆:重庆出版社 2005 年版。

125. [德]瓦尔特·本雅明:《机械复制时代的艺术作品》,王才勇译,北京:中国城市出版社 2002 年版。

126. [德]瓦尔特·本雅明:《经验与贫乏》,王炳钧、杨劲译,天津:百花文艺出版社 1999 年版。

127. [德]瓦尔特·本雅明:《迎向灵光消逝的年代:本雅明论艺术》,许绮玲、林志明译,桂林:广西师范大学出版社 2004 年版。

128. [德]瓦尔特·比梅尔:《当代艺术的哲学分析》,孙周兴、李媛译,北京:商务印书馆 2012 年版。

129. [法]埃德加·莫兰:《复杂思想:自觉的科学》,陈一壮译,北京:北京大学出版社 2001 年版。

130. [法]保罗·维利里奥:《视觉机器》,张新木、魏舒译,南京:南京大学出版社 2014 年版。

131. [法]丹纳:《艺术哲学》,傅雷译,天津:天津社会科学院出版社 2004 年版。

132. [法]笛卡尔:《第一哲学沉思集》,庞景仁译,北京:商务印书馆 2009 年版。

133. [法]杜夫海纳:《审美经验现象学》,韩树站译,北京:文化艺术出版社 1996 年版。

134. [法]居伊·德波:《景观社会》,王昭风译,南京:南京大学出版社2006年版。

135. [法]居伊·德波:《景观社会评论》,梁虹译,桂林:广西师范大学出版社2007年版。

136. [法]马克·吉梅内斯:《当代艺术之争》,王名南译,北京:北京大学出版社2015年版。

137. [法]米歇尔·福柯:《性经验史》,佘碧平译,上海:上海人民出版社2005年版。

138. [法]莫里斯·梅洛-庞蒂:《眼与心》,杨大春译,北京:商务印书馆2007年版。

139. [法]莫里斯·梅洛-庞蒂:《知觉现象学》,姜志辉译,北京:商务印书馆2012年版。

140. [法]尼古拉斯·伯瑞奥德:《关系美学》,黄建宏译,北京:金城出版社2013年版。

141. [法]乔治·维加埃罗:《身体的历史:从文艺复兴到启蒙运动》(卷一),张竝、赵济鸿译,上海:华东师范大学出版社2013年版。

142. [法]让·鲍德里亚:《为何一切尚未消失》,张晓明译,南京:南京大学出版社2017年版。

143. [法]让·鲍德里亚:《消费社会》,刘成富、全志钢译,南京:南京大学出版社2014年版。

144. [法]让·波德里亚:《符号政治经济学批判》,夏莹译,南京:南京大学出版社2009年版。

145. [法]让·波德里亚:《象征交换与死亡》,车槿山译,南京:译林出版社2009年版。

146. [法]让·波德里亚:《艺术的共谋》,张新木、杨全强、戴阿宝译,南京:南京大学出版社2015年版。

147. [法]尚·布希亚:《物体系》,林志明译,上海:上海人民出版社2001年版。

148. [法]雅克·朗西埃:《美感论:艺术审美体制的世纪场景》,赵子龙译,北京:商务印书馆2020年版。

149. [法]雅克·朗西埃:《美学中的不满》,蓝江、李三达译,南京:南京大学出版社2019年版。

150. [荷]彼得·保罗·维贝克:《将技术道德化:理解与设计物的道德》,闫宏秀、杨庆峰译,上海:上海交通大学出版社2016年版。

151. [荷]约斯·德·穆尔:《赛博空间的奥德赛——走向虚拟本体论与人类学》,麦永雄译,桂林:广西师范大学出版社2007年版。

152. [加]埃里克·麦克卢汉、弗兰克·秦格龙编:《麦克卢汉精粹》,何道宽译,南京:南京大学出版社2000年版。

153. [加]罗伯特·洛根:《理解新媒介——延伸麦克卢汉》,何道宽译,上海:复旦大学出版社 2012 年版。

154. [加]马歇尔·麦克卢汉:《理解媒介——论人的延伸》,何道宽译,北京:商务印书馆 2000 年版。

155. [美]M.李普曼:《当代美学》,邓鹏译,北京:光明日报出版社 1986 年版。

156. [美]阿兰·库柏:《交互设计之路——让高科技产品回归人性》,丁全钢译,北京:电子工业出版社 2006 年版。

157. [美]阿诺德·贝林特:《艺术与介入》,李媛媛译,北京:商务印书馆 2013 年版。

158. [美]阿瑟·丹托:《艺术的终结之后——当代艺术与历史的界限》,王春辰译,南京:江苏人民出版社 2007 年版。

159. [美]阿瑟·丹托:《艺术的终结》,欧阳英译,南京:江苏人民出版社 2005 年版。

160. [美]艾美利亚·琼斯:《自我与图像》,刘凡、谷光曙译,南京:江苏美术出版社 2013 年版。

161. [美]彼得·布鲁克斯:《身体活:现代叙述中的欲望对象》,朱生坚译,上海:新星出版社 2005 年版。

162. [美]布莱恩·阿瑟:《技术的本质》,曹东溟、王健译,杭州:浙江人民出版社 2014 年版。

163. [美]道格拉斯·凯尔纳、斯蒂文·贝斯特:《后现代理论:批判性的质疑》,张志斌译,北京:中央编译出版 2006 年版。

164. [美]道格拉斯·凯尔纳编:《批判性读本》,陈维振译,南京:江苏人民出版社 2005 年版。

165. [美]德雷福斯:《论因特网》,喻向午、陈硕译,郑州:河南大学出版社 2016 年版。

166. [美]杜威:《艺术即经验》,高建平译,北京:商务印书馆 2005 年版。

167. [美]费恩伯格:《艺术史:1940 年至今天》,陈颖,姚岚,郑念缇译,上海:上海社会科学院出版社 2015 年版。

168. [美]赫伯特·马尔库塞:《单向度的人》,刘继译,上海:上海译文出版社 1989 年版。

169. [美]赫伯特·马尔库塞:《审美之维》,李小兵译,桂林:广西师范大学出版社 2001 年版。

170. [美]理查德·舒斯特曼:《身体意识与身体美学》,程相占译,北京:商务印书馆 2011 年版。

171. [美]理查德·舒斯特曼:《实用主义美学——生活之美,艺术之思》,彭锋译,北京:商务印书馆 2002 年版。

172. [美]拉里·威瑟姆:《毕加索和杜尚》,唐奇译,北京:中国人民大学出版社 2014 年版。

173. [美]列奥·施坦伯格:《另类准则:直面 20 世纪艺术》,沈语冰、刘凡、谷光曙译,南京:江苏美术出版社 2013 年版。

174. [美]迈克尔·海姆:《从界面到网络空间——虚拟实在的形而上学》,金吾伦、刘钢译,上海:上海科技教育出版社 2000 年版。

175. [美]迈耶·夏皮罗:《现代艺术:19 与 20 世纪》,沈语冰、何海译,南京:江苏凤凰美术出版社 2015 年版。

176. [美]米哈利·契克森米哈赖:《心流》,北京:中信出版集团 2017 年版。

177. [美]尼尔·波兹曼:《娱乐至死》,章艳译,桂林:广西师范大学出版社 2004 年版。

178. [美]乔纳森·克拉里:《观察者的技术》,蔡佩君译,上海:华东师范大学出版社 2017 年版。

179. [美]史蒂文·塞德曼:《后现代转向:社会理论的新视角》,陈明达、王峰译,沈阳:辽宁教育出版社 2001 年版。

180. [美]苏珊·朗格:《情感与形式》,刘大基、傅志强、周发祥译,北京:中国社会科学出版社 1986 年版。

181. [美]苏珊·朗格:《艺术问题》,滕守尧、朱疆源译,北京:中国社会科学出版社 1993 年版。

182. [美]唐·伊德:《技术与生活世界:从伊甸园到尘世》,韩连庆译,北京:北京大学出版社 2012 年版。

183. [美]威尔伯·施拉姆,威廉·波特:《传播学概论》,李启,周立方译,北京:新华出版社 1984 年版。

184. [美]雅克·马凯:《审美经验:一位人类学家眼中的视觉艺术》,吕捷译,北京:商务印书馆 2016 年版。

185. [美]约书亚·梅罗维茨:《消失的地域:电子媒介对社会行为的影响》,肖志军译,北京:清华大学出版社 2002 年版。

186. [希]柏拉图:《柏拉图全集》(第 3 卷),王晓朝译,北京:人民出版社 2003 年版。

187. [希]柏拉图:《文艺对话集》,朱光潜译,北京:人民文学出版社 1963 年版。

188. [希]亚里士多德:《形而上学》,吴寿彭译,北京:商务印书馆 1995 年版。

189. [以]齐安·亚菲塔:《艺术对非艺术》,王祖哲译,北京:商务印书馆2009年版。

190. [意]克罗齐:《美学原理》,朱光潜等译,北京:外国文学出版社1983年版。

191. [英]查尔斯·辛格等主编:《技术史》(第Ⅰ卷),王前等主译,上海:上海科技教育出版社2004年版。

192. [英]查尔斯·辛格等主编:《技术史》(第Ⅱ卷),潜伟主译,上海:上海科技教育出版社2004年版。

193. [英]查尔斯·辛格等主编:《技术史》(第Ⅳ卷),辛元欧主译,上海:上海科技教育出版社2004年版。

194. [英]查尔斯·辛格等主编:《技术史》(第Ⅶ卷),刘泽渊等主译,上海:上海科技教育出版社2004年版。

195. [英]卡罗琳·冯·艾克、爱德华·温特斯:《视觉的探讨》,李本正译,南京:江苏美术出版社2010年版。

196. [英]科林伍德:《艺术原理》,王至元、陈中华译,北京:中国社会科学出版社1985年版。

197. [英]科林伍德:《艺术哲学新论》,卢晓华译,北京:工人出版社1988年版。

198. [英]克莱夫·贝尔:《艺术》,薛华译,南京:江苏教育出版社2005年版。

199. [英]克里斯·希林:《身体与社会理论》,李康译,北京:北京大学出版社2010年版。

200. [英]克里斯·希林:《文化、技术与社会中的身体》,李康译,北京:北京大学出版社2011年版。

201. [英]迈克·费瑟斯通:《消费文化与后现代主义》,刘精明译,南京:译林出版社2000年版。

202. [英]特里·伊格尔顿:《美学意识形态》,王杰等译,桂林:广西师范大学出版社1997年版。

203. [英]修·昂纳、约翰·弗莱明:《世界艺术史》,吴介祯等译,北京:北京美术摄影出版社2013年版。

204. [西]毕加索等:《现代艺术大师论艺术》,常宁生编译,北京:中国人民大学出版社2003年版。

中文著作

205. 鲍宗豪:《数字化与人文精神》,上海:三联书店2003年版。

206. 陈月华、王妍:《传播美学视野中的界面与身体》,北京:中国电影出版社 2008 年版。

207. 戴吾三:《艺术与科学读本》,上海:上海交通大学出版社 2008 年版。

208. 邓福星:《艺术的发生》,北京:三联书店 2010 年版。

209. 董惠芳:《杜夫海纳美学中的主客体统一思想研究》,北京:中国社会科学出版社 2015 年版。

210. 范晔:《后汉书》,李贤注,北京:中华书局 1965 年版。

211. 姜宇辉:《德勒兹身体美学研究》,上海:华东师范大学出版社 2007 年版。

212. 康殷:《文字源流浅说》,北京:荣宝斋出版社 1979 年版。

213. 李雷:《日常审美时代》,北京:社会科学文献出版社 2014 年版,第 8 页。

214. 廖述务:《身体美学和消费语境》,上海:上海三联书店 2011 年版。

215. 廖祥忠:《数字艺术论》,北京:中国广播电视出版社 2006 年版。

216. 李泽厚:《美的历程》,北京:生活·读书·新知三联书店 2009 年版。

217. 刘淳、申冠群:《超越:世界现代与后现代艺术代表作品赏评》,北京:中国青年出版社 2010 年版。

218. 刘纲纪主编:《马克思主义美学研究》第 7 辑,桂林:广西师范大学出版社 2004 年版。

219. 刘继潮:《游观:中国古典绘画空间本体诠释》,北京:三联书店 2011 年版。

220. 陆兴华:《艺术—政治的由来:雅克·朗西埃美学思想研究》,北京:商务印书馆 2017 年版。

221. 刘悦笛:《生活美学与艺术经验——审美即生活,艺术即经验》,南京:南京出版社 2007 年版。

222. 陆扬:《日常生活审美化批判》,上海:复旦大学出版社 2012 年版。

223. 吕乃基:《科学与文化的足迹》,西安:陕西人民教育出版社 1995 年版。

224. 倪梁康:《现象学的始基——胡塞尔〈逻辑研究〉释要》,北京:中国人民大学出版社 2009 年版。

225. 潘必新:《艺术学概论》,北京:中国人民大学出版社 2014 年版。

226. 潘公凯:《现代艺术的边界》,北京:生活·读书·新知三联书店 2013 年版。

227. 潘知常:《没有美万万不能——美学导论》,北京:人民出版社 2012 年版。

228. 彭吉象:《艺术学概论》,北京:北京大学出版社 2015 年版。

229. 仇国梁:《西方技术艺术史》,重庆:西南师范大学出版社 2018 年版。

230. 佘碧平:《梅罗-庞蒂:历史现象学研究》,上海:复旦大学出版社2007年版。

231. 沈语冰:《艺术学经典文献导读书系(美术卷)》,北京:北京师范大学出版社2010年版。

232. 贾秀清、栗文清、姜娟等:《重构美学:数字媒体艺术本性》,北京:中国广播电视出版社2006年版。

233. 舒红跃:《技术与生活世界》,北京:中国社会科学出版社2006年版。

234. 苏宏斌:《现象学美学导论》,北京:商务印书馆2005年版。

235. 汤拥华:《西方现象学美学局限研究》,哈尔滨:黑龙江人民出版社2005年版。

236. 汪民安、陈永国:《后身体:文化、权利与生命政治学》,长春:吉林人民出版社2003年版。

237. 汪民安:《尼采与身体》,北京:北京大学出版社2008年版。

238. 王宏建:《艺术概论》,北京:文化艺术出版社2010年版。

239. 王利敏,吴学夫:《数字化与现代艺术》,北京:中国广播电视出版社2006年版。

240. 王世仁:《理性与浪漫的交织》,北京:中国建筑工业出版社2005年版。

241. 王受之:《世界现代设计史》,北京:中国青年出版社2002年版。

242. 王涌天、陈靖、程德文:《增强现实技术导论》,北京:科学出版社2015年版。

243. 伍务甫、胡经之:《西方文艺理论名著选编》(下),北京:北京大学出版社1987年版。

244. 王才勇、方尚岑、王婷、刘婷:《法兰克福学派美学研究》,上海:上海交通大学出版社2016年版。

245. 许延浪:《科学与艺术》,西安:西北工业大学出版社2010年版。

246. 杨大春:《身体·语言·他者——当代法国哲学三大主题》,北京:三联书店2007年版。

247. 杨大春:《身体的隐秘——20世纪法国哲学论丛》,北京:人民出版社2013年版。

248. 杨大春:《杨大春讲梅洛-庞蒂》,北京:北京大学出版社2005年版。

249. 余开亮:《艺术哲学导论》,成都:西南交通大学出版社2014年版。

250. 俞宣孟:《现代西方的超越思考——海德格尔哲学》,上海:上海人民出版社1989年版。

251. 翟振明:《有无之间:虚拟实在的哲学探险》,孔红艳译,北京:北京大学出版社2007年版。

252. 张冰:《丹托的艺术终结观研究》,北京:中国社会科学出版社2012年版。

253. 张盾:《超越审美现代性:从文艺美学到政治美学》,南京:南京大学出版社 2017 年版。

254. 张祥龙:《朝向事物本身:现象学导论七讲》,北京:团结出版社 2003 年版。

255. 张祥龙:《海德格尔传》,石家庄:河北人民出版社 1998 年版。

256. 张尧均:《隐喻的身体:梅洛-庞蒂身体现象学研究》,北京:中国美术学院出版社 2006 年版。

257. 张一兵:《反鲍德里亚:一个后现代学术神话的祛序》,北京:商务印书馆 2009 年版。

258. 张永清:《现象学与西方现代美学问题》,北京:人民出版社 2011 年版。

259. 张之沧:《当代实在论与反实在论之争》,南京:南京师范大学出版社 2001 年版。

260. 张之沧、张禹:《身体认知论》,北京:人民出版社 2014 年版。

261. 赵敦华:《现代西方哲学新编》,北京:北京大学出版社 2010 年版。

262. 赵刘:《城市公共景观艺术的审美体验研究》,北京:人民出版社 2015 年版。

263. 张耕云:《数字媒介与艺术论析:后媒介文化语境中的艺术理论问题》,成都:四川大学出版社 2009 年版。

264. 张云鹏、胡艺珊:《审美对象存在论——杜夫海纳审美对象现象学之现象学阐释》,北京:中国社会科学出版社 2011 年版。

265. 郑震:《身体图景》,北京:中国大百科全书出版社 2009 年版。

266. 周计武:《艺术终结的现代性反思》,北京:社会科学文献出版社 2011 年版。

267. 周丽昀:《现代技术与身体伦理研究》,上海:上海大学出版社 2014 年版。

268. 周毅:《传播文化的革命》,杭州:浙江人民出版社 2001 年版。

269. 朱光潜:《西方美学史》,南京:江苏人民出版社 2015 年版。

270. 朱立元:《当代西方文艺理论》,上海:华东师范大学出版社 1997 年版。

271. 朱立元:《现代西方美学二十讲》,武汉:武汉出版社 2006 年版。

272. 宗白华:《美学散步》,上海:上海人民出版社 1981 年版。

273. 宗白华:《艺境》,北京:北京大学出版社 1997 年版。

中文期刊

274. 崔永和、程爱民:《身体哲学:马克思颠覆传统形而上学的生活旨归》,载《河南师范大学学报》(哲学社会科学版)2013 年第 5 期。

275. 甘锋、李坤:《艺术的媒介之维——论艺术传播研究的媒介环境学范式》,载《东南大学学报(哲学社会科学版)》2019 年第 5 期。

276. 高慧琳、郑保章:《虚拟现实技术对受众认知影响的哲学思考》,载《东北大学学报(社会科学版)》2017 年第 6 期。

277. 高建平:《从审美距离到审美视角》,载《文史知识》2015 年第 3 期。

278. 顾铮:《呈现、定义与重构——中国当代摄影中的身体》,载《美术馆》2010 年第 2 期。

279. 韩连庆:《技术与知觉——唐·伊德对海德格尔技术哲学的批判和超越》,载《自然辩证法通讯》2004 年第 5 期。

280. 黄荣:《梅洛-庞蒂的"身体"与绘画艺术的表现性》,载《贵州民族大学学报(哲学社会科学版)》2005 年第 1 期。

281. 江凌:《论 5G 时代数字技术场景中的沉浸式艺术》,载《山东大学学报(哲学社会科学版)》2019 年第 6 期。

282. 廖申白:《亚里士多德的技艺概念:图景与问题》,载《哲学动态》2006 年第 1 期。

283. 刘大平:《理性与浪漫的交织——中国传统建筑技术与艺术》,载《城市建筑》2009 年第 4 期。

284. 刘连杰:《肉身存在论的艺术本质论——对梅洛-庞蒂〈眼与心〉的解读》,载《理论探索》2012 年第 6 期。

285. 刘世文:《物象化—影像化—数字化:论新媒体艺术创作语言的革新》,载《艺术探索》2011 年第 5 期。

286. 刘旭光:《艺术作品自身:"拟像"时代的艺术真理论》,载《陕西师范大学学报(哲学社会科学版)》2019 年第 4 期。

287. 刘在泉,张公善:《马丁·海德格尔现代技术—艺术论》,载《沈阳农业大学学报(社会科学版)》2009 年第 3 期。

288. 刘铮:《图像、身体与死亡:汉斯·贝尔廷"图像的具身化"》,载《重庆邮电大学学报》(社会科学版)2017 年第 5 期。

289. 柳冠中:《当代文化的新形式—工业设计》,载《文艺研究》1987 年第 3 期。

290. 彭富春:《身体与身体美学》,载《哲学研究》2004 年第 4 期。

291. 彭兆荣:《生以身为:艺术中的身体表达》,载《民族艺术》2017 年第 3 期。

292. 邵艳梅、吴彤:《从运动感知视角看身体与技术的关系》,载《自然辩证法研究》2019 年第 3 期。

293. 舒红跃:《技术总是物化为人造物的技术》,载《哲学研究》2006 年第 2 期。

294. 孙峥：《让我成为你的镜子——解读安迪·沃霍尔的玛丽莲·梦露系列》，《荣宝斋》2016年第5期。

295. 陶东风：《消费文化语境中的身体美学》，载《马克思主义与现实》2010年第2期。

296. 王伯鲁：《技术与艺术一体化趋势剖析》，载《探索》2004年第1期。

297. 王峰：《美学语法——后期维特根斯坦的美学旨趣》，载《中国人民大学学报》2013年第6期。

298. 杨庆峰：《数字艺术物的本质及其意义诠释》，载《陕西师范大学学报》2017年第1期。

299. 叶立国：《试论高技术与人的异化》，载《自然辩证法研究》2008年第7期。

300. 詹悦兰：《虚拟幻觉：一种新沉浸感的生成》，载《文化研究》（第37辑）(2019年·夏)。

301. 张春峰：《技术意向性浅析》，载《自然辩证法研究》2011年第11期。

302. 张耕云：《数字媒介与艺术》，载《美术研究》2001年第1期。

303. 张弘：《异化和超越——马尔库塞艺术功能论的一个层面》，载《外国文学评论》1994年第1期。

304. 张玉能：《西方美学关于艺术本质的三部曲（上）——艺术本质论：从自然本体论美学到认识论美学》，载《吉首大学学报（社会科学版）》2003年第2期。

305. 张驭茜：《从身体到艺术——让-吕克·南希哲学思想中的美学呈现》，载《文艺争鸣》2014年第4期。

306. 张正清：《用知觉去解决技术问题—伊德的技术现象学进路》，载《自然辩证法通讯》2014年第2期。

307. 赵炎秋：《可能世界理论与叙事虚构世界》，载《文艺争鸣》2016年第1期。

308. 钟雅琴：《沉浸与距离：数字艺术中的审美错觉》，载《学术研究》2019年第8期。

309. 周计武：《波德里亚的艺术终结观——一种社会符号学的视角》，载《艺术百家》2007年第4期。

310. 周丽昀：《身体伦理学：生命伦理学的后现代视域》，载《学术月刊》2009年第6期。

311. 朱葆伟：《中国古代工艺中的美》，载《哲学动态》2019年第5期。

后　记

　　每次写论文和专著的后记，都是我特别重视和期待的部分。因为这一部分最自由，最具个人色彩，也最能暂时脱离学术逻辑，把一些看似散乱的"思想"概括和串联起来。

　　2020 年是一个不寻常的年份。新冠疫情给人类带来了全方位的冲击，为百年未有之大变局添上了更加不寻常的一笔。不论国际关系、社会治理还是高等教育，都因而面临更加严峻的挑战。疫情带来的教育模式和教育理念的变革是显而易见的。面对突如其来的新冠疫情，一场全球规模的线上与线下教学融合的模式瞬间开启。变局可能意味着危机，也可能意味着机遇。每个人在时代洪流中都无法独善其身，我们比以往任何时候都更加理解了时代与个人的关系。在国内的经济社会生活秩序逐步恢复如常的时候，回首这段经历和这部专著的产生，我更加无法忽视这个关联：这部书稿，主要是我在疫情期间集中思考和写作的产物。线上教学、居家办公，意外地为我腾出了一些可以安心支配的自由时间，我把这段时间用到了极致。哲学是时代精神的精华，作为一名哲学工作者，任何时候都不可能超脱出这个时代思考，但是，哲学也是在实践中不断发展自身的学问，至少就个人经历而言，当我的日常哲学思考和写作实践与这段大的时代背景产生如此强的时空关联时，就令这部书稿的产生有种不同寻常的意义。可以说，我是疫情带来的"时间湍流"的受益者。当我回忆那段"抗疫"的日子,除了一些日常工作,我最可安慰的就是在书桌前辛苦而又幸福地写作的时光。

2015年,"身体视域中技术与艺术的交互问题研究"获得国家哲社基金项目立项。之后的一两年里,有一段非常投入和享受的科研时光:这可能是我参加国际或者国内的重要会议,与世界顶级技术哲学大咖如美国的卡尔·米切姆、荷兰的彼得·保罗·维贝克以及国内的一些专家学者进行面对面的交流;可能是在赴美国、澳大利亚、德国等国家参加学术活动或者访学时,去一些美术馆和展览馆进行参观;可能是跟哲学界的朋友们就技术现象学、美学、艺术理论等进行深入的切磋;也可能是跟艺术家、设计师、传媒学者进行跨学科的探讨……几年来,我收集的中英文资料从哲学蔓延到艺术学、设计学、美学等等,身处上海这个文化和时尚之都,也为我参观各种展览提供了方便,那些关于"科学与艺术""虚拟与真实的界限""物体系"等等主题的艺术展都给我留下了深刻的印象。我再次体会到,基于强烈兴趣的科学研究是令人愉悦的,更何况这个课题的跨学科性质,使得对这一问题的研究充满挑战和吸引力。

技术和艺术的关系是哲学、美学、艺术、设计、传媒等领域都在关注的问题,那么,从哲学的角度,尤其基于自己科技哲学的学术背景,我可以提供些什么样的思考和推进呢?记得在一次国内交互设计的年会中,我第一次作为唯一的哲学界代表参与了讨论,谈了关于数字技术与数字艺术的界限及其挑战的一些想法。从在场的艺术界和设计界同行的反映来看,他们对哲学式的追问是很感兴趣的,有一些概念是他们熟知却不曾反思其前提和界限的东西。而对于技术和艺术的交互以及未来,艺术家们显然已经意识到技术的限度,但也需要更加系统化的理论表达。或许,这就是哲学可以有所作为的地方吧。既然这个课题是从现实问题出发对时代精神的回应,那么与其陷入哲学理论的艰深晦涩,不如在把握当今技术和艺术实践的基础上进行一些提炼和升华,辅之以概念和理论的学理支撑,从而为技术和艺术的讨论提供一些不一样的思考,哪怕只是有一点点推进和深化,也是值得的。日后,这一想法逐渐明晰,也成了我研究课题的不变的初衷。

2020年初这个意外的长假,对我而言是意义重大的。因为在2016年暑假之后,在教学科研活动之外,我又承担了一些行政事务。工作的频率、内容和繁忙程度成几何级数增加,任我怎么统筹安排,时间都很难挤出来。科研需要静心,思考可能是碎片化的,积累也是可以长期坚持的,但是想要系统完整地谋篇布局,没有连续的整块的时间,却几乎是不可能完成的。我一度非常担心能否按期完成任务,内心不无焦虑,所以在这个加长版长假里,我倍感珍惜,每天开足马力工作。2020 年 7 月,该国家哲社基金项目以"良好"等级结项。从后来反馈的专家匿名评审意见来看,大部分专家都肯定了这种跨学科研究的意义,认为选题视角新颖,引证丰富,涉猎广泛,对技术与艺术的理论与实践、历史和现实有比较完整的理论思考,具有重要的交叉学科研究的学术价值和实践意义。或许出于评审专家的哲学背景,有专家表示了对更加深刻的哲学理论创新的期待,但是很少有专家去留意当今最新的艺术实践带来的变革性的意义。相比艺术界对哲学理论的需求,哲学界对艺术实践的关注似乎略嫌不足。

在这部书稿中,除了关于技术和艺术的历史和逻辑的梳理与思考,我也涉及一些最新的代表性的技术和艺术交互的实践案例。在做研究的过程中,我发现跨学科的交流是有启发的,但是原创性的理论却是艰难的。顺利结项后的欣喜并不会持续多久,有两个问题总是缠绕心头:一是跟往常一样,总觉得目前的成果是不令人满意的。几乎每一个课题或著作完成之后,都会有一些言犹未尽或者力所不逮的局限和遗憾,总期望下次会更好,而理论的原创性又是一座永远无法征服的高山。不过,每次也都会说服自己,思考和写作总是阶段性的,研究总是在途中,做到当下的最好就行,尽力就好。二是新的困惑总会扑面而来,后面我又该聚焦什么问题展开研究呢?

不管后面从事什么研究,前期研究基础是少不了的。回想 20 来年的研究历程,先是聚焦当代西方科学观进行比较研究,后来转向身体视域中的技术与伦理,而后又转向身体视域中的技术与艺术,其中看似研究的问题有所转换,但是研究的背景和前提没有变:一是聚焦科学和技术的历史和逻辑,也就是对科学和技术的基本概念进行充分理解,对科学和技术的当代发展和实践进行反思和批判,试图通过实践的科学和开放的理性,去看待科学技术的本质及发展规律;二是基于现象学和解释学的方法,对建立在主客二元对立基础上的对象化的思维方式进行反思,破除本质主义和预设主义的局限。尤其是在后来的研究中,逐步将研究的视角清晰化,基于身体现象学去理解技术与伦理、技术与艺术的关系,以使自己的研究成果有内在的逻辑一贯性和方法的一致性;三是以科学技术与真、善、美的关系为基本线索,展开历次课题研究。如果说我的博士论文(主体内容成书出版,见《当代西方科学观比较研究》,2007)是致力于研究科学之"真",也就是如何更好地理解科学,那么我的第二个研究主题聚焦的是科学技术与伦理规范的问题,或者科学技术引发的与"善"有关的问题(见《现代技术与身体伦理研究》,2014;《科技与伦理的世纪博弈》,2019)。"技术与艺术的交互"是我的第三个研究主题,聚焦的是科学技术与"美"的关系,主要探讨科学技术如何参与了艺术实践与审美体验的塑造? 当代技术和艺术的关系如何,又发挥了什么作用? 这些问题形成了一个有机的研究链条,不变的背景和对象是科学技术,逐渐明晰的研究视域是身体理论,而研究主题的逻辑线索则是真—善—美。这些问题关乎科学技术的价值选择,也是哲学需要面对的基本问题。

以人工智能、大数据为核心的第四次科技革命极大地改变了人类的生产和生活方式,生物技术和信息技术的叠加效应更是在改变人类自身的道路上高歌猛进。科学技术的发展越来越将我们指向一个多元的不确定的未来。面对这样的境况,人类如何与科学技术相处? 如何更好地认识自身? 要发展什么样的科学技术? 我们会面对什么样的未来? 这些都是绕不开的问题。哲学的反思性和批判性特质决定了它可能只是提出问题,提供那么一点反思的光亮,使那些掌握并且运用科学技术的人,能够更加以道德和审美的方式去面对自我与科学技术的突破与局限。在这一点上,人与技术也共同构成了人类命运共同体。我们可能无法真正超越自身的局限,但是这种反省却一直在途中,不会过时,也不应过时。所以,下一个关注点呼之欲出,那就是回到人本身,去思考人工智能时代人的发展与人类未来。

课题结项后,我又对书稿进行了多次修订,也一并作为国家社科基金重大项目《人工智能前沿问题的马克思主义哲学研究》的阶段性成果。本书出版得到"上海大学马克思主义理论高峰高原学科"的出版资助,也受益于上海人民出版社编辑非常专业和负责的工作,在此一并表示衷心的感谢。

　　学问和问学似乎就是一场滚石上山的游戏,需要在实践中摸爬滚打,在理论中慢慢升华。下个路口见。

2021 年 2 月 20 日

上海大学东区办公室

图书在版编目(CIP)数据

身体视域中技术与艺术的交互问题研究/周丽昀著
.—上海:上海人民出版社,2021
(智能时代的马克思主义研究)
ISBN 978-7-208-17369-9

Ⅰ.①身… Ⅱ.①周… Ⅲ.①技术哲学-研究 ②艺术
哲学-研究 Ⅳ.①N02 ②J0-02

中国版本图书馆 CIP 数据核字(2021)第 208444 号

责任编辑 陈佳妮 陶听蝉
封面设计 陈绿竞

智能时代的马克思主义研究

身体视域中技术与艺术的交互问题研究
周丽昀 著

出 版	上海人民出版社	
	(201101 上海市闵行区号景路 159 弄 C 座)	
发 行	上海人民出版社发行中心	
印 刷	上海商务联西印刷有限公司	
开 本	720×1000 1/16	
印 张	18.5	
插 页	2	
字 数	270,000	
版 次	2021 年 11 月第 1 版	
印 次	2021 年 11 月第 1 次印刷	
	ISBN 978-7-208-17369-9/B·1583	
定 价	78.00 元